訂正追補 植物の遺伝と育種

日本大学教授
農学博士
池橋 宏 著

東 京
株式会社
養賢堂発行

はしがき

　植物育種学の分野では，それぞれ特色のある多くの書物が刊行されている．その中で，自身の浅学をも省みず，あえて新しいテキストを刊行するに至った理由は二つある．第一には，分子遺伝学の進歩によって遺伝学の内容や研究方法が刷新され，植物育種の分野でもそれらの体系的な理解が必要になったことである．第二には，高校から大学まで科目の選択の幅が拡がり，遺伝学の予備知識をもたない学生に育種学を講義する機会が多くなった．したがって一冊で遺伝学と育種学の内容を講義できる本が必要になってきたことである．

　多くの育種学の教科書でもある程度まで分子遺伝学の説明がされている．しかし分子遺伝学による遺伝子像の説明はなお不十分である．特にタンパク質の遺伝的多型性の説明などは不十分である場合が多い．本書ではこの点に留意した．

　次に，育種の方法の説明では細分主義を避けた．自殖，他殖および栄養繁殖といった繁殖方法によって作物の遺伝学的性質が決まり，また育種の基本的な方法が決まるという立場から，大筋の理解を深めるよう配慮した．また，培養や遺伝子組換えなど，バイオテクノロジーの分野も含めた．

　遺伝学の説明にかなりの紙数を当てたため，これまで類書に採録されていた育種のマニュアルにあたる事項および育種の成果の実例などは圧縮せざるをえなかった．それらについては従来の本も利用して頂きたい．

　この本を講義に利用する場合は，第10章までの前段を「遺伝学」として，あるいは第11章にはじまる後段を「育種学」として，それぞれ半年二単位の講義に対応することが出来る．「遺伝学」の学習においては，後半の「育種学」の記述を参考資料にし，「育種学」の講義では，前半を参照しながら説明することが出来るだろう．

　著者は，日本と海外でイネの育種に20年以上従事した．その経験は専門的に過ぎて必ずしも本書に生かせなかったが，その間内外の多くの先輩や友

人の教示を受けたことに感謝の念を新たにしている．他方，著者は千葉大学園芸学部に在勤中に，他殖性野菜のアイソザイム多型性やナシの自家不和合性遺伝子に対応するタンパク質などに関心をもった．その成果は本書にも引用した．当時の同僚職員や学生諸君に負うところは大きい．

著者の知識の不足を補うため，多くの方々に本書の原稿を見て頂き，数々の有益なご指摘を得た．ここにご助力を頂いた主な方々と特に検討して頂いた分野を記して謝意を表する．

天野悦夫博士（第7，17章），川端習太郎博士（第13および14章），木庭卓人博士（第1，2，15および16章），原田久也博士（第4，5，6および18章）および米澤勝衛博士（第9，10および19章）．なお，鳥山國士博士には原稿の全体を見て頂いた．また，加藤　肇博士のイモチ菌の写真をはじめ，多くの方々から貴重な資料を提供して頂いた．

以上の方々のご助力がなければ，広い範囲に及ぶこのような著書の執筆は不可能であった．なお，貴重なご教示やご指摘を受けながらも，最終的には著者の理解に従って記述したため，なお誤りや不正確な点があるものと懸念される．その責任は言うまでもなく著者にある．あとは読者の批判力によって欠点が補われることを期待するほかない．

読者の参考のために，巻末に執筆の際の参考文献および引用文献のリストを示した．これらはたまたま著者の目の届く範囲にあったものに過ぎない．これ以外にも重要な文献が多いことをお断りしたい．

最後に，学術出版の厳しい事情のもとで，著者単独による本書の出版を引受けられた養賢堂の及川　清社長に心から謝意を表する．また，同社の大津弘一取締役および編集担当の奥山善宏氏のご厚意にお礼を申し上げる．

1996年3月

池 橋　宏

訂正追補版発行にあたり，多くの章の終わりに資料を補足した．このため多くの方々から貴重な資料を提供して頂いた．ここに記して謝意を表する．

目　次

第1部　基礎編
第1章　細胞分裂と生活環 ······ 1
1.1 細胞分裂の仕方 ············ 1
　1.1.1 体細胞分裂 ············· 1
　1.1.2 減数分裂（成熟分裂）······ 3
　1.1.3 細胞分裂周期 ············ 4
1.2 生活環 ···················· 5
　1.2.1 核相交代 ··············· 5
　1.2.2 植物の世代交代 ·········· 6
1.3 被子植物の生活環と繁殖法 ·· 7
　1.3.1 花粉および胚のうの発達 ··· 8
　1.3.2 被子植物の様々な繁殖方法 ·· 9

第2章　染色体とゲノム ····· 11
2.1 ゲノムの概念 ············· 11
　2.1.1 異質倍数体（allopolyploidy）11
　2.1.2 ゲノム分析 ············ 13
　2.1.3 同質倍数体 ············ 14
　2.1.4 同質および異質倍数体の
　　　　命名法 ················ 15
2.2 異数性 ··················· 16
　2.2.1 異数性の種類 ··········· 16
　2.2.2 異数性の応用 ··········· 17
2.3 異種染色体の添加と置換 ·· 18
2.4 染色体の構造的変異 ······ 18
2.5 遠縁交雑と染色体 ········ 20

第3章　遺伝の法則 ········· 21
3.1 メンデルの法則 ·········· 21
　3.1.1 優性の法則 ············· 21
　3.1.2 分離の法則 ············· 24
　3.1.3 独立遺伝の法則 ········· 24
3.2 形質発現に対する遺伝子間の
　　相互作用 ················ 26
　3.2.1 同座の遺伝子間の相互作用と
　　　　複対立遺伝子 ·········· 26
　3.2.2 異なる座の遺伝子の形質発現
　　　　に対する相互作用 ······· 26
　3.2.3 遺伝子座間の相互作用の
　　　　説明 ·················· 28
3.3 重要な研究方法 ·········· 29
　3.3.1 検定交雑 ··············· 29
　3.3.2 対立性（同座性）の検定
　　　　（allelism test）·········· 29
　3.3.3 分離比の検定方法 ········ 30
3.4 二，三の補足 ············ 31
　3.4.1 多数の遺伝子対の分離
　　　　（多性雑種）············ 31
　3.4.2 同質倍数体の形質分離 ···· 31
　3.4.3 遺伝子命名法 ··········· 31
3.5 連　鎖 ·················· 32
　3.5.1 独立遺伝の例外の発見 ···· 32
　3.5.2 連鎖と組換え ··········· 32

3.5.3 連鎖群と染色体地図 …… 35

第4章　アミノ酸とタンパク質
……………………… 37
4.1 研究史 …………… 37
　4.1.1 DNAモデルとセントラル・ドグマ ……………… 37
　4.1.2 遺伝暗号の解明 ……… 37
4.2 アミノ酸とタンパク質 …… 39
　4.2.1 アミノ酸の構造と重合 …… 39
　4.2.2 タンパク質の構造 ……… 40
　4.2.3 電気泳動法による分析 …… 43
4.3 遺伝形質としてのタンパク質の分析 …………… 44
　4.3.1 同位酵素（アイソザイム，isozyme）の遺伝子分析 …… 44
　4.3.2 穀類などの貯蔵タンパクの研究と育種的応用 …… 45
　4.3.3 育種の対象としての酵素多型性 ……………… 45
　4.3.4 ニホンナシの自家不和合性遺伝子のタンパク質の解析 47

第5章　核酸と遺伝子 …… 48
5.1 研究の歴史 ………… 48
　5.1.1 核酸の発見と分析 …… 48
　5.1.2 形質転換の実験 ……… 48
　5.1.3 バクテリオファージによる実験 ………………… 49

5.2 核酸の構造 ………… 49
　5.2.1 DNA（deoxyribonucleic acid）とRNA（ribonucleic acid）· 49
　5.2.2 DNAの二重ラセン構造 … 51
　5.2.3 核内と核外のDNA …… 52
　5.2.4 RNAの働き ………… 53
5.3 DNAの複製 ………… 54
5.4 DNAの転写（transcription）とタンパク質への翻訳（translation） ……………… 54
　5.4.1 DNA読み取り枠 ……… 54
　5.4.2 mRNAの合成（DNAの転写） ………………… 55
　5.4.3 ポリペプチドの合成（翻訳 translation） ……… 58
　5.4.4 DNA配列，アミノ酸およびタンパク質の相対的比較 … 58
5.5 DNAの取り扱いとDNAによる遺伝標識 ………… 59
　5.5.1 制限酵素とDNAのライブラリー ………… 59
　5.5.2 DNAの遺伝標識としての利用 ………………… 62

第6章　遺伝子の発現と環境 · 66
6.1 遺伝子発現の微視的な問題 66
　6.1.1 外界の変化の感知から反応まで ………………… 66
　6.1.2 受容体 ……………… 68

6.1.3 信号伝達（signal transduction） ‥‥‥‥‥‥‥‥‥‥ 68
6.1.4 転写制御因子 ‥‥‥‥‥ 69
6.2 個体レベルの遺伝子型の発現と環境 ‥‥‥‥‥‥‥‥ 69
6.3 集団レベルでの遺伝子型の発現と環境 ‥‥‥‥‥ 71

第7章 突然変異 ‥‥‥‥‥‥ 73
7.1 突然変異 ‥‥‥‥‥‥‥ 73
7.1.1 自然突然変異の利用 ‥‥‥ 73
7.1.2 突然変異説 ‥‥‥‥‥‥ 74
7.2 人為誘発突然変異 ‥‥‥‥ 76
7.3 遺伝子の損傷修復と突然変異 77
7.4 DNA塩基の配列の変化と保存 ‥‥‥‥‥‥‥‥‥ 77
7.4.1 DNAの変化と突然変異 ‥‥ 77
7.4.2 突然変異の保存と突然変異率の推定 ‥‥‥‥‥‥‥ 80
7.5 トランスポゾンによる突然変異と培養変異 ‥‥‥‥‥ 80
7.5.1 トランスポゾンの挿入による突然変異 ‥‥‥‥ 80
7.5.2 培養体にみられる変異 ‥‥ 81

第8章 細胞質遺伝 ‥‥‥‥‥ 82
8.1 細胞質遺伝の発見 ‥‥‥‥ 82
8.2 細胞の構造と受精の過程 ‥‥ 82
8.3 オルガネラの遺伝子 ‥‥‥ 83

8.4 核外遺伝子の形質発現に対する効果 ‥‥‥‥‥‥‥‥ 84

第9章 連続的変異の分析と選抜 ‥‥‥‥‥‥‥‥‥‥‥ 87
9.1 連続的変異の分析 ‥‥‥‥ 87
9.2 連続形質の分析方法 ‥‥‥ 89
9.2.1 平均，分散および共分散 ‥ 89
9.2.2 遺伝的な値と環境変異 ‥‥ 90
9.2.3 遺伝変異の分割 ‥‥‥‥ 92
9.2.4 選抜効果の推定 ‥‥‥‥ 94
9.2.5 形質間の相関および間接選抜 ‥‥‥‥‥‥‥‥‥ 95
9.3 その他の量的遺伝の分析法 95

第10章 栽培植物の育種と集団遺伝学 ‥‥‥‥‥ 97
10.1 ハーディ・ワインベルクの法則 ‥‥‥‥‥‥‥‥‥ 97
10.2 他殖性の集団における選抜・淘汰 ‥‥‥‥‥‥‥ 99
10.2.1 一般的モデル ‥‥‥‥‥ 99
10.2.2 特定遺伝子型の淘汰 ‥‥ 100
10.3 突然変異遺伝子の集団における淘汰と保存 ‥‥‥‥ 100
10.3.1 突然変異の発生と淘汰による除去との関係 ‥‥‥ 101
10.3.2 有害遺伝子の保存と遺伝的荷重（genetic load）‥‥ 102

10.4 他殖性植物の集団における
　　　連鎖および選抜の問題‥ 103
　10.4.1 遺伝子型の平衡に対する
　　　　連鎖の影響‥‥‥‥‥ 103
　10.4.2 接合体の遺伝子型の淘汰
　　　　とそれに連鎖する遺伝子の
　　　　頻度‥‥‥‥‥‥‥‥ 105
10.5 自殖の効果と近交係数‥ 108
　10.5.1 定義と意味‥‥‥‥‥ 108
　10.5.2 近交係数の計算法‥‥‥ 109
　10.5.3 小集団と近交係数‥‥‥ 110

第2部　育種方法
第11章　栽培植物の起源と育種
‥‥‥‥‥‥‥‥‥ 115
11.1 作物の起源と伝播‥‥‥ 115
　11.1.1 植物分類学と作物の品種 115
　11.1.2 栽培植物の起源とその研究
　　　　‥‥‥‥‥‥‥‥‥ 116
　11.1.3 栽培植物の伝播・導入‥ 119
11.2 栽培植物の種類‥‥‥‥ 119
11.3 在来品種と育成種‥‥‥ 120
　11.3.1 生態型の分化‥‥‥‥ 120
　11.3.2 伝統的農耕における在来
　　　　品種‥‥‥‥‥‥‥‥ 121
　11.3.3 栽培の進歩と品種の分化 121
　11.3.4 農家による育成種の事例 122
　11.3.5 公共機関による育種の
　　　　発達‥‥‥‥‥‥‥‥ 122

11.4 品種の変遷‥‥‥‥‥‥ 123
　11.4.1 育種による産業の発展‥ 123
　11.4.2 品種変遷の理由‥‥‥‥ 124
11.5 育種方法の概観‥‥‥‥ 124

第12章　自殖性作物の育種‥ 126
12.1 自殖性植物集団における
　　　遺伝子型の頻度‥‥‥‥ 126
　12.1.1 世代の進行と固定‥‥‥ 126
　12.1.2 連鎖がある場合の遺伝子型
　　　　の分離‥‥‥‥‥‥‥ 127
　12.1.3 交雑後自殖で固定された
　　　　個体の遺伝子型‥‥‥‥ 128
12.2 自殖性作物の育種‥‥‥ 130
　12.2.1 分離育種法と純系選抜‥ 130
　12.2.2 交雑育種‥‥‥‥‥‥‥ 132
　12.2.3 系統育種法‥‥‥‥‥‥ 134
　12.2.4 集団育種法‥‥‥‥‥‥ 137
　12.2.5 戻交雑育種‥‥‥‥‥‥ 139
　12.2.6 多系交雑育種‥‥‥‥‥ 145

第13章　他殖性植物の育種法
‥‥‥‥‥‥‥‥‥ 147
13.1 他殖性作物の育種の基礎 147
　13.1.1 他家受精（他殖）の機構‥ 147
　13.1.2 自家不和合性‥‥‥‥‥ 148
　13.1.3 隔離栽培‥‥‥‥‥‥‥ 150
　13.1.4 雑種強勢と自殖弱勢‥‥ 151
　13.1.5 組合せ能力の検定‥‥‥ 153

13.2 他殖性植物の育種法‥‥ 153
　13.2.1 他殖性作物の選抜法‥‥ 155
　13.2.2 循環選抜法‥‥‥‥‥ 159
　13.2.3 合成品種育種法‥‥‥‥ 160

第14章　雑種第一代品種の育種
‥‥‥‥‥‥‥‥‥‥ 161
14.1 ハイブリッド品種‥‥‥ 161
14.2 品種間交雑と自殖系統の
　　 育成‥‥‥‥‥‥‥‥ 163
14.3 雑種第一代種子の採種法 163
　14.3.1 人工交雑‥‥‥‥‥‥ 163
　14.3.2 自家不和合性の利用‥‥ 164
　14.3.3 細胞質雄性不稔の利用‥ 164
　14.3.4 複交雑種子の利用 ‥‥‥ 165
　14.3.5 そのほかの方法‥‥‥‥ 165

第15章　栄養繁殖植物の育種法
‥‥‥‥‥‥‥‥‥‥ 167
15.1 栄養繁殖性の栽培植物‥ 167
15.2 栄養繁殖性植物の遺伝学的
　　 特徴‥‥‥‥‥‥‥‥ 168
　15.2.1 高次倍数性‥‥‥‥‥‥ 168
　15.2.2 ヘテロ接合性‥‥‥‥‥ 168
　15.2.3 交雑不和合群‥‥‥‥‥ 169
15.3 栄養繁殖植物の育種法‥ 170
　15.3.1 栄養系分離法‥‥‥‥‥ 170
　15.3.2 栄養繁殖作物における交雑
　　　　 育種法‥‥‥‥‥‥‥ 171

　15.3.3 栄養繁殖作物の育種の特徴
　　　　 と成果‥‥‥‥‥‥‥ 173
15.4 栄養繁殖植物の原種の増殖 174

第16章　遠縁交雑と倍数性育種法
‥‥‥‥‥‥‥‥‥‥ 176
16.1 遠縁交雑の問題‥‥‥‥ 176
　16.1.1 交雑能力（cross-ability）176
　16.1.2 雑種胚の培養‥‥‥‥‥ 177
　16.1.3 染色体の脱落‥‥‥‥‥ 177
　16.1.4 異種ゲノムの染色体の対合
　　　　（pairng of chromosome）‥ 177
　16.1.5 配偶子致死‥‥‥‥‥‥ 178
　16.1.6 雑種弱勢（hybrid weakness）
　　　　‥‥‥‥‥‥‥‥‥‥ 178
　16.1.7 細胞質の関与‥‥‥‥‥ 178
16.2 染色体の操作と育種‥‥ 179
　16.2.1 倍数体の作成方法‥‥‥ 179
　16.2.2 半数体と半数体育種法‥ 179
　16.2.3 三倍体の作成法‥‥‥‥ 180
　16.2.4 同質四倍体の作成と倍数性
　　　　 の作物の育種‥‥‥‥ 180
　16.2.5 異数体の作成法‥‥‥‥ 181
16.3 複二倍体の育種への利用 182
16.4 種属間交雑による有用
　　 遺伝子の導入‥‥‥‥ 183
　16.4.1 異種染色体の添加系統の
　　　　 育成‥‥‥‥‥‥‥‥ 183
　16.4.2 種間交雑による有用遺伝子

〔8〕 目　次

の導入 ・・・・・・・・・・・・・・ 184

第17章　突然変異育種法 ・・・ 186
17.1 自然突然変異の利用 ・・・・ 186
17.2 突然変異の誘発 ・・・・・・・・ 186
　17.2.1 突然変異誘発原 ・・・・・・・ 187
　17.2.2 処理の方法と処理当代植物
　　　　 （M_1）の扱い ・・・・・・・・・ 187
17.3 自殖性植物に対する突然
　　　変異育種法 ・・・・・・・・・・・ 188
17.4 他殖性植物に対する突然
　　　変異育種法 ・・・・・・・・・・・ 192
17.5 栄養繁殖植物に対する突然
　　　変異育種法 ・・・・・・・・・・・ 193
17.6 突然変異育種の特徴 ・・・・ 194

第18章　培養技術と遺伝子組換え
　　　　　 ・・・・・・・・・・・・・・・・・・・ 196
18.1 増殖の分野における培養
　　　技術 ・・・・・・・・・・・・・・・・・ 196
　18.1.1 茎頂培養による増殖 ・・・・ 196
　18.1.2 栄養繁殖作物の「ウイルスフ
　　　　 リー化」技術 ・・・・・・・・・ 197
　18.1.3 組織培養による体細胞胚の
　　　　 誘導と人工種子 ・・・・・・・ 198
18.2 細胞培養の育種的利用 ・・ 199
　18.2.1 胚培養 ・・・・・・・・・・・・・・・ 199
　18.2.2 葯培養・花粉培養 ・・・・・・ 199
　18.2.3 プロトプラスト培養と細胞

　　　　 融合 ・・・・・・・・・・・・・・・・ 200
　18.2.4 細胞培養と細胞選抜 ・・・・ 201
18.3 遺伝子の単離 ・・・・・・・・・・ 201
　18.3.1 遺伝子特異的タンパク質の
　　　　 同定 ・・・・・・・・・・・・・・・・ 202
　18.3.2 連鎖地図による遺伝子単離
　　　　 （map‐based cloning） ・・ 203
　18.3.3 既知の遺伝子のDNA情報
　　　　 の利用 ・・・・・・・・・・・・・・ 205
　18.3.4 その他の遺伝子単離の方法
　　　　 ・・・・・・・・・・・・・・・・・・・・ 206
18.4 遺伝子組換 ・・・・・・・・・・・ 206
　18.4.1 遺伝子の構築 ・・・・・・・・・ 207
　18.4.2 アグロバクテリウム感染法
　　　　 ・・・・・・・・・・・・・・・・・・・・ 207
　18.4.3 遺伝子の直接導入 ・・・・・ 209
18.5 接木による変異 ・・・・・・・・ 209
18.6 遺伝子組換による育種 ・・ 210

第3部　目標別の課題と育種関連分野
第19章　収量，環境要因への耐性
　　　　　 および品質の育種 ・・・・・ 212
19.1 生産力検定と圃場試験 ・・ 212
　19.1.1 圃場試験の考え方 ・・・・・ 212
　19.1.2 遺伝子型と環境の相互作用
　　　　 ・・・・・・・・・・・・・・・・・・・・ 213
　19.1.3 ノン・パラメトリック
　　　　 検定法 ・・・・・・・・・・・・・・ 214

19.2 収量性の育種 ･･･････ 215
　19.2.1 長期的にみた収量水準の
　　　　 向上 ･･･････････ 215
　19.2.2 多収に関係する形質を
　　　　 通じての育種 ･･････ 216
19.3 気象および土壌条件に対
　　 する耐性 ･･･････････ 217
　19.3.1 耐冷性の育種 ･･････ 217
　19.3.2 不良土壌に対する耐性 ･･ 218
19.4 品 質 ･･････････ 220
　19.4.1 含有成分に対する育種 ･･ 220
　19.4.2 物理化学的分析による品質
　　　　 の育種 ･････････ 221
　19.4.3 油脂およびタンパク質の
　　　　 特性に関する育種 ･･･ 222

**第20章 耐病性および耐虫性の
　　　　 育種 ･･･････････ 224**
20.1 病害抵抗性 ･･････････ 224
　20.1.1 病害抵抗性の分類 ･･･ 224
　20.1.2 抵抗性の発現と遺伝 ･･ 225
　20.1.3 病害抵抗性の育種 ･･･ 227
20.2 虫害抵抗性 ･･････････ 230
　20.2.1 虫害抵抗性の機構と遺伝 ･ 230
　20.2.2 虫害抵抗性の遺伝子の同定と
　　　　 育種 ･･････････ 231

**第21章 新品種の増殖と
　　　　 登録・普及 ･･･････ 233**
21.1 品種の特性の維持 ･････ 233
　21.1.1 品種特性の安定性 ･･･ 233
　21.1.2 採種および増殖 ･････ 235
21.2 新品種の登録と保護 ･･･ 237
　21.2.1 種苗検査と種苗法 ･･･ 238
　21.2.2 品種登録の要件 ･････ 239

**第22章 遺伝資源の保存と利用
　　　　 ････････････････ 240**
22.1 遺伝資源の意義 ･･･････ 240
　22.1.1 遺伝資源の消失 ･････ 240
　22.1.2 作物の遺伝的背景の画一化
　　　　 の危険 ･････････ 241
22.2 遺伝資源の収集・評価・利用 242
　22.2.1 遺伝資源の収集 ･････ 242
　22.2.2 遺伝資源の評価と利用 ･･ 243
　22.2.3 遺伝資源の保存法 ･･･ 243

補 注 ････････････ 247
参考書および文献 ･･････ 252
引用文献 ･･･････････ 256
索 引 ･･･････････ 267

第1章 細胞分裂と生活環

 生物は例外なしに細胞分裂によって生長し，生殖する．その中で細菌およびらん藻類は原核生物（prokaryote）と呼ばれ，明確な核構造をもたない．これに対して，真核生物（eukaryote）と呼ばれる酵母からヒトを含む生物群では，明白な核膜をもち，各種の細胞内器官の分化が認められる．真核生物の細胞分裂の観察から，遺伝についての基礎的な理解が得られる．

1.1 細胞分裂の仕方

 真核生物では，個体が生長するときにみられる体細胞分裂（mitosis）と，個体が成熟して生殖細胞を形成する際にみられる成熟分裂あるいは減数分裂（meiosis）との二通りの細胞分裂がみられる（図1.1）．

1.1.1 体細胞分裂

 細胞内の核が長く糸状に伸びて，静止核となっている中間期（interphase）を経て，核が分裂して娘細胞にわかれるまでに次のような過程がみられる．
 前期（prophase）では，核に染色糸が現れはじめ，次第に収縮して，生物の種類によって一定の数と形状を保っている染色体（chromosome）が観察される．染色体は二つの親からそれぞれ一組ずつ伝えられる．その際両親から由来した同型のものが一対ずつあり，相同染色体（homologous chromosome）と呼ばれる．中期（metaphase）には，染色体の形状が明瞭になる．これを核型（karyotype）という．各染色体は縦に分裂して細胞の赤道面に配列し，核板をつくる．その後，後期（anaphase）には各染色体の動原体（centromere）と呼ばれる部分と，分裂してくる細胞（娘細胞）の中心（極）とを結ぶ紡錘糸（spindle fiber）と呼ばれる構造がみられ，紡錘糸に引かれるようにして，染色体は娘細胞に移動する．各染色体を動原体で二分し，長い方を長腕（long arm）と呼び，短い方を短腕（short arm）と呼ぶ．終期（telophase）にはわかれた細胞が再び静止核の状態に戻る．

(2)　第1章　細胞分裂と生活環

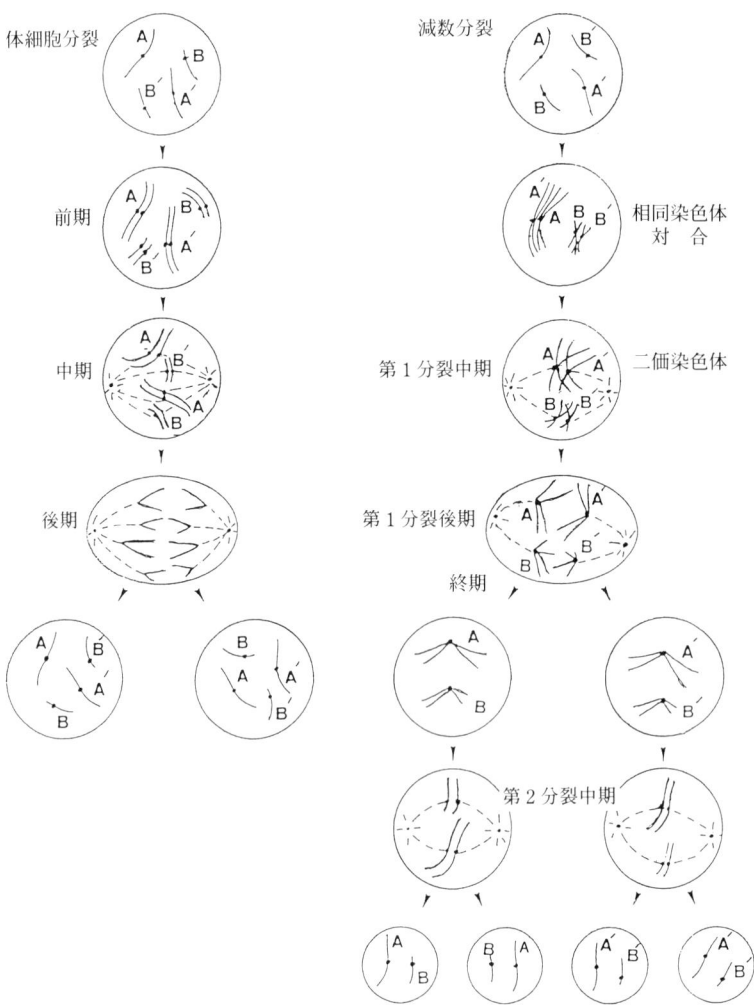

図1.1　体細胞分裂と減数分裂
2対の相同染色体A，A'とB，B'の行動を模式的に示してある．体細胞分裂では染色体構成は変化しない．この図の減数分裂では第1分裂のとき，たまたまAとBおよびA'とB'が共存しているが，AとB'およびA'とBの場合もある．

1.1 細胞分裂の仕方 （ 3 ）

体細胞分裂では，相同染色体のそれぞれが倍加されて，二つの娘細胞に配分されるから，染色体の数の変化は起こらない．

1.1.2 減数分裂（成熟分裂）

植物の場合には減数分裂は開花に先立って，胚のう（囊）母細胞（embryo sac mother cell, EMC）および花粉母細胞（pollen mother cell, PMC）という特別の細胞でみられる．減数分裂は，第1分裂と第2分裂の2回の細胞分裂からなる．

a. 第1分裂

第1分裂前期には，まず細糸期（leptotene stage）において染色小粒が糸状に連なり，染色糸が出現する．次の接合糸期（zygotene stage）では，相同染色体の対合（paring）がみられる．対合した染色体を二価（bivalent）染色体という．続いて太糸期（pachytene stage）においては，明瞭に核型がみられる．次に複糸期（diplotene stage）において，対合している相同染色体のそれぞれが縦裂し，分裂した4本の染色分体（sister chromatids）がみられる．このとき，相同染色体の一つの染色分体ともう一つの相同染色体のそれが交さ（又）する現象がみられる．これをキアズマ（chiasma）形成と呼んでいる（図3.4）．

次の移動期（diakinesis stage）においては，4つの染色分体からなる二価染色体が，赤道面へ移行する．こうして第1分裂の中期（first metaphase）には二価染色体が極板に配列する．この時相同染色体の片方は，2本の染色分体，すなわち二分染色体（dyad）からなるが，動原体は一つのままであり，それが紡錘体に引かれるように移動する．こうして第1分裂の後期（first anaphase）には，中間期核へ変わる．

b. 第2分裂

第2分裂は，第1分裂の直後にみられる．すなわち第2分裂前期（second prophase）に染色体が現れる．第2分裂中期（second metaphase）にそれらは赤道に並び，次に両極へ移動する．このとき，二分染色体（dyad）のそれぞれが，一分染色体（monad）として分裂した娘細胞にわけられる．それらは，第

2分裂終期（second telophase）には中間期核，核膜および仁を生ずる．以上2回の細胞分裂によって，それぞれもとの染色体の半分の染色体数をもつ4つの生殖細胞ができる．この時期を四分子期という．花粉側ではこのとき花粉四分子（pollen tetrads）となる．胚のう側では，四分子の一つのみがその後3回の細胞分裂を経て，8個の細胞からなる胚のうを形成する（図1.5）．

減数分裂は精密な制御を受けている興味深い現象である．その遺伝学的意義についても注目すべき点がある．第一には，相同染色体の対合を経て生殖細胞には相同染色体の一組が確実に伝達されることである．もし相同染色体の間に差があり，対合が確実でないと，相同染色体の1組が均等に伝達されない．完全な一組の染色体をもたないと，生殖細胞は正常に機能できない．第二に，二つの親に由来する相同染色体のそれぞれが，生殖細胞に再配分されることである．片親由来の染色体が，A，B，C，-- と n 個あり，もう一方に由来する染色体が A'，B'，C' -- と n 個あるとしよう．ここで AA'，BB'，CC'，-- は相同染色体である．相同染色体は形態学的には相同であるが，遺伝学的内容は必ずしも同じではない．減数分裂によってできる半数の染色体をもつ生殖細胞には，A が入るか A' が入るかの2通りの可能性がある．B と B' についても同様である．したがって，2^n 通りの差異をもった生殖細胞が生ずる．第三には，キアズマから推察されるように相同染色体の間の部分の交換が起こることである．これについては3.5でさらに述べる．

1.1.3 細胞分裂周期

体細胞において，一つの細胞分裂から次の細胞分裂までの間には，DNA複製を含む一つの周期が認められる（図1.2）．まず，合成期S（synthesis）はDNAの複製の時期であり，10時間位である．次に間期II（G_2, gap）期があり，この間に紡錘糸など核と細胞質の分裂に必要な要素がつ

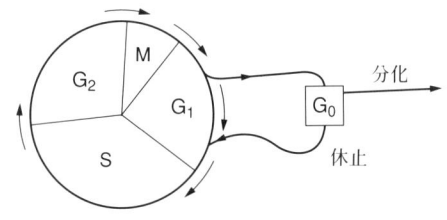

図1.2　細胞周期

くられる．分裂期は M 期（mitosis）と呼ばれ，細胞分裂の中期の前期，中期および終期に当たる．間期Ⅰ（G_1）では二分した娘細胞が，次の分裂と DNA 複製の準備をするので，RNA とタンパク質の合成が活発で，細胞の容積が増大する．さらに分化して細胞分裂をしなくなる細胞は G_0 にはいる．

1.2 生活環

ここで被子植物の場合を例にとると，種子の発芽から始まり，体細胞分裂を繰り返して個体が大きくなる時期，すなわち栄養生長期の後に，開花，受精を経て種子を結実する．いろいろな生物を通じて，このような過程の基礎には共通の規則があることが理解される．

1.2.1 核相交代（図1.3）

体細胞の分裂を通じて，2組の染色体をもつ細胞が分裂して増加する．個体が成熟に達すると，減数分裂により全数（$2n$）のうち半数（n）の染色体の

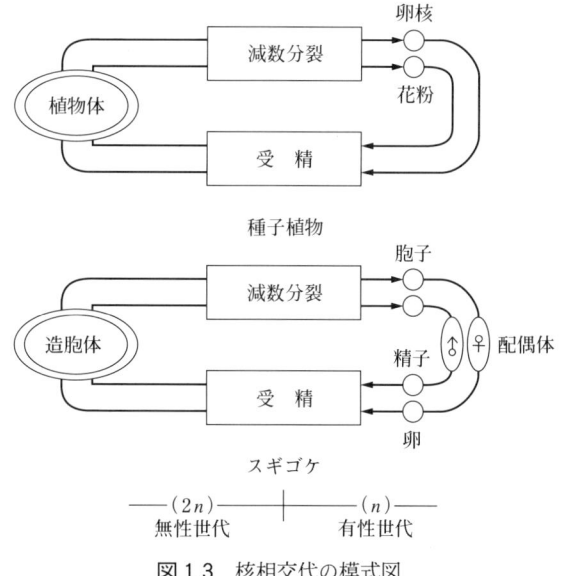

図 1.3 核相交代の模式図

みをもつ生殖細胞ができる．普通には雌雄の生殖細胞すなわち，花粉と胚のうの中の卵細胞が受精により合体して，再び染色体数は倍加される．減数分裂によってできた生殖細胞の染色体数を n とすると，生殖細胞の受精によってできた世代は，$2n$ 個の染色体をもっている．このように，n の世代と $2n$ の世代が交替することを核相交代という．動物では一般に n 世代は独立生活をしない．しかし植物では後で述べるように n 世代でも独立生活をする種類がある．

1.2.2 植物の世代交代

子のう（嚢）菌類のアカパンカビ（*Neurospora*）では，単相の配偶体，すなわち菌糸には，雌雄に対比されるAとaの2種類があり，この間で交雑が行われる．接合体はできるとすぐに減数分裂を行うので，胞子体（$2n$）は実際上存在しない．減数分裂の結果できた4個の胞子は子のう（ascus）の中に分裂した状態のまま一列に並んでいる．その内の2個はA，残りの2個はaである．これら4個の胞子はもう1回体細胞分裂をして8個の単相胞子とな

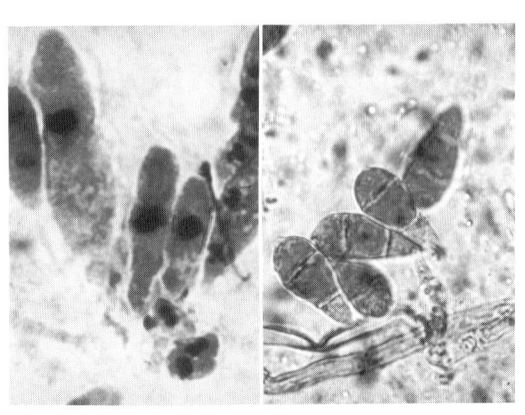

図1.4 いもち菌の核相交代
　左：異株の接合による $2n$ 世代の子のう．$2n$ の1核の子のう母細胞が減数分裂により4個となり，その後1回の体細胞分裂により8個の子のう胞子となる．
　右：菌糸（n）の上にできた分生胞子．いもち菌では永い間，n 世代だけが知られていた（加藤　肇による）．

る．遺伝子型の異なる胞子の並び方から相同染色体の間の組換えがどの時期に行われたかが推察される (3.5.2)．

いもち病菌は稲作の主要病原菌であるが，長い間 n 世代のみが知られた不完全菌 (Fungi imperfecti) として分類されてきた．1971年アメリカでイネのいもち病菌によく似たメヒシバのいもち病菌の子のう胞子世代が初めて観察された．それをきっかけに研究が進み，この菌が雌雄異株の性質をもつことが明らかにされた．その後イネのいもち菌とシコクビエのいもち病菌の交雑による子のう形成の実験が成功した[1.1] (図1.4)．現在では，イネのいもち菌間の交雑から，いもち菌の精細な染色体地図が作成されている[1.2]．

コケ植物では，単相世代は複相世代より大型で独立に生活している．その中で雌雄異株のものでは，性は X と Y の性染色体によって決定される．胞子体は減数分裂によって4個の単相の胞子をつくる．これらが雌雄の独立栄養の配偶体に生長する (図1.3)．コケ植物と異なり，シダ植物は配偶体も胞子体も独立の緑色植物であるが，シダの本体は胞子体である．

種子植物では，特別の細胞が，雄性もしくは雌性の配偶体 (gametophyte) に分化し，それが合体して接合体 (zygote) をつくり，それが複相の生物体すなわち，胞子体 (sporophyte) を形成する．胞子体は特別の細胞 (前出のEMC，PMC) を分化して，減数分裂によって半数体の胞子 (配偶子) をつくる．複相の世代が圧倒的に大きな植物体となり，単相の世代の方は縮小して前者に依存する．雄性配偶体は，花粉となり，8細胞からなる雌性配偶子は胚のうとなる (図1.5)．

1.3 被子植物の生活環と繁殖法

植物が精子による受精を常とする水中生活から，維管束の発達した陸上植物へと発達するにつれて，配偶体の方は退化してきた．しかしイチョウは花粉でなく精子の形をとどめている．一方，被子植物では，後で述べるように重複受精により胚乳を形成することによって，著しく適応の範囲を拡大した．熱帯・亜熱帯の果樹では，種子の休眠性は発達していないが，温帯以北の草本は発達した種子休眠性を示し，さらに適応の範囲を広げている．

1.3.1 花粉および胚のうの発達

　減数分裂を経た花粉は，はじめ4個の細胞が離れずに花粉四分子（pollen tetrad）となっているが，やがて発達した花粉壁をもつ単独の花粉となり，核の分裂により栄養核（vegetative nucleus）と生殖細胞（generative cell）を形成する．さらに，3核性の花粉では生殖核の分裂が花粉粒内で起こる．したがって葯が開裂したときには，2核性の花粉と3核性の花粉とは区別される．2核性の花粉では，生殖核の分裂は花粉管内で起こる．

　2核性の花粉を持つ植物は原始的分類群に属し，3核性の花粉をもつ植物群は，2核性の花粉をもつ群から進化の過程で相互に無関係に現れた．2核性と3核性は，自家不和合性の遺伝において重要な特徴となる（図13.1）．

　雌性配偶子は胚のうで形成される．胚のう母細胞は，減数分裂を経て4個の細胞を形成するが，普通にはそのうちの1個がその後の胚のう形成の道をたどり，他の細胞は退化する．1個の細胞が3回分裂して，最終的には，1個の卵細胞（egg cell），2個の極核（polar nuclei），3個の反足細胞（antipodal cells）および2個の助細胞（synergids）をもつ一つの胚のうが形成される．ここで2個の極核が融合して一つになったものを中心核（secondary

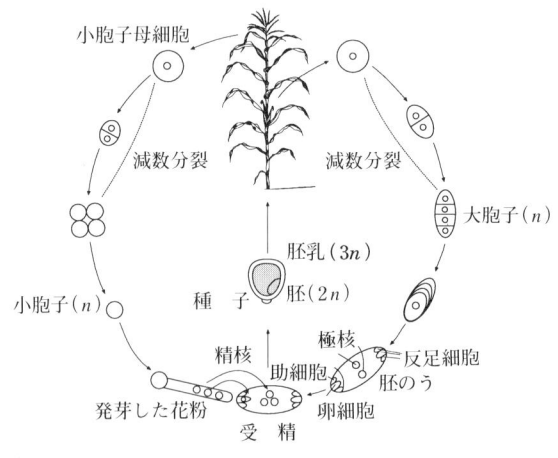

図1.5　被子植物の生活環

nucleus) という. 被子植物の受精のときには, 花粉からきた2核のうちの一つが卵細胞と合体し, 他の一つが中心核と合体して3倍性の胚乳をつくる. これを重複受精という. 図1.5にはトウモロコシの生活環が示されている.

1.3.2 被子植物の様々な繁殖方法 (breeding system)

動植物を通じて一つの細胞にはその生存のための全遺伝情報が含まれている. どの細胞からも完全な個体を再生する可能性 (全能性, totipotency) は植物でのみみられたが, 最近, 動物でも羊の乳腺細胞から個体が再生された.

種子繁殖をする植物でも, 自家受精 (自殖) 性と他家受精 (他殖) 性の植物では, 後に述べるように, その集団の遺伝学的構成に大きな差がでる.

無性生殖 (栄養繁殖) には, イチゴのほふく (匍匐) 枝, ヤマノイモのむかご, バレイショの塊茎およびネギなどの球茎など多様な形がある. この場合には親と同じ遺伝子型が維持される.

無融合種子形成 (アポミキシス, apomixis) は, 「mixのない生殖」の意味で, 栄養体繁殖と, 受精なしに胞子体に発達する配偶体や, 受精なしに種子が形成される場合を含む. しかし, 栄養繁殖を除いた場合のことを指すことが多い. 種子植物のアポミキシスは模式的には, ① 不定胚形成と ② 配偶体アポミキシスに大別される[1,3] (図1.6).

不定胚形成では, 珠心 (nucellus) や珠皮の胞子体組織から直接胚が発達する. ミカンの珠心胚は有名である.

配偶体アポミキシスは, 胞子体 → 非減数あるいは複相の配偶体 → 胞子体という過程を経過する. 多くの牧草のアポミキシスでは胚のうの卵細胞以外のところから胚が形成される. 複相の卵を作るものの例はイネ科やキク科に多い. 一方ユリ科のニラでは胞原細胞から核内倍加を経て複相大胞子が発達し, その卵細胞から胚が発達する.

また, 胚のうの発達には, 正常な花粉を必要としないで自動的に発達する場合と, 偽受精生殖 (pseudogamy) と呼ばれ, 受粉と花粉管の生長, ときには精核と極核との受精による胚乳形成が必要な場合がある. 牧草のアポミクシスは後の場合であり, 発芽能力のある花粉が必要な場合が多い[1,3].

これらの例を通じてアポミキシスのみられる植物はほとんどすべて四倍体あるいはそれ以上の倍数体である．低いアポミキシス率を示すソルガムが例外的に二倍体である．アポミキシスを利用して，ヘテロ接合体の親の遺伝的構成をもったギニアグラスの品種が育成された[1,4]．アポミキシスを利用したハイブリッド種子の生産が研究されている．また，アポミキシスでは種子を経過するためウイルスの感染が遮断される．

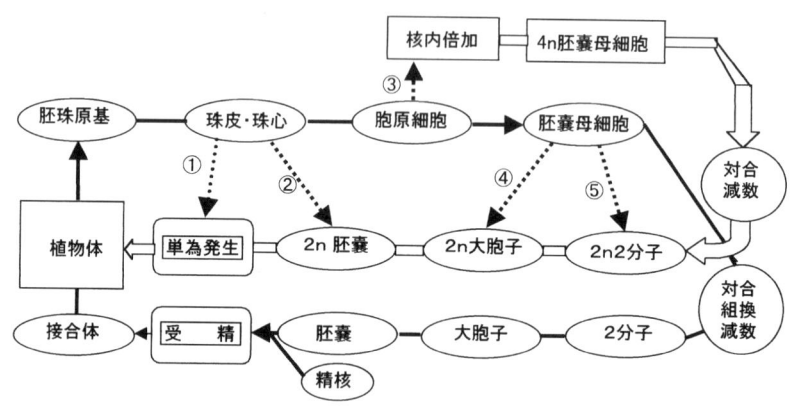

図 1.6　被子植物における様々なアポミキシス
① 不定胚生殖（ミカン，マンゴ），② 無胞子生殖（ギニアグラス，キンポウゲ），
③ 複相胞子形成の *Allium* 型（ニラ），
④ 複相胞子形成の *Antennaria* 型（キク科エゾノチチコグサ属），減数分裂は欠落，
⑤ 複相胞子形成の *Taraxacum* 型（セイヨウタンポポ）．無対合あるいは減対合を伴う減数第一分裂の後期に復旧核形成．
小島昭夫 1995．受粉と受精，種子生理生化学研究会編「種子のバイオサイエンス」，10〜15ページ（学会出版センター）によって作成．原著者の校閲による．

第2章　染色体とゲノム

生活環の説明では染色体の行動に触れた．ゲノムの概念で染色体の役割はさらに詳しく説明される．次の章で説明される遺伝の法則は，相同染色体の行動を基礎として成り立っている．

2.1　ゲノムの概念

2.1.1　異質倍数体(allopolyploidy)

ゲノムの概念は複二倍体に注目するとわかりやすい．先に，核相交代の説明で，染色体の一組(n)をもっている配偶子と，それを二組($2n$)もっている胞子体が，世代の進行に伴って交代することを述べた．以下に述べる複二倍体と呼ばれる生物は，半数世代では，二つの異なる種に由来する染色体一組($n+m$)をもち，胞子体ではそれを二組($2n+2m$)もっている．

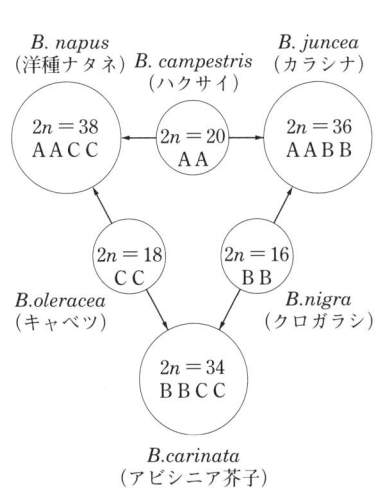

図2.1　ブラシカ属(*Brassica*)のゲノム構成

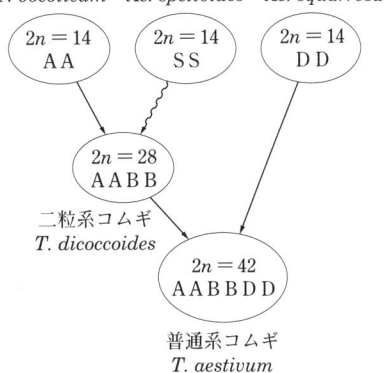

図2.2　コムギ族(*Aegilops*, *Triticum*)のゲノム構成

学名は代表的なもののみを示す．波線はSゲノムからBゲノムへの分化を示す．

典型的な例は，ブラシカ属でみられる．図2.1に示すように，この属では，いくつかの二倍性の種が知られている．$2n = 20$ のハクサイの類（*Brassica campestris*），$2n = 18$ のキャベツの類（*B. oleracea*）および $2n = 16$ のクロガラシ（*B. nigra*）である．*B. campestris* のもつ染色体の組をA，*B. nigra* のそれをB，*B. oleracea* のそれをCという記号で表す．A，BおよびCで表わされる染色体の一組をそれぞれゲノム（genome）と呼んでいる．ゲノムとは遺伝子（gene）と染色体（chromosome）から合成された術語であり，完全な生活現象を営み，生殖に不可欠な最小限の染色体数の一組（半数）である．なお植物によっては，B染色体といって1ないし数個の微少な染色体をもつ．その起源や意義は不明である．

ブラシカ属には以上の二倍体の種のゲノムを二つ併せてもつ種が知られている．洋種ナタネ（*B. napus*）は $2n = 38$ で，AとCのゲノムをもち，カラシナや高菜（*B. juncea*）は $2n = 36$ で，AとBのゲノムをもち，アビシニアガラシ（*B. carinata*）は $2n = 34$ でBとCのゲノムをもっている．単一のゲノムをもつ種を基本種と呼び，異なる2組のゲノムをもつ植物を複二倍体（amphidiploid）と呼んでいる（あるいは異質四倍体と呼ぶこともできる）．

コムギ族における倍数性（polyploidy）も有名である．パンコムギは，A，BおよびDという3種の基本ゲノムからなる異質六倍体である（図2.2）．コムギ族ではいずれのゲノムも染色体数は7であり，異なるゲノムを構成する7本の染色体のそれぞれは，1Aから7A，1Bから7Bおよび1Dから7Dと識別されており，同じ数字の染色体は同祖染色体（homoeologous chromosomes）と呼ばれ，共通の先祖の染色体から分化したと考えられている．

ブラシカ属では基本種の染色体数が8，9および10となっていても，それらはある共通のゲノムから分化したものと考えられている．最近DNA標識を使って，各ゲノムごとの染色体地図を描き，ゲノム間での共通の部分の推定が試みられている．その結果ブラシカの場合には，ゲノムの分化の過程で複雑な転座あるいは重複があったことが示唆されており，単純な同祖関係を導くことはできないようである[2.1]．

最近の遺伝標識を使った連鎖地図を比較すると，同祖染色体よりもはるか

に広い範囲でシンテニー (synteny) と呼ばれる遺伝標識の共通配列が見出されるようになった．すなわちイネとトウモロコシ，あるいはそれらとムギ類の間で染色体間の相同性が指摘されている．これは異なる植物種の間で機能の類似した遺伝子の位置を探索するための基礎となる[2,2]．

注：分子遺伝学のゲノムの意味は少し違う．たとえば，genomic DNA（第5章）．

2.1.2 ゲノム分析

先に述べたような，基本種と複二倍体の関係は，減数分裂における相同染色体の対合の観察から理解される．いまブラシカのAとCのゲノムのもつ種 (*B. napus*) にCゲノムをもつ基本種を交雑した場合をみよう（図2.3）．AACCの複二倍体からはACをもつ配偶子が，CCの基本種からは，Cをもつ配偶子が形成されて，これらの合体によってできた胞子体のゲノムはACCとなる．ACCが減数分裂するとき相同染色体の対合が起こる．ここで，$n=9$のCゲノムについては相同染色体があるので，Cゲノムに属する染色体は互いに対合して二価の染色体となるが，$n=10$のAゲノムは，対合する相手の染色体がないので，一価染色体となる．これらの二価と一価の染色体は減数分裂像の観察から識別される（図2.8）．次に同じACゲノムの複2倍体にAをもつ基本種を交雑すると，得られたAACという胞子体の減数分裂のときには，$n=9$のCゲノムの染色体は一価染色体となる．なお，減数分裂の際に各一価染色体はそれぞれ第1分裂の終期には二つの娘細胞のどちらかに分配される．いま，$n=9$のCゲノムの場合を考えると，

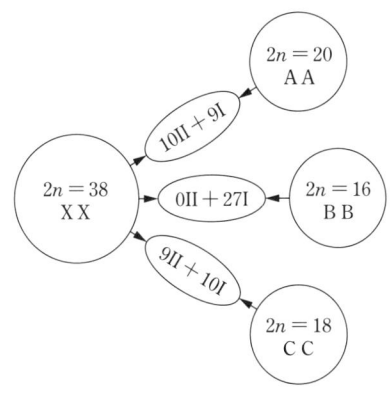

図2.3 *Brassica napus* のゲノム分析
I および II はそれぞれ一価および二価染色体を表す

各配偶子にこの染色体が入るか入らないかの2通りがあり，9個の染色体の分配は，$\{(1/2)\cdot 0 + (1/2)\cdot 1\}^9$ の展開式で与えられる．

　上の説明では異質倍数体のゲノム構成が既知であるとした．もし *B. napus* の染色体数はわかるが，そのゲノムの構成がわからなかったとしても，AとCの基本種を交雑して，これがAとCのゲノムをもつことは明らかにできる（図2.3）．一般的に倍数体のゲノム構成が未知でも，それにゲノムの判明している基本種を交雑して，得られた雑種の減数分裂の際の一価と二価の染色体の数から，倍数性の種のゲノムの構成を明らかにすることができる．このようにして，複二倍体などのゲノム構成を分析することをゲノム分析と呼んでいる．ゲノム分析には，異種間の交雑によって雑種植物を得ることが必要であり，実際にはかなり困難が伴う．

2.1.3　同質倍数体

　先に述べたように基本種のゲノムをかりにAで表すと，それが一組あれば生存する植物体が得られる．これを半数体（A）と呼び，以下ゲノムが増加するごとに，AAを同質二倍体，AAAを同質三倍体，AAAAを同質四倍体と呼ぶ．これらの同質倍数体（autopolyploid）は，ブラクスリー（A.F. Blakeslee, 1937）が，イヌサフランから得られたコルヒチン（colchichine）というアルカロイドによって倍数体を誘起できること発見して以来，様々な植物で作出されてきた．半数体の植物は，自然状態でも稀に弱小の個体として出現するが，葯あるいは花粉の培養によって容易に作出されることがある．

　表15.1にみるように重要な栄養繁殖性の栽培植物には同質倍数体が多い．このことは同質倍数体が一般に栄養器官の増大を示し，それが栽培上有利であるためであろう．イネでも四倍体は稔性は低いが大きな種子をつける（図2.4）．しかし三倍体以上の同質倍数体では，減数分裂に際して相同染色体の対合が混乱するため，正常な配偶子が形成されず，種子を通じての正常な繁殖ができない場合が多い．たとえば「種なしスイカ」は人工的に四倍体と二倍体を交雑してできた三倍体である．栽培バナナは同質三倍体であるため種子がない．

2.1 ゲノムの概念　(15)

同質倍数体でも種子が得られやすい植物では，ゲノムの間に若干の分化があると想像される．すなわちAAAAという同質四倍体でも，実際にはAAA'A'のような複二倍体のような構成になっていると考えられる．AA'の同質倍数体的なゲノムが，AとA'の差が拡大することによって，新しい単一のゲノムとなれば，倍数化に伴う二対の相同染色体の共存状態は解消される．これは二倍性化 (diploidization) と呼ばれ，地質学的な長い期間を要する過程である．

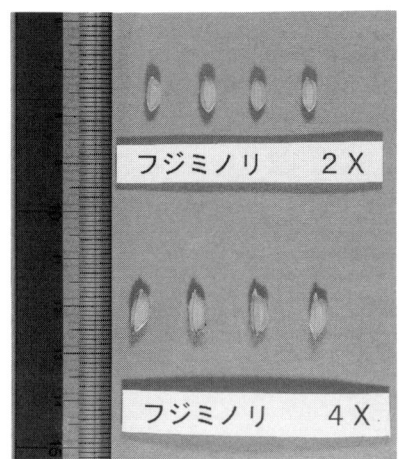

図 2.4　二倍体 ($2x$) と四倍体 ($4x$) のイネのもみの比較（門　有紀による）

一方高次倍数体の状態であっても，パンコムギでは，先述の同祖染色体間の対合 (homoeologus paring) を抑制するような遺伝子 *Ph 1*（5 B 染色体にある）が知られている．このような対合を支配する遺伝子の効果や二倍体化によって，倍数体の種子繁殖もある程度まで可能と考えられる．

2.1.4　同質および異質倍数体の命名法

同質倍数体は，先述のようにゲノムの数で記述できる．すなわち，半数体 (haploid)，同質二倍体 (autodiploid)，同質三倍体 (autotriploid)，同質四倍体 (autotetraploid) と続けて記述される．なお，葯培養などによって半数体が倍加されてできた植物体を doubled haploid と呼んでいる．

異質倍数体については，ゲノム分析によりその基本種が明らかになると，それらの類型は以下の例のように体系的に命名される（詳しくは村松幹夫, 1987）．このような表記をゲノム式と呼んでいる．

　　　　AACC　　　　二基四倍体　　　例　洋種ナタネ

AABBDD　三基六倍体　　例　パンコムギ
AAAABB　二基六倍体

2.2 異数性

これまでは，ゲノムを単位として，その倍加あるいは複合した場合を述べた．これとは別に，各ゲノムを構成する染色体の一部の欠落あるいは重複が知られていて，異数性（aneuploidy）と呼ばれている．

2.2.1 異数性の種類

ゲノムが2組揃っている通常の$2n$の場合を，ダイソミック植物（disomic）であるという．それから一つの染色体が欠落している場合，すなわち$2n-1$をモノソミック（monosomic）植物であるという．ゲノムを構成する一対

図2.5　異数体の模式図
上から順に：$2n-2$, $2n-1$, $2n$, $2n+1$

の相同染色体が二つとも欠落している場合，すなわち $2n-2$ をナリソミック (nullisomic) 植物という．逆にゲノムを構成している染色体が余分にある場合，すなわち，$2n+1$ をトリソミック (trisomic) 植物といい，$2n+2$ をテトラソミック (tetrasomic) 植物という (図 2.5)．

一般に半数の染色体数が n であれば，これらの異数性植物は，どの染色体が欠落あるいは重複するかで，n 通りできる．$2n=42$ のコムギでは，trisomics, nullisomics などがそれぞれ 21 通り存在する．

植物では，異数体は遺伝的な異常を示しながらも生活力があるので，保存されている．中でもチョウセンアサガオ (*Datura stramonium*) の異数体群は，自然の変異体から同定され，早くから例として挙げられた．ヒトでは，第 21 染色体が 1 本重複して異常となるダウン症候群 (Down's syndrome) が知られている．

2.2.2 異数性の応用

同祖染色体の同定には異数体が応用された．シアーズ (E. Sears, 1954) は，パンコムギの一品種 Chinese Spring の 4 種類の異数体セット，すなわち，nullisomics, monosomics, trisomics および tetrasomics のシリーズを作出した．さらに彼は，nulli-tetrasomics 植物 (あるゲノムの一対の相同染色体については欠失し，別のゲノムの一対の相同染色体は重複したもの) を選抜した．この内の 42 種類は片親の nullisomics に比べて正常に近い生活力と稔性を示した．この現象は nulli-tetra 補償性と呼ばれ，一つのゲノムの欠失した染色体の機能を過剰に存在している他のゲノムの染色体が補償するために起きる．このような補償性を基礎として異なるゲノムに属する染色体の同祖関係が識別された．

また monosomics や trisomics の植物体は，連鎖群の推定に利用される (第 3 章の連鎖参照)．

2.3 異種染色体の添加と置換

一つのゲノムの中に別のゲノムの相同染色体一対を付加したとき，この染色体は比較的に安定して維持される．このような系統を異種染色体添加系統（alien-chromosome-addition line）という．たとえば，普通コムギのゲノムの中に，オオムギの染色体一対を加えたものがある（図16.2）．この場合には，7種類の染色体添加系統が可能である．一般に，同祖染色体間で染色体一対を交換して得られた系統を染色体置換系統（alien-chromosome-substitution line）という．コムギのゲノムの中のDゲノムとライムギのRゲノムにおいて，同祖染色体一対を交換して得られた系統をR-D置換系統と呼んでいる．

2.4 染色体の構造的変異

染色体には欠失（deficiency），重複（duplication），逆位（inversion）および転座（translocation）などの形態学的異常が知られている．これらの異常は，何らかの原因による染色体の切断によって起こる（図2.6）．染色体の異常は，減数分裂における相同染色体の異常な対合により識別される．大きな重

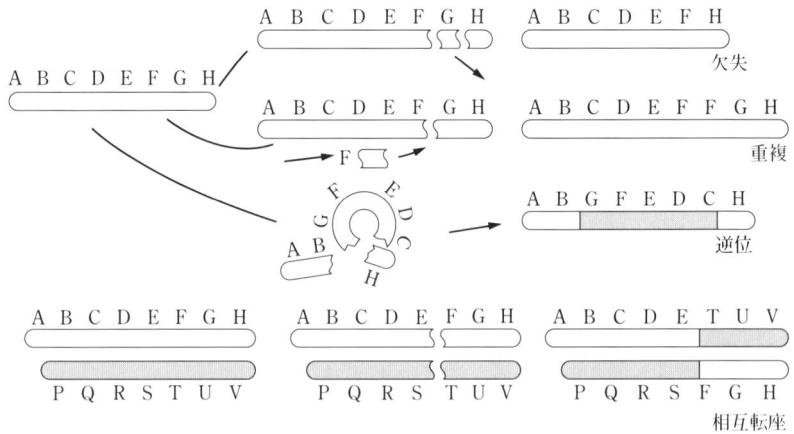

図2.6 主な染色体変異の起源（文献 2.3 より）

2.4 染色体の構造的変異　(19)

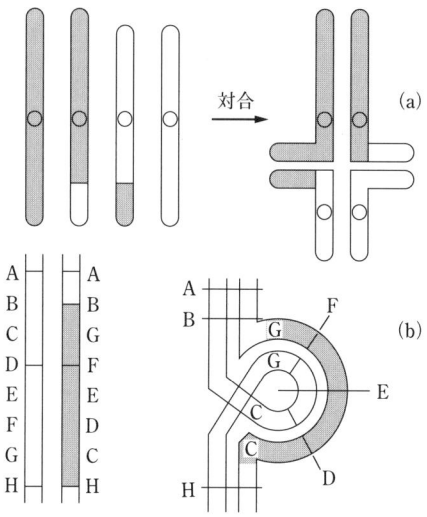

図 2.7　染色体の異常な対合
相互転座 (a) と逆位 (b) の場合

複がある場合，一方の染色体とは対合しない部分が識別される．また，相互転座は，非相同の染色体の部分が交換されたものである．相互転座ヘテロの個体では，減数分裂のときに，相同部分が対合するので，2組の相同染色体が十字形に接合する（図 2.7 a）．逆位は，染色体の一部が切断されて反対方向につながった異常であり，正常な染色体と対合すると，環状の部分ができる（図 2.7 b）．

　オオマツヨイグサ (*Oenothera*) では，相互転座によって染色体が環状につながった構造が観察される．このため各染色体が配偶子に確率的に分配されず，一団となって行動するので，純系のような遺伝を示す．他方相互転座の何らかの変化が遺伝的異常分離を引き起こす（環状染色体については，細胞分裂と細胞遺伝．p.376‐422．植物遺伝学Ⅰ 裳華房）．

(20)　第2章　染色体とゲノム

2.5　遠縁交雑と染色体

一般に遠縁交雑では，交雑された両親のゲノムの間に分化があるため，減数分裂で相同染色体の正常な対合が行われない．したがって配偶子に正常なゲノムが配分されないため生活力のある後代ができない．イギリスの Kew 植物園で，*Primula verticilla* × *P. floribunda* が交雑されたとき，はじめは種子を形成せず，栄養繁殖によって増殖されたが，あるとき稔性のある植物を生じた．これが *P. kewensis* と呼ばれるもので，複二倍体になって正常稔性を示したのである．ゲノムの分化がある程度以上に進んでおれば，雑種の染色体を倍化して，ある程度正常な稔性のある複二倍体ができる．ネギとタマネギの複二倍体はその例といえる[2.4)]．

イネの遠縁交雑でみられる半不稔現象も，ゲノムの分化のため相同染色体間の対合が不完全であるために起こると推察されたことがある．イネの場合に遠縁雑種の染色体を倍加しても，不稔はほとんど解消されない．現在，イネの遠縁雑種の半不稔は，別の遺伝現象と考えられている（第16章）．

図2.8　減数分裂における一価と二価の染色体（補足）
AABBDD ゲノムをもつ普通系コムギに AABB ゲノムをもつ二粒系コムギを交雑して得られた雑種（F_1）の減数分裂の第一分裂中期の像．A および B ゲノムに属する染色体は対合して 14 個の二価染色体となり，D ゲノムの染色体は 7 個の一価染色体となる（遠藤　隆による）．

第3章 遺伝の法則

メンデル (G. J. Mendel, 1822-1884) は，現在メンデルの法則と呼ばれている発見を 1865 年に発表した．それは彼の在世中には注目されず，1900 年に 3 人の科学者により独立に再発見された．メンデルは遺伝分析の方法を革新した．それによって，「血が混ざる」というような考え方，すなわち融合遺伝は否定された．サットン (W. S. Sutton, 1903) が細胞分裂のときに観察される事実とメンデルの法則との一致を指摘して以来，遺伝の法則は減数分裂における染色体の行動と結び付けて理解されるようになった．

3.1 メンデルの法則

3.1.1 優性の法則

メンデルは，明瞭に対比される特徴を取り上げて，その遺伝現象を分析した．たとえばエンドウの花色の赤と白，豆の皮の皺の有無などである．これらの対比される特徴を対立形質とし，これについて対照的な親植物を交雑し，その後代を分析した．その結果，各対立形質の表現が，それぞれ 2 個の要因 (factor) により支配されていることを示した．

図 3.1 に，エンドウの矮性の代わりにイネの正常型と半矮性の例を，仮の遺伝子記号を用いて示した．正常型の親と半矮性の親を交雑して得られた次世代 (雑種第一代，F_1) の植物体の草型は正常になった．この場合，正常型の植物は DD という要因を，半矮性の植物は dd という要因をもっており，交雑の際には，それぞれの親に由来する D という要因と d という要因が合体して Dd という要因をもった F_1 植物ができる．現在ではこの要因を遺伝子 (gene) と呼んでいる．F_1 植物は，Dd という遺伝子の構成，すなわち遺伝子型からなるが，その草型は D という遺伝子に支配されて，正常型という表現型を示すことがわかった．このため，遺伝子 D を優性 (dominant)，遺伝子 d を劣性 (recessive) であるとした．この場合に，DD と Dd の遺伝子型が正常

第3章 遺伝の法則

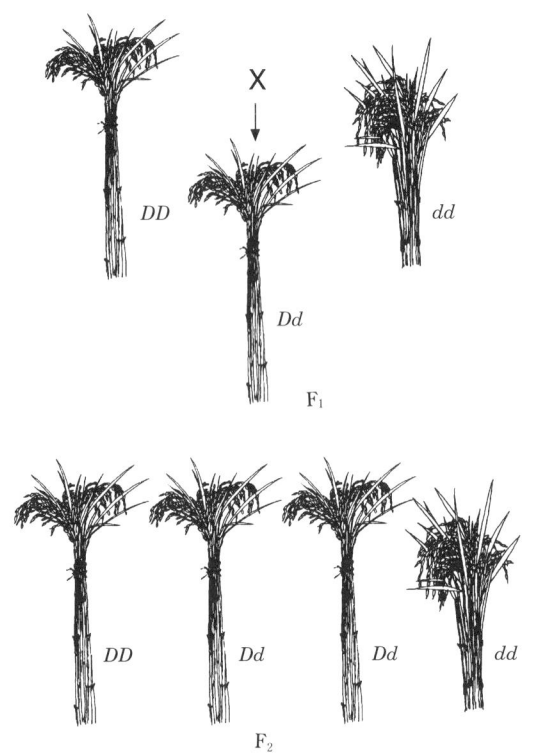

図 3.1　イネの半矮性の遺伝
正常型と半矮性の親品種（上段），F_1（中段）および F_2（下段），
F_2 では正常：半矮性＝ 3 : 1.

型という同じ表現型を示し，dd は半矮性という表現型を示す．

　メンデルは，減数分裂における染色体の行動を知らずにこのような推論を行った．現在では減数分裂における染色体の行動から，メンデルの法則はよく理解できる．エンドウもイネも二倍体であり，相同染色体をそれぞれ 7 対と 12 対もっている．ある一対の相同染色体の上に，草型を支配する遺伝子の場所，すなわち遺伝子座（locus）があると考えられる．減数分裂のときに，正常型の親からは D をもつ染色体が，半矮性の親からは d をもつ染色体が，それぞれの配偶子に配分され，これらの配偶子が受精により合体して，Dd

という遺伝子構成をもつ後代ができる（図3.2）．一つの遺伝子座にある遺伝子，この場合でいうと D と d を対立遺伝子（allele）という．また DD および dd をホモ接合体（homozygote），Dd をヘテロ接合体（heterozygote）という．

ヘテロ接合体では，二つの対立遺伝子の内のどちらかが表現型を支配する場合が多い．表現される方を優性（dominant）遺伝子，表現されない方を劣性（recessive）遺伝子と呼ぶ．メンデルはこれを優性の法則（law of dominance）とした．優性遺伝子の効果が不完全に示されるときは，不完全優性（incomplete dominance）という．たとえば，赤色花と白色花の雑種第一代が両親の中間の桃色となる場合がある．また，二つの対立遺伝子の効果が同時に発現するときは，共優性（co-dominance）という．

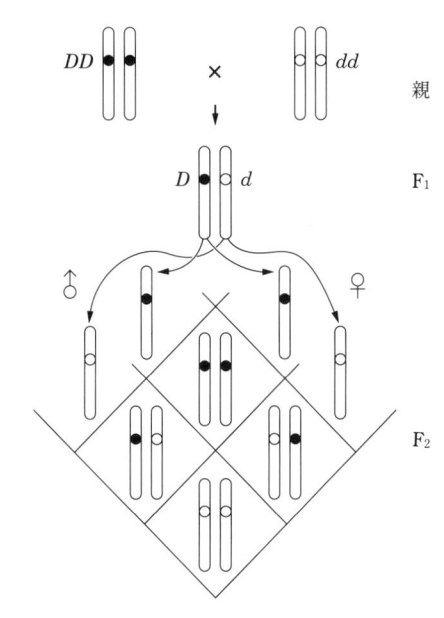

図 3.2 半矮性の遺伝に対応する遺伝子と染色体
減数分裂による配分と受精による合体を表す．

ヒトの血液型の ABO 式の遺伝では，A, B, O の対立遺伝子がある．一つの座に 3 種類以上の対立遺伝子があるので，これらを複対立遺伝子（multiple alleles）と呼んでいる．ここで，A と B は O に対して優性であるが，A と B は共優性である．すなわち，AO と BO は，それぞれ A 型と B 型の表現型を示すが，AB の遺伝子型は AB 型の表現型を示す．

なお，上に述べたメンデルの優性の法則は，二倍体というゲノムの特別の条件でみられることに留意すべきである．いもち菌は，半数体で 7 個の染色体をもっている．したがって各染色体上の遺伝子は，優性とか劣性の関係な

しに，その表現型を発現する．

自家不和合性，雄性不稔，雑種不稔および交雑可能性などの現象では，配偶体レベルでの遺伝子発現とその胞子体の遺伝子型との相互作用が大きな役割をはたしている．しかし，その実体はほとんど解明されていない．

3.1.2 分離の法則

先に述べたように，正常型の親からは D をもつ染色体が，矮性の親からは d をもつ染色体が，それぞれの配偶子に分配され，それらの受精により，Dd という遺伝子構成をもつ F_1 植物ができる（図3.2）．次に Dd という遺伝子型をもつ F_1 植物からは，胚珠でも花粉でも，D かあるいは d を持つ2通りの配偶子ができて，受精のときにこれらが無作為に合体し，雑種第二代（F_2）の集団ができる（図3.2）．これは，代数式の $(D+d)(D+d) = DD + 2Dd + dd$ に対応する．これらの内 $(DD + 2Dd)$ は正常型となり，dd は矮性となるから，その比率は3：1となる．この比率は，十分な数の植物体を養成したときに観察される．このように F_1 において，対立遺伝子が1：1の割合で分離することを述べたのが分離の法則（law of segregation）である．

3.1.3 独立遺伝の法則

この法則は，2座の対立遺伝子の分離について述べている．二つの遺伝子座がそれぞれ別の染色体上にあれば，減数分裂のときに独立に行動する．したがって，一つの対立形質について F_2 で3：1の分離をするとき，二つの対立形質についてみれば，双方とも優性，一方のみが優性，他方のみが優性，両方とも劣性の個体が，F_2 で9：3：3：1に分離する．これが独立遺伝の法則（law of independence）である（図3.3）．

具体的な例についてみよう．二つの独立の対立遺伝子として，正常型：矮性＝$DD：dd$，および 赤花：白花＝$RR：rr$ の場合を考える．F_1 の遺伝子型は，$DdRr$ となり，これから減数分裂のとき，D か d のいずれかと R か r のいずれかが，各配偶子に伝えられる．したがって，DR, Dr, dR および dr の4通りの配偶子ができる．これらの4通りの配偶子が二つずつ結合して，

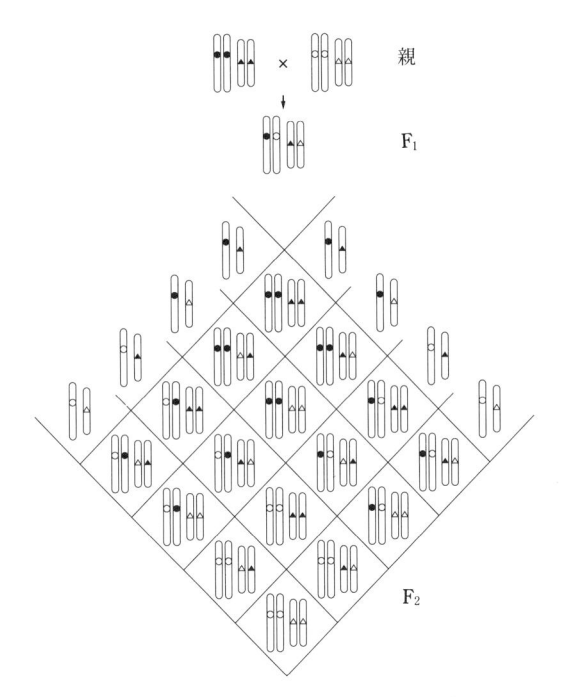

図 3.3 二組の相同染色体と独立遺伝の法則

二組の相同染色体（長短）上に ○ あるいは △ で表した遺伝子座がある．それらの遺伝子座では優性（黒）と劣性（白抜き）が区別されている．F_1 における減数分裂により，それぞれ独立に雌性と雄性の配偶子に配分され，ランダムに合体して F_2 の個体の遺伝子型を定める．

$\{DR + Dr + dR + dr\}^2$ の展開に対応する F_2 の接合体ができる．すなわち，

♂＼♀	DR	Dr	dR	dr
DR	<u>DRDR</u>	<u>DrDR</u>	<u>dRDR</u>	<u>drDR</u>
Dr	<u>DRDr</u>	DrDr	<u>dRDr</u>	drDr
dR	<u>DRdR</u>	DrdR	dRdR	drdR
dr	<u>DRdr</u>	Drdr	dRdr	drdr

表現型について整理すると，正常赤花は下線をつけた 9 通り，矮性赤花は，dRdR, dRdr, drdR の 3 通り，正常白花は，DrDr, Drdr, および drDr の 3 通

り，矮性白花（2重劣性）は $drdr$ の1種類である．したがってこれらの比率は，

　　正常赤花型：矮性赤花：正常白花：矮性白花（2重劣性） ＝ 9：3：3：1．

3.2　形質発現に対する遺伝子間の相互作用

3.2.1　同座の遺伝子間の相互作用と複対立遺伝子

　上に述べたように，同座の遺伝子間の相互作用としては，優性，不完全優性および共優性がある．一方の対立遺伝子がそれに対応するあるタンパク質を生産しない欠失型となって，他方の対立遺伝子が正常にタンパク質を生産するならば，正常型が優性となることは容易に理解できよう．共優性は各対立遺伝子の産物が直接検出できるタンパク質の遺伝，特にアイソザイムの遺伝分析で一般にみられる．

　複対立遺伝子の分化の例として，先に述べた ABO 式血液型がある．病原菌に対する寄主の抵抗性遺伝子座や自家不和合性の遺伝子座では，多くの複対立遺伝子の分化がみられる．

3.2.2　異なる座の遺伝子の形質発現に対する相互作用

　前の節では一つの座の対立遺伝子が，他の座の遺伝子と相互作用をしないで，表現型として発現する場合を扱ってきた．しかし実際には，別の座位にある遺伝子が互いに働きあって，複雑な表現型を示し，それらの分離の比率も9：3：3：1とは異なる場合が多い．20世紀前半の遺伝学では，このような分析が一つの主流であったので，当時の教科書には多数の事例が記載されている．異なる座の遺伝子の相互作用の代表的な例として，ここでは補足遺伝子と抑制遺伝子について述べる．

a．補足遺伝子

　補足遺伝子（complementary gene）の例は，着色形質の発現でよくみられる．以下イネの穎花の先端の着色，すなわち稃先色の例を挙げる．イネの稃先色の発現には，アントシアン活性化遺伝子，A-a の座と，アントシアン色

素原，C-c が関与している．いずれの座でも多くの複対立遺伝子があり，それらの組合せによって紫紅色から淡紅色の間の色調の変化が出現する．なお，aa のときでも，C のある複対立遺伝子は薄い褐色を示す．

いま $CCaa \times ccAA$ の交雑を例にとると，この両親では稃先色がないが，F_1 は $CcAa$ となり，稃先色を発現する．F_2 では次に示すような遺伝子型が出現する．

♂＼♀	CA	Ca	cA	ca
CA	<u>CCAA</u>	<u>CCAa</u>	<u>CcAA</u>	<u>CcAa</u>
Ca	<u>CCAa</u>	CCaa	<u>CcAa</u>	Ccaa
cA	<u>CcAA</u>	<u>CcAa</u>	ccAA	ccAa
ca	<u>CcAa</u>	Ccaa	ccAa	ccaa

上の表で，着色するのは下線をつけた遺伝子型であるから，着色と非着色の分離比は $9:7$ となる．実際には，C と A で発色すると，植物体上のどこに発色するかは，別の遺伝子で決まる．稃先色の場合には P として知られる遺伝子座があるが，ほとんどの品種は P をもっている．

b. 抑制遺伝子 (inhibitor)

タマネギの鱗茎の色の例を挙げる．基本着色因子と呼ばれる一つの対立遺伝子座には，対立遺伝子 $C:c$ があり，c は，対立遺伝子 C に対して劣性で，明るい白色の鱗茎をつくる．対立遺伝子 C をもつ植物は有色の鱗茎をつくる．これとは別に，3種類の色に関する遺伝子座がある．すなわち，黄色 (G, g) と，L, l および R, r という赤色発現の補足遺伝子がある．

C-c と G-g の二組の対立遺伝子の分離により，次のような表現型が発現する．ここで，C- は，CC と Cc の両者を意味する．G- についても同様である．

C-, G-　　=　黄色　　　(9)
C-, gg　　=　淡緑色　　(3)
cc, G-　　=　白　　　　(3)
cc, gg　　=　白　　　　(1)

この場合に，G-g の対立遺伝子は，C とともにあるときに発現し，cc の遺伝子型では，G の遺伝子型とは無関係に，白色の鱗茎になる．表現型の分離比は，黄色9：淡緑色3：白4となる．

タマネギにはもう一つの座位がある．これは有色の遺伝子に対して優性で，その発現を抑制する．抑制要因（inhibitor）であるから，この対立遺伝子を I-i と表記する．これと前記の C-c との相互作用により，次の表現型が出現する．したがって分離比は白13：有色3となる．

I-,	C-	=	白	(9)
I-,	cc	=	白	(3)
ii,	C-	=	有色	(3)
ii,	cc	=	白	(1)

c．上 位 性

上の例のように，一つの対立遺伝子座が他の対立遺伝子座の効果に優越して働くことを上位性（epistasis）と呼んでいる．これは一つの座の中で優性遺伝子が劣性遺伝子の効果に優越するのと対比される．上位性は，劣性のホモが他の遺伝子効果を抑える場合もあり（上の G-g に対する cc），またホモあるいはヘテロで優性の遺伝子が働く場合もある（I の C-c に対する作用）．このようにある対立遺伝子の発現を，別の対立遺伝子が支配することが，上位性のもとの意味であるが，今日では遺伝子座間の相互作用を上位性に含めている．

以上の他に，一つの表現型に複数の座の対立遺伝子が，量的な相加効果をもって関与するときは，同義遺伝子（multiple gene）と呼ばれている．これについては連続的変異（第9章）で説明する．

3.2.3 遺伝子座間の相互作用の説明

ある形質の表現型が2座の対立遺伝子によって支配される場合は，代謝経路に働く酵素の作用として理解される．たとえば，ある基質に対して，AおよびBの酵素が働いて，発色が起こるような場合が想定される．

         遺伝子座 A   遺伝子座 B
            ↓   ↓
基質 ─────────→ 中間代謝物質 ─────────→ 最終産物（たとえば色素）

ここでは，遺伝子座 A の産物と遺伝子座 B の効果があって，初めて最終産物による表現型が発現すると考えられる．

3.3 重要な研究方法

3.3.1 検定交雑

花色のように明瞭な形質では，遺伝子型の判別が比較的容易である．しかし，植物体長のように環境の影響を受けやすい形質を扱うとき，F_1 植物体上で対象とする対立遺伝子が配偶子に 1：1 で配分されているかどうかを検定する必要がある．これには F_1 の植物（Aa）に劣性親（aa）の交雑を行って，その後代植物の分離比を観察する．後代植物の分離比は $Aa : aa = 1 : 1$ となるはずである．これを検定交雑（test cross）という．

3.3.2 対立性（同座性）の検定（allelism test）

同じような表現型が示されても，それがはたして同じ座位の遺伝子によるものかどうかを知ることは育種計画では重要である．たとえば，多数の耐病性品種が見出されたとしても，これらが同座の抵抗性遺伝子による場合には，育種計画では，その一つ座の遺伝子を扱えばよい．

同座性の検定には種々の方法がある．一例として耐病性の場合についてみると，二つの品種の抵抗性が同座の抵抗性遺伝子に支配されている場合には，これらの交雑からは，抵抗性の後代植物のみが出現するであろう．逆にこの抵抗性を支配している遺伝子座が異なる場合には，一つの抵抗性品種の遺伝子型は $R_1 R_1 r_2 r_2$，他の抵抗性品種の遺伝子型は $r_1 r_1 R_2 R_2$ と書くことができる．両者の交雑から，F_2 では，両座について劣性の植物が 1/16 の比率で分離してくるであろう．したがって二つの抵抗性の品種を交雑し，十分な数の F_2 個体を観察して，抵抗性のない個体が出現すれば，これらの二つの品

種は異なる座の抵抗性遺伝子を保有していると判定される.

3.3.3 分離比の検定方法

分離の法則により表現型が3:1の分離比を示すと期待される場合でも，非常に多数の個体を調査しない限り，現実の分離比はちょうど3:1にはならない．調査できる集団は，あくまでも標本としての有限な集団であるから，3:1の期待値からの偏差，すなわち標本抽出誤差がみられる．この場合に，偏差の大きさが通常出現する程度であるか，あるいは異常に大きな値であるかを統計学的に検定する．このような検定には，χ^2 検定が適用される.

一例として，イネの F_2 の集団で，もつれの遺伝子 la と無葉舌の遺伝子 lg の分離を調べた．これらは劣性である．124個体の調査により，＋＋：$lala$ ＝89：35，および＋＋：$lglg$ ＝97：27であった（変異型に対しもとの型を＋＋と表現する）．3:1の分離比から期待される比率は，$124\times(3/4):124\times(1/4)=93:31$ である．ここで観察値をO とし，期待値をCとして，次のような偏差を計算する．χ^2 はカイ自乗あるいはカイスクェアーと読む.

$$\chi^2 = \Sigma(O-C)^2/C$$

この例では，

$$\chi^2 = (89-93)^2/93 + (35-31)^2/31 = 0.172 + 0.516 = 0.688.$$

この程度の偏差の値は，どの程度の確率，p で起こるだろうか．このために統計数値表の χ^2 分布表を参照する．その表の自由度1の $\chi^2=0.688$ のところをみると，その確率 p は，$0.5>p>0.3$ である．すなわちこの程度の偏差は100回の検定について 30-50 回程度みられ，異常な偏差とはいえない．したがって上の分離比は3:1 とみてよいのである．lg の分離比についても同様の判断ができる．なお，1:2:1の分離比を検定するときには自由度は2となる.

3.4 二, 三の補足

3.4.1 多数の遺伝子対の分離（多性雑種）

D, H および R が，それぞれ一つの遺伝子座の優性ホモ，ヘテロ，および劣性ホモの遺伝子型であるとすると，n 個の座位については，F_2 では，$(3D+1R)^n$ 通りの遺伝子型が分離してくる.

3.4.2 同質倍数体の形質分離

すでに述べたように，同質倍数体の減数分裂のときには三対以上の相同染色体の対合は不規則になるため，配偶子に親植物のゲノムが正常に伝達されず，多くの場合その配偶子は正常に発育しない．しかし，相同染色体が規則的に配偶子に伝達されて，配偶子の受精による合体が起こるという前提で理論的分離比を算出することができる．その場合，劣性のホモ接合体の出現率は，2倍体の場合に比べて著しく少なくなる.

3.4.3 遺伝子命名法

遺伝子の命名法を統一することによって混乱をなくすことができる．また記号によって扱っている形質の遺伝的行動が予測できる．命名法は対象とする生物群によって多少異なるが，その要点は次の通りである.

① 座位の命名には国際的によく知られた言語で形質名の先頭2文字をとる（イタリック）.
② 同じ表現型に関する遺伝子座位はシリーズ番号をつける.
③ 優性は大文字，劣性は小文字．また野生型には＋をつける.
④ 複対立遺伝子は座位記号の右上に記号をつける.

3.5 連　鎖

先に述べたように，異なる染色体の上に座乗する遺伝子座は，互いに独立に配偶子に配分されるため，独立遺伝の法則が観測される．遺伝子座の数に比べて，染色体の数はきわめて少ないから，一つの染色体の上には多数の遺伝子座があるはずであり，これらの遺伝子座は独立には遺伝しない．メンデルの場合には幸運にも，独立に遺伝する座位のみを取りあげることができた．

3.5.1 独立遺伝の例外の発見

ベーツソンとパネット（Bateson & Punnet, 1905-8）は，初めて独立遺伝の例外を研究した．彼らの実験例は次の通りであった．スイートピーの花色と花粉型の分離において，紫色（P）は赤色（p）に優性であり，長花粉（L）は円花粉（l）に優性であった．この場合に，紫で長花粉の親植物と赤色で円花粉の親植物を交雑したところ，F_2 では，紫/長花粉（P-, L-），紫/円花粉（P-, ll），赤色/長花粉（pp, L-）および赤色/円花粉（pp, ll）の個体がそれぞれ次の比率で分離した．

	(P-, L-)	(P-, ll)	(pp, L-)	(pp, ll)
観察数	296	19	27	85
独立遺伝の比	240.2	80.1	80.1	26.7

このように親の遺伝子型が多く現れる現象を，彼らはすぐにはよく説明できなかったが，モルガン（T.H. Morgan）らは，ショウジョウバエの実験から，連鎖の正しい説明を与えた．上の分離は，P と L，p と l が同じ染色体上にあり，独立に遺伝しなかったために起こったのである．この場合，P-p の遺伝子座と L-l の遺伝子座が連鎖（linkage）しているという．

3.5.2 連鎖と組換え

連鎖と組換え（recombination）の基礎は染色体の交叉（こうさ）とキアズマの観察から導かれる．すなわち減数分裂の前期に相同染色体が対合して，

3.5 連 鎖

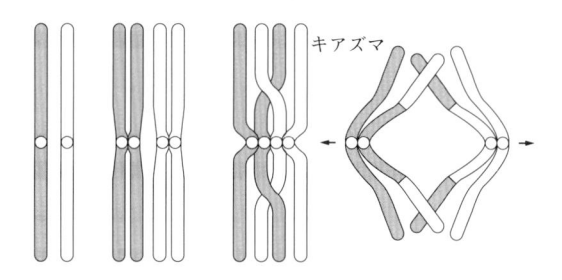

図 3.4 減数分裂とキアズマ形成
左から相同染色体の対合，染色体の縦裂による染色分体形成，染色体部分の交換による組換え，キアズマ形成とその末端への移動（末端化）を示す．

さらにそれぞれが2本の染色分体に分裂したとき，染色分体が交さ（crossover）し，対合している染色分体の切断および再結合が起こる（図3.4）．交さはキアズマ（chiasma, chiasmata (*pl.*)）の観察から推察される．組換えの直接的な証拠は，減数分裂によってできた4個の細胞が一列に並んでいるアカパンカビ（*Neurospora*）の事例にみられる．交さが起きたときに組換型の染色体をもっているのは，必ず4個の胞子の内の2個だけで，残りの2個はもとの染色体と同じであることが確認されている．

交さが起きると染色体に線状に配列した遺伝子の組換えが起こる（図3.5）．ホモ接合体である一つの親の相同染色体の上には，遺伝子 *A*-*B* と *A*-*B* が座乗し，もう一つの親の相同染色体の上には，遺伝子 *a*-*b* と *a*-*b* が座乗したとする．図3.5に示したように，F$_1$ では *A*-*B* と *a*-*b* をもつ相同染色体が対合する．この

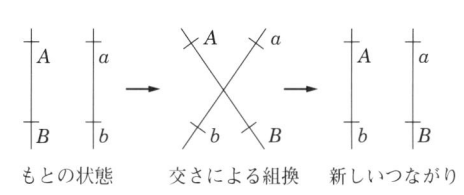

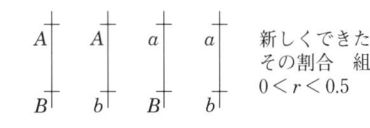

もとの状態　　交さによる組換　　新しいつながり

新しくできた組合せとその割合　組換え価を *r* とする
$0 < r < 0.5$

$(1-r)/2 \quad r/2 \quad r/2 \quad (1-r)/2$

図 3.5 染色体の交叉による組換えとその比率
相引の場合を示す．組換え価を *r* として，各組合せの頻度を示す．

第3章 遺伝の法則

表 3.1 自殖 F_2 における遺伝子型の割合と連鎖強度
相引連鎖の関係にある二組の対立遺伝子 A-a と B-b の場合

配偶子の結合状態	配偶子の種類とその確率				接合体確率	表現型	
	AB $\dfrac{(1-r)}{2}$	Ab $\dfrac{r}{2}$	aB $\dfrac{r}{2}$	ab $\dfrac{(1-r)}{2}$		種類	確率
AB/AB	2	0	0	0	$(1-r)^2/4$	A-B-	
AB/Ab	1	1	0	0	$r(1-r)/2$	A-B-	
AB/aB	1	0	1	0	$r(1-r)/2$	A-B-	$\dfrac{2+(1-r)^2}{4}$
AB/ab	1	0	0	1	$(1-r)^2/2$	A-B-	
Ab/aB	0	1	1	0	$r^2/2$	A-B-	
Ab/Ab	0	2	0	0	$(r/2)^2$	A-bb	$\dfrac{1-(1-r)^2}{4}$
Ab/ab	0	1	0	1	$r(1-r)/2$	A-bb	
aB/aB	0	0	2	0	$(r/2)^2$	aaB-	$\dfrac{1-(1-r)^2}{4}$
aB/ab	0	0	1	1	$r(1-r)/2$	aaB-	
ab/ab	0	0	0	2	$(1-r)^2/4\}$	$aabb$	$(1-r)^2/4$

とき，Aの座とBの座の間に交さが起こると，はじめの A-B と a-b の染色体の他に，新しく A-b と a-B をもつ染色体ができる．はじめの一対の相同染色体は，それぞれ 1/2 の割合であるが，組換えのできる確率（組換え価）を r とすると，はじめの A-B と a-b の染色体の割合は，それぞれ $(1-r)/2$ となり，組換えによってできた染色体 A-b と a-B の割合は，$r/2$ となる．これら 4 通りの染色体は，それぞれの割合で配偶子に配分され，受精の結果，接合体ができる．したがって，F_2 における各遺伝子型の頻度は，組換え価を r として，次式を展開して得られる．これの結果は，表 3.1 に示されている．

$$\{(1-r)/2 \cdot AB + r/2 \cdot Ab + r/2 \cdot aB + (1-r)/2 \cdot ab\}^2$$

連鎖をしている遺伝子が，優性遺伝子どうしである場合を相引（coupling），優性遺伝子と劣性遺伝子である場合を相反（repulsion）として区別する．ここに述べた例は，相引の場合である．相反の場合には，$(1-r)$ と r

が入れ替わる.

　組換え価 r は,各表現型の出現率から計算することができる.表 3.1 により,各表現型の期待頻度は次のようになる.

$A\text{-}B\text{-} : A\text{-}bb : aaB\text{-} : aabb$
$= \{2+(1-r)^2\} : 1-(1-r)^2 : 1-(1-r)^2 : (1-r)^2$
（相引の場合）

$A\text{-}B\text{-} : A\text{-}bb : aaB\text{-} : aabb = 2+r^2 : 1-r^2 : 1-r^2 : r^2$
（相反の場合）

ここで r という一つの値に対して,観測値は 4 種の表現型の出現率として与えられるので,最尤法あるいは最小自乗法によって評価する.このような典型的な場合には,観察値から組換え価を算出する表があり,あるいは最尤法による算出の式（補注 1）もある.前項のスィートピーの例では $r=0.108$.しかしアイソザイムのように共優性を示す形質では,観測できる遺伝子型の種類は多くなる.一般的には,表 3.1 を基礎として,観察された遺伝子型別に観察頻度とその期待値を比較する.そして観察頻度とその期待値の差の二乗の合計の値が最小になるような r を数値的に求めることができる.

　なお,組換え価の算出の前に,2 座の遺伝子型の分離が,独立の場合の 9:3:3:1 から有意に偏っているか否かを,先述の χ^2 検定によって調べる.

3.5.3 連鎖群と染色体地図

　遺伝子座の線状配列を仮定して,遺伝子座間の距離が短ければ,その間の交さの頻度も低く,したがって組換え価も低いという推論ができる.これに基づいて,いくつかの遺伝子座を含む連鎖群（linkage group）が明らかにされた.さらに染色体上の遺伝子の地図,すなわち染色体地図を作成することが可能となった.理論的には半数染色体の数だけの連鎖群が見出される.

　新しく見出された遺伝子座の位置を示すには,複数の既知の遺伝子座との間の組換え価を計算することが必要である.3 個の遺伝子座について相互の組換え価を求めることを 3 点実験という.かりに,$A\text{-}B$ という 2 つの遺伝子座の組換え価が,r であるとするとき,新しい座 X と A,および X と B の

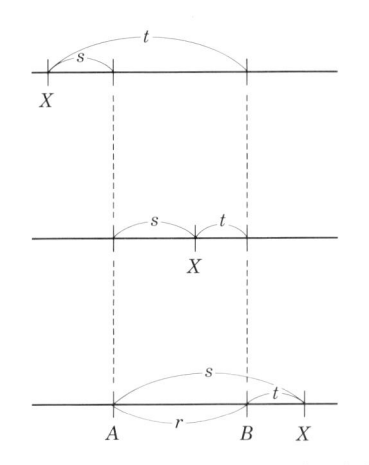

図3.6 3点実験による未知の座位の決定

組換え価が, それぞれ s および t であることが判明して, s, t がともに r より小さいならば, X 座は A と B の間に位置づけられる (図3.6). 一般には, $r=s+t$ とはならず, $r<s+t$ となることが多い. それは, 遺伝子座 A と B の間の距離が大きければ, その間で2回の交さが起こり (併発), A と B の組換えがなかった場合と同じように評価されるからである. また一度交さが起これば, その近辺で次の交さが起こりにくい, つまり干渉が起こることも推論される. したがって合理的な連鎖地図の作成には, 併発や干渉を考慮した測定値の補正が必要である (その詳細については別の参考書, たとえばクローの遺伝学概説参照).

染色体上の遺伝子座間の距離を示す場合, 組換え価1%を, モルガンの業績を記念して1 cM (センチモルガン) と表記する. 後述するように, 生化学的標識遺伝子や DNA の制限酵素断片多型性 (RFLP) を利用して, 染色体地図は一層組織的に研究されるようになった. また環境の影響などで判別しにくい形質の選抜には, それと連鎖している標識遺伝子を利用することも可能となった. なお, 複数の形質が遺伝的分離においてともに行動することを共分離 (co-segregation) と呼ぶ.

異数体 (monosomics や trisomic) は, 欠落あるいは重複した染色体のために, その上にある遺伝子の発現や分離が異常となる. 特定の染色体の欠落あるいは重複をもつ植物体と通常の植物との交雑によって, 異常な遺伝的分離が示されると, それに関する遺伝子群がその特定の染色体上にあることが判明する. すなわち連鎖群の推定には, 異数体が利用される. なお, 染色体の特定のところで相互転座を起こした実験系統も連鎖の分析に利用される (山下孝介・遠藤 徹. 1980 参照).

第4章 アミノ酸とタンパク質

メンデル遺伝学では遺伝子座にある対立遺伝子をシンボルを使って分析した．ここでは，遺伝子の本体を理解するためにタンパク質について復習したい．一般に対立遺伝子の差異は，遺伝子産物であるタンパク質のアミノ酸配列のわずかな相違によると考えられる．

4.1 研究史

4.1.1 DNAモデルとセントラル・ドグマ

クリック（F. Crick, 1958）は遺伝情報の流れを「セントラル・ドグマ」として提唱した．当時は細部までの十分な資料はなかったが，それは研究の指針となる大胆な仮説となったのである．それによるとDNA配列がRNA配列に転写され，RNA配列の情報に基づいてタンパク質が合成される（次章）．その逆の経路はない．その後の研究によってもこの基本は変わっていない．ただし，1970年にRNA配列からDNA配列を逆転写する酵素が発見され，現在は図4.1のように発展させられた．

```
DNA  ―（転写）→  RNA  ―（翻訳）→ タンパク質
 |   ←（逆転写）―
(複製)
 ↓
DNA
```

図4.1　セントラル・ドグマの説明

4.1.2 遺伝暗号の解明

ヌクレオチド（nucleotide）は，糖にリン酸と1個の塩基がついたものである．塩基には，アデニン（adenine, A），チミン（thymine, T），シトシン（cytosine, C）およびグアニン（guanine, G）の4種類がある．ただしリボ核酸（RNA）では，チミンの代わりにウラシル（uracile, U）がついている．4

第4章 アミノ酸とタンパク質

表 4.1 アミノ酸の種類と特徴およびコドン

アミノ酸	記号	特徴	コドン
1-NH_2, 1-COOH のグループ:			
グリシン glycine (57)	Gly G		GGU, GGC, GGA, GGG
アラニン alanine (71)	Ala A		GCU, GCC, GCA, GCG
バリン valine (99)	Val V	非極性 疎水	GUU, GUC, GUA, GUG
イソロイシン isoleucine (113)	Ile I	非極性 疎水	AUU, AUC, AUA*
ロイシン leucine (113)	Leu L	非極性 疎水	UUA, UUG, CUU, CUC, CUA, CUG
セリン serine (87)	Ser S	中性 水酸基	UCG, UCA, UCC, UCU, AGU, AGC
トレオニン threonine (101)	Thr T	中性 水酸基	ACU, ACC, ACA, ACG
メチオニン methionine (103)	Met M	非極性 疎水 含硫黄	AUG
システイン cysteine (131)	Cys C	中性 含硫黄	UGU, UGC
プロリン proline (97)	Pro P	非極性 疎水 環状	CCU, CCC, CCA, CCG
トリプトファン tryptophan (186)	Trp W	非極性 疎水 芳香族性	UGG
フェニルアラニン phenylalanine (147)	Phe F	非極性 疎水 芳香族性	UUU, UUC
チロシン tyrosine (163)	Tyr Y	非極性 疎水 芳香族性 水酸基	UAU, UAC
1-NH_2, 2-COOH のグループ:			
アスパラギン酸 aspartic acid (114)	Asp D	酸性 親水性	GAU, GAC
グルタミン酸 glutamic acid (128)	Glu E	酸性 親水性	GAA, GAG
アスパラギン asparagine (114)	Asn N	中性	AAU, AAC
グルタミン glutamine (128)	Gln Q	中性	CAA, CAG
2-NH_2, COOH のグループ:			
リジン lysine (129)	Lys K	塩基性 親水性	AAA, AAG
アルギニン arginine (157)	Arg R	塩基性 親水性	CGU, CGC, CGA, CGG, AGA, AGG
ヒスチジン histidine (137)	His H	塩基性	CAU, CAC

カッコ内は分子量,その平均は 110.
UAA, UAG, UGA:終止コドン,AUG:開始コドン.
AUA, UGA, CGG, AGA, AGG:生物の種類により例外的に読まれる場合がある.

種類の塩基によって 20 種類のアミノ酸がどのように指定されるかについてはいくつかの仮説が提唱された.1961 年にニーレンベルグ(M. Nirenberg)が,リボゾーム,tRNA,酵素およびアミノ酸を加えた試験管の中の系で

RNA の UUU がアミノ酸の一種, フェニルアラニンを合成することを確認した. その後, 1966 年までに, ヌクレオチド 3 個ずつの「トリプレット」と各アミノ酸の対応が明らかにされた (表 4.1). ここで, ヌクレオチドの各 3 個からなる, 64 種のコドン (codon) の内, ATG は開始信号およびメチオニンを指定し, TAA, TAG および TGA が終始コドンと対応している.

4.2 アミノ酸とタンパク質

4.2.1 アミノ酸の構造と重合

全ての生物を通じて 20 種類のアミノ酸がある. ただし, 生合成後の部分的な修飾などにより, なおいくつかのアミノ酸が存在する. アミノ酸の一般構造をみると, 炭素原子の 4 個の手にアミノ基と水素およびカルボキシル基 (COOH) が結合していることは共通している. 残りの一ヵ所に, 側鎖という構造がついて各アミノ酸の特徴を与えている. 図 4.2 ではこれを R として代表させている. 一つのアミノ酸の COOH と隣のアミノ酸のアミノ基より, 水分子 1 個がとれて結合する. すなわちペプチド結合をして, 数十個のアミノ酸が重合したポリペプチド (polypeptide) が形成される. こうして N 末端

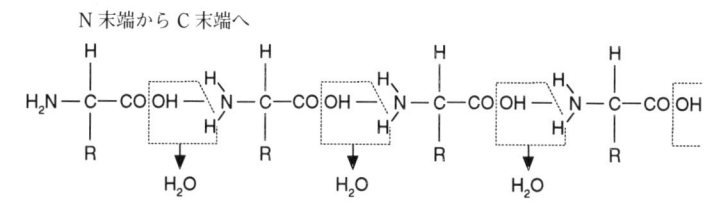

図 4.2 アミノ酸のペプチド結合によるポリペプチドの構成
R はアミノ酸の側鎖を示す. 左のアミノ酸の COOH と右側のアミノ酸の NH_2 の H とが, H_2O を失う形で結合する.

と C 末端が区別される. ポリペプチド中のアミノ酸はもとのアミノ酸と違うので, アミノ酸残基と呼ばれる. この数がおよそ 50 より多くなると, ポリペプチドはタンパク質と呼ばれる. 強いて平均をとれば, タンパク質中のアミノ酸残基数は 350 位といわれる.

4.2.2 タンパク質の構造

タンパク質はアミノ酸残基が百から数百つながったものである．その構造は，一次構造，二次構造，三次構造および四次構造として理解される．

一次構造（primary structure）はどのようなアミノ酸残基が配列（sequence）しているかを示し，これによってタンパク質の構造が決まる．

二次構造（secondary st.：configuraton）とは，一列につながったアミノ酸残基の配列は一定の安定した構造をとることを指す．ペプチド結合の骨格では，一つのアミノ酸残基のカルボニル基（C=O）のC'と次のアミノ酸残基のアミノ基のNは，C'-NあるいはC'=Nとして結合し，この二重結合のために回転が制限され，二次構造が決まる．こうした二次構造には，おもに2通りの型があり得ることが，ポーリング（L. Pouling, 1901-1994）を中心とするグループによって研究された．

第一は，α-らせん（α helix）と呼ばれ，アミノ酸残基の配列がらせん状の構造をとる場合である（図4.3）．このらせんは5.4オングストロームで1回転し，この間にアミノ酸残基が3.6個含まれる．カルボニル基はC-末端の方を向いており，それより下のN-H基のHと水素結合をしている．Rはこのらせんの外側を向いている．

第二の形は，折りたたみシート構造（pleated sheet）あるいはβ-板（β-sheet）

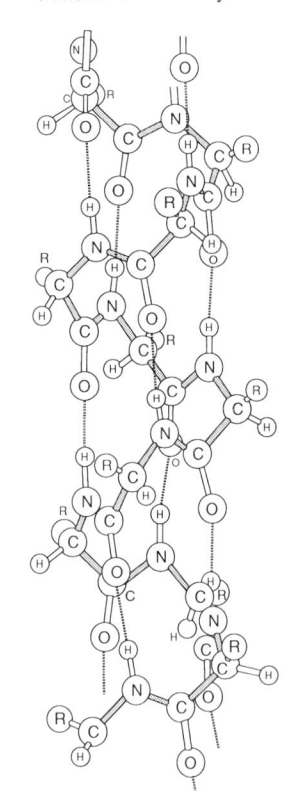

図4.3　アルファ・ヘリックス
　　　　（α felix）の図
　一列に結合したアミノ酸残基はらせん状の立体構造をとる．
　Rは外側に突き出している．

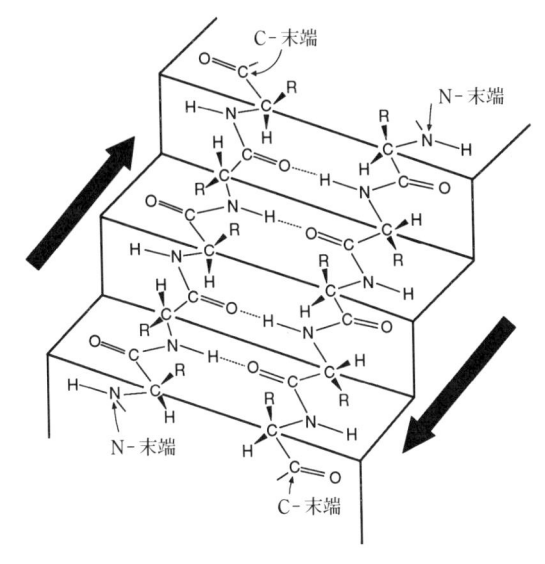

図 4.4 β-シートの折りたたみ構造
隣接する鎖どうしがは互いに反対方向に配列し,水素結合で結ばれている.R基は平面の上と下に突き出ている.

と呼ばれ,1本のペプチド鎖が折り返し,逆向きに並列して平面的に結合する構造である(図 4.4).Rはシートの共通平面の上下に突き出ている.

三次構造(tertiary st.)は,線状のポリペプチドが個々のタンパク質に特有な立体構造をとって安定することを指している.ポリペプチドの中にあって側鎖に硫黄をもつシステイン残基の硫黄が,離れた場所のシステイン残基の硫黄と結合して,ジスルフィド結合(disulfide bridge)を形成するために起きる.これによって α-らせんのひもに屈曲部ができて,いわゆる球状タンパク質(globular shape)となり,特異的な立体構造が形成される.

球状タンパク質の場合に,その立体構造がいくつかの単位にわかれていることが多い.この単位をドメイン(domain)と呼んでいる(図 4.8).次の章で述べる DNA結合タンパク質であれば,特異な DNA の配列を認識して結合するドメインと,転写に関する酵素と結合してその働きを左右するドメインをもつと考えられる.

第4章 アミノ酸とタンパク質

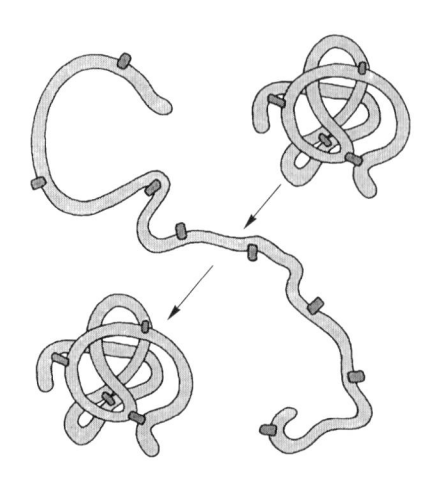

図4.5 タンパク質の三次構造と変性
　　　　（RNA分解酵素の例）
システイン残基の所は矩形で示してある．二つのシステイン残基はその硫黄のところで結合（ジスルヒド結合）する．変成によって，立体構造が失われ，ひも状になるが，透析で元の立体構造に戻る．
自家不和合性遺伝子の RNase でもシステイン (C) の位置がよく保存されている（図4.7）．

四次構造（quaternary st.）は異なるサブユニット（subunit）から，複合体が形成される場合を指している．二つのサブユニットが結合してできるものは二量体（dimer），4個の sub-units からなるものは四量体（tetramer）と呼ばれる．

タンパク質の特異な生理作用はその特異な立体構造によって営まれている．その立体構造は，与えられた一次構造から導かれる最もエネルギー準位の低い形として決定される．アンフィンゼン（C. Anfinsen, 1963）は，RNA分解酵素（RNase）を材料に，尿素とメルカプトエタノール（mer-capto-ethanol）を加えて，糸状のアミノ酸残基の配列にした．これは，disulfide bridge による結合が解かれたためであり，変性（denaturation）と呼ぶ．逆に尿素を除き，次に mercapto-ethanol を除いて，透析（dialysis）で元の立体構造に戻すことができた（図4.5）．

与えられたタンパク質の一次構造がそのすべての特異性を決定するという原理から，一次構造がわかれば，その立体構造，さらには機能部位などを推察することは可能なはずである．しかし現在は多くの経験則が蓄積されている段階といえる．

タンパク質の分析例としては，1960年頃にはおよそ19種類のタンパク質の構造が判明していた．1970年頃までには約195のタンパク質の構造が判明していたが，現在では毎年多数のタンパク質の構造が解明されている．

4.2.3 電気泳動法による分析

生体中のタンパク質を抽出し，電気泳動を利用して，その差異を検出することは比較的容易にできるようになった．外部から電場をかけて荷電分子を移動させる方法が電気泳動である．次のようないく通りかの方法がある．

① 電気的性質と分子量を利用して分離する方法で，タンパク質を流す担体として，ポリアクリルアミドを利用する方法（polyacrylamide gel electrophoresis, PAGE）（図 4.6），デンプンを利用する方法（starch gel electrophoresis, SGE）等がある．

② タンパク質を変性させて分子量の差を利用した泳動は，SDS（sodium dodesyl sulfate）PAGE と呼ばれる．ポリペプチド鎖は負に帯電した SDS 分子と複合体を形成し，ゲルの中を移動する．クマシブルー（Coomassie blue）による染色を行うと，分子量によって泳動距離の異なる多数のバンドが検出される（図 19.6）．

③ タンパク質は分子全体としては電荷をもつが，特定の pH では電荷がゼロとなる．与えられたタンパク質の電荷がゼロとなる pH をその等電点という．pH の勾配をもつゲルに強い電界をかけると，タンパク質はそれぞれの

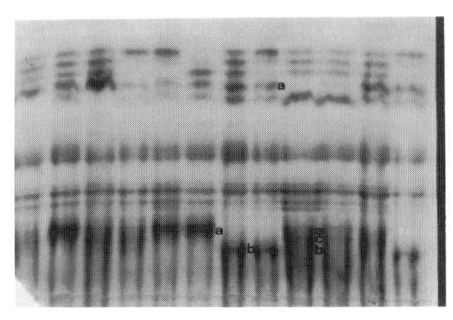

図 4.6 自殖したチンゲンサイの本葉のアイソザイム多型性
酸性フォスファターゼの場合．

Acp-1：2量体のホモとヘテロ（3バンド），*Acp-2*：活性／不活性の分離（本葉のみ），*Acp-3*：活性／不活性の分離（本葉のみ），*Acp-4*：単量体（不鮮明），*Acp-5*：単量体（多型性なし），*Acp-6*：単量体（多型性なし），*Acp-7*：単量体の分離，*Acp-8*：2量体の分離（文献 4-1）．

等電点のところへ移動する．その差を利用して分画するのが等電点電気泳動（isoelectric focussing, IEF）である．

④二次元電気泳動では，SDSとIEFを併用する．これに銀染色を行うと多数の微量タンパク質が検出できる．図18.4にナシの花柱のタンパクの二次元泳動が示されている．

なお，以上のようにして分離した極微量のタンパク質を，エドマン（Edman）反応を利用して，N末端から順に，アミノ酸の配列を分析することができる．部分的にでもアミノ酸配列が判明すれば，それから推察されたDNA配列を手がかりにして，そのタンパク質に対応するDNA配列をとらえる可能性がある．

4.3 遺伝形質としてのタンパク質の分析

育種の対象となる形質は対立遺伝子の差異に支配されている．多くの場合，対立遺伝子の差はタンパク質の多型性と対応しているはずであろう．タンパク質の多型性を直接育種の対象として扱うことは興味ある課題である．

4.3.1 同位酵素（アイソザイム，isozyme）の遺伝子分析

タンパク質の中で，生体中の各種の反応の触媒の働きをするものを酵素（enzyme）と呼んでいる．各酵素タンパク質に特異的な活性部位（active site）はほとんど変異せずに保存される．もし変異したら，それをもつ生物は生存上不利になるので，存在できないからである．しかし，活性部位以外では，アミノ酸の置換などにより，一つの酵素の等電点および分子量などが変化して，同位酵素多型性（isozyme polymorphism）ができる．

多くの場合，一種類の酵素は一遺伝子座により合成され，アイソザイムはその座の対立遺伝子として認識される（図4.6）．PAGEまたはIEFのあと，酵素とその基質との反応を利用した染色（活性染色）を行ってアイソザイムの移動度の違いを検出することができる．アイソザイムの差異が，活性・不活性バンドの分離としてとらえられる場合もある（図4.6）．単量体の酵素の場合，遺伝子産物が直接に発現するので共優性となり，ホモ接合では一つ，

ヘテロ接合では二つのバンドが現れる.

問題とする酵素が二つのサブユニット, α および β からなる2量体の場合に, 一座の対立遺伝子で α をつくるものと β をつくるものがあるとする. ホモ接合型では α か β かのいずれか一種のサブユニットができるので, $\alpha\alpha$ か $\beta\beta$ と単一バンドになるが, ヘテロ接合型では α および β ができ, それらが2個ずつ結合して, $(\alpha+\beta)^2$ の展開に対応して, $\alpha\alpha$, $\beta\beta$ のバンドの他 $\alpha\beta$ という雑種バンドが形成される (図4.6, *Acp-1*). さらに各サブユニットが別の遺伝子座で形成され, 会合して多量体のタンパクが形成される場合もある. たとえばヘモグロビンは4量体である (第7章7.4参照).

4.3.2 穀類などの貯蔵タンパクの研究と育種的応用

コムギの二次加工適性で最も重要なものは, タンパク質であり, 製パン用にはその含量の高いもの, 菓子用にはその低いもの, めん類にはその中間のものが適当であるとされている. コムギのタンパク質の 80-90% は, グリアジンとグルテニンから構成されており, 近年ゲル電気泳動法の適用によって, これらのタンパク質の組成をサブユニットとして識別できるようになった. ケンブリッジの植物育種研究所を中心とした研究によれば, コムギ粉の製パン特性と密接に関係する高分子量のグルテニン・サブユニットはすべて第一同祖群の長腕上の遺伝子座に支配されている.

4.3.3 育種の対象としての酵素多型性

生ダイズの青豆臭は, リポキシゲナーゼ (lipoxigenase) の作用による. この酵素には3座位があり, 各座位に欠失型の対立遺伝子がある. 多数の在来種の中から欠失型の対立遺伝子を同定し, それを集めてリポキシゲナーゼ欠失型の大豆品種が育成された (図19.6).

アミラーゼ (amylase) には α-アミラーゼと β-アミラーゼの2種類が知られている. 前者はデンプンなど高分子炭水化物の α グルコシド結合をランダムに切断する. 普通のサツマイモが甘いのは調理時に β-アミラーゼが

```
                                                    40
MD-Sc    ---YDYFQFTQQYQPAVC-HFNPTPC------RDPPDKLFTVHGLWP-SNSSGNDPIYC--
MD-Sf    ---F::::::::::::::::NS::::::------K:::::::::::::-:::N::::E::--
PS-S5    ---:::::::::::L:::NS::::::------K::::::::::::::SMA:P::SN:--
PS-S4    ---F::::::::::::::::N:::::------N:::::::::::::::RN:P::EK::--
            *         *     *    **  !****                   *
LP-S6    --DFELLELVSTWPATFC---YAYGC-----S-RRPIPKNFTIHGLWPD--NRSTILHDCD-
ST-Sr1   N:::::::::::::::::---:::::-:-:::::H::::::--D:K:V::N::-K
LP-Sc    Y:::::::::::Y:::::::-::::::----:::N::::N::::::-::K:V::NN:NF
               ——C1——                   ——C2——

                  80
MD-Sc    --KNTTMNSTKIANLTARLEIIWP------NVLDRTDHITFWNKQWNKHGSCGHPAIQNDM
MD-Sf    ---:APPYHTI:M---:EPQ:V::------:::N:N::EG::R:::D:::::ASSP:::QK
PS-S5    --PIRNI-RKREKL:EPQ:A::::------::F:::KNKL::D:E:M:::T::Y:T:D:EN
PS-S4    ---:T:::::Q::G:M::Q::::------:::N:S::VG::ERE:L:::T::Y:TLKD::
             *  **             **        *    *        ***   *
LP-S6    VPPEVDYVQIEDHKILNALDKRWP--QLRYDYWYGIDKQYQWKNEFLKHGTC-GINRYKQP
ST-Sr1   :VNKEG::K:T:P:QITE::::::--::::EKL::::::L::::::::S:-S::::::E
LP-Sc    AKK::R:TK:T:P:KKSE::::::--::::::E::DL:EK::::::S:S:::::::E
            ——HVa——         ——HVb——          ——C3——

                  120                                              160
MD-Sc    HYLQTVIKMYITQKQNVSEILSKAKIEPVGKFRTQKEIEKAIRKGTNNKEPKLKC--QKN
MD-Sf    ::FD:::::::T:::::::::::::N:K:GR:N:PLVD::N:::NVI::MT::F::--:::
PS-S5    ::FE:::::::SK:::::R:::::K::D::K:ALLD::N:::N:AD::K::::::--::-
PS-S4    ::::::::::::A::::T:Q:N:NN:SLVD::N:::S:N::YK::F::--::-
              *  *                *                               *  **
LP-S6    AYFDLAMKIKDKFDLLGTLRKHGINP----GSTYELNDIERAIKTVSIEVPSLKC---IR
ST-Sr1   ::::::::::::::::::R:::::::N::---::::::D::::::M::::::::::---Q
LP-Sc    ::::::::::::::::::NQ::I::---::::::D:::::V:::::::::::::---:Q
                     ——C4——

                                                          201
MD-Sc    SQ-R-TEL--VEVTIC--SDRNLNQFIDC-PRPILNGSRYYCPTNNILY
MD-Sf    TRTSL::-:-:::GL:---:S::T:::N:-::FPQ:::NF:::-:Q:
PS-S5    KG-TT:::--::I:L:--::KSGEH::::PHPFEPISPH:-:::::K:
PS-S4    NTRTT:::--:::::N:D::K::N:PHG-PPK::::F::A-:VK:
             **   *  **              *
LP-S6    KPPGNVEL--NEIGIC--LDPEAKYTVPC-PRIGSCHEMGHKIKFR
ST-Sr1   ::L:::::--:::::-::::::::::P:-T::::N:::::::-R
LP-Sc    ::L:::::--:::::-::::::::::::::::::K:::::::
                         ——C5——
```

図4.7 バラ科果樹とナス科植物の自家不和合性遺伝子（RNA分解酵素）の
アミノ酸配列

リンゴ（MD-Sc, MD-Sf），ナシ（PS-S5, PS-S4），野生トマト（LP-S6），
ジャガイモ（ST-Sr1）および野生トマトの自家不和合性変異体（LP-Sc）．数字
はアミノ酸残基の順序を表す．：の記号は，各科内で一番上の配列と同じであるこ
とを表す．＊は両科に共通であるアミノ酸残基を表す．C1からC5までは，保存
性の高い配列，HVは変異性の高い配列を表す．自家和合性変異体は，RNase酵
素の活性に不可欠のC2のヒスチジン（！で示したH）がアスパラギン（N）に変
化したためと考えられる．（文献4-2, 3, 4, 5により作製）．

働いて，デンプンをデキストリンと麦芽糖に転化するためである．この β-アミラーゼ活性を欠く性質は遺伝的なものである．β-アミラーゼ欠失型の品種が育成され，甘みのない品種として用途拡大が図られている．これは，高次倍数体の突然変異としても興味深い．

4.3.4 ニホンナシの自家不和合性遺伝子のタンパク質の解析

ナス科やバラ科の植物の配偶体型の自家不和合性遺伝子のタンパク質の本体はリボヌクレアーゼ，すなわちRNA分解酵素（RNase）である．ナス科とバラ科の自家不和合性遺伝子のリボヌクレアーゼには，高い相同性がみられる（図4.7）．植物群が違っても酵素の基本的構造，特にリボヌクレアーゼとしての活性部位とシステイン残基の位置は保存されている．

なお，ナシの自家和合性変異体「おさ20世紀」では，花柱で S_4 に対応するリボヌクレアーゼはほとんど形成されない．このことは遺伝分析の結果と対応している．またその遺伝分析から花粉では S_2 も S_4 も機能していることがわかっている．ナス科の野生トマトの自家和合性の突然変異は，リボヌクレアーゼの中のヒスチジン残基のアスパラギン残基への置換によることがわかった（図4.7）．

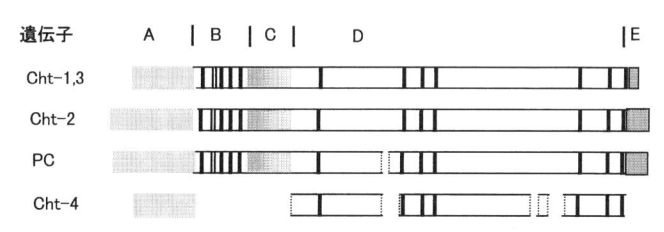

図4.8 イネのキチナーゼのタンパク質でみられるドメインの例
アミノ酸残基約350からなり，縦の線はシステイン残基の位置を示す．
A：シグナル・ペプチド，B：キチン結合ドメインで，レクチンの遺伝子などと相同性が高い，C：ちょうつがい（hinge）部分，D：キチン分解酵素としての活性部位，E：C-末端の延長アミノ酸残基で，これのあるものは液胞へ，ないものは細胞外に局在するといわれている．
Cht-1, 2, 3：Nishizawa, Y. et al. (1993)，MGG 241：1-10，Cht-4：Nakazaki & Ikehashi (1998) Breed Sci. 48：371-376，PC：Takei, N. et al. (2000) Breed Sci. 50：225-228.

第5章 核酸と遺伝子

遺伝子の構造を知ることは今日の遺伝・育種学の理解には不可欠である．また，技術の進歩により核酸を取り扱うことは容易になり，核酸の分析は育種研究の分野でもますます広く応用されている．

5.1 研究の歴史

「遺伝の物質的基礎はタンパク質である」とする先入観は根強く，核酸の役割の解明には数十年を要した．

5.1.1 核酸の発見と分析

スイスのミーシャ（F. Miesher, 1871）は，膿を材料として分析し，核から新しい物質，ヌクレイン（nuclein）の抽出方法を発表した．これは現在核酸と呼ばれる物質で，多量のリン酸を含み，またタンパク質と違って硫黄を含まなかった．その後 1910 年頃には，核酸がリン酸，塩基および糖からなる物質であることが確認された．さらにレヴィーン（F. Levene）は，D-リボースという糖がリン酸と塩基を結びつけていることを明らかにした．彼は核酸の研究に貢献したが，核酸を4種の塩基が均等に結合した単純な物質であると考えていた．1940年頃まで核酸が巨大な分子であることはわからなかった．

5.1.2 形質転換の実験

細胞内に侵入した外来の DNA が，細胞の遺伝的性質を変化させることを形質転換（transformation）という．ネズミに感染する肺炎双球菌（*Diplococcus pneumoniae*）には二つの形，病原性 S と非病原性 R がある．グリフィス（F. Griffith, 1928）は，生きた R 型菌と加熱殺菌した S 型菌をネズミに接種して，ネズミが発病することを示し，それから S 型の菌を分離した．すなわち，S 型菌からでる遺伝物質によって R 型菌が S 型へと形質を転換する

ことを証明した．その後も，エーブリー（T. Avery, 1932）は，試験管中の実験で，S型菌からの抽出物で形質転換が起こることを示した．この形質転換を起こす物質が何であるかは謎であったが，彼らは形質転換の原因となる抽出物は核酸であることを消去法によって確認した（1944）．

5.1.3 バクテリオファージによる実験

1915年頃すでに細菌に感染するウイルスとして，バクテリオファージ（bacteriophage）が発見されていた．1940年代から，ファージが細菌に感染し，細菌から再びファージが放出される過程で，どのように遺伝物質が複製されているかが研究対象となった．ファージは，硫黄（S）を含む外皮タンパク質とリン（P）を含む核酸からできている．ハーシェイとチェイス（A.Hershey & M.Chase, 1952）は，^{35}Sと^{32}Pを含む培地で培養した大腸菌中でファージを増殖した．得られた二種のアイソトープを含むファージを大腸菌に接種し，まもなくそれをミキサーにかけてタンパク質の外皮の部分を振り落とす処理をした．その結果，^{35}Sはほとんど大腸菌の表面から除かれ，^{32}Pを含む核酸が細胞中で増殖することを示した．すなわち，ファージはタンパク質で覆われているが，大腸菌に感染するときにはこの部分を細胞の表面に残し，核酸のみが大腸菌の中で増殖し，再びタンパク質のカプセルを合成することが明らかになった．この実験から核酸が遺伝物質であることが確認され，ワトソンとクリックの核酸の構造の研究につながった．

5.2 核酸の構造

DNAは反復構造のある長大分子である．一例として，大腸菌細胞の1個体の長さは4ミクロンであるが，そのもつDNAの長さは2 mmすなわち500倍に及ぶ．

5.2.1 DNA（deoxyribonucleic acid）とRNA（ribonucleic acid）

核酸は，リン酸，糖および4種類の塩基（base）からなっている．糖は5炭

第5章 核酸と遺伝子

糖であり（図5.1），その炭素の番号は，1から5まで指定できる．RNAの糖はRiboseで1',2',3'および5'の4カ所にOH基がついている．DNAの糖はDeoxyriboseで1',3'および5'の3カ所にOH基がついている．

塩基には，1個の炭素環をもつチミン（T）（RNAではウラシル，U）およびシトシン（C）と，2個の炭素環をもつアデニン（A）およびグアニン（G）がある（図5.1）．この中でA-TとG-Cがそれぞれ，同じ比率で存在することがシャルガフ（A. Chargaff, 1947）によって指摘されていた．

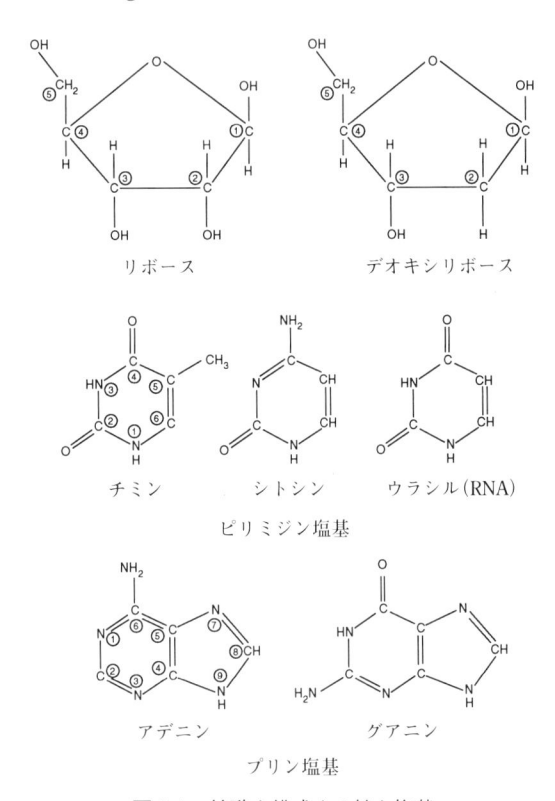

リボース　　　　　　　　デオキシリボース

チミン　　　シトシン　　ウラシル（RNA）
ピリミジン塩基

アデニン　　　　　グアニン
プリン塩基

図5.1　核酸を構成する糖と塩基
　RNAの糖はRiboseで1',2',3'および5'の4カ所にOH基がついている．DNAの糖はDeoxyriboseで1',3'および5'の3カ所にOH基がついている．塩基はピリミジン類とプリン類の2種からなっている．シトシンの第五の炭素に結合している水素はメチル基に置換されることがある（DNAのメチル化）．

5.2.2 DNAの二重ラセン構造

ワトソンおよびクリック（Watson and Crick, 1953）は，DNAの構造を分子模型を使って研究し，DNAの二重ラセンモデルを提唱した．その後次第にこれが正しいことが証明された．この構造において，前の糖の3'のOHと後の糖の5'のOH基がリン酸ジエステル結合によって連結され，長い鎖ができている．糖の1'には塩基が結合している．このような鎖が逆向きに2本並び，向かい合った糖についた塩基が2個ずつ結ばれてラセン状のはしごの

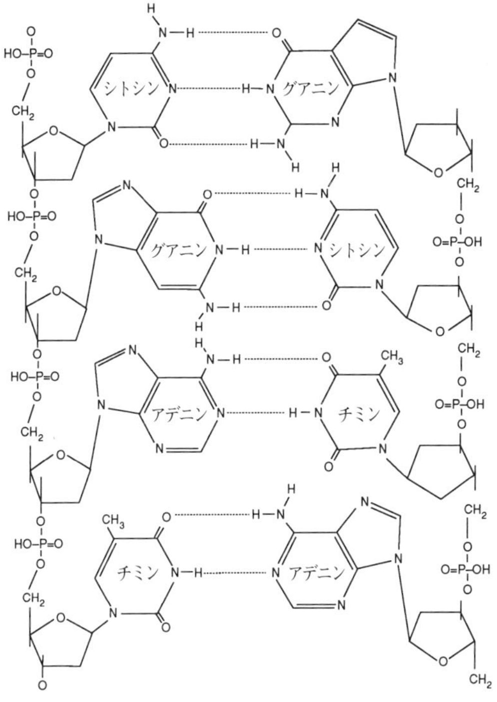

図5.2　DNAの二重ラセン
　前の糖の3'のOHと後の糖の5'のOH基がリン酸ジエステル結合によって連結され，長い鎖ができている．糖の1'には塩基が結合している．このような鎖が2本逆向きに並び，二つの対合した塩基で結ばれてラセン上のはしごのようになっている．GCの対では水素結合が3個，ATの対ではそれが2個できる．

第5章 核酸と遺伝子

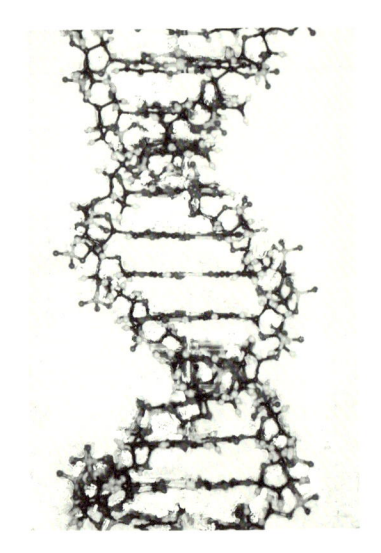

図5.3 DNAの二重らせんの模型
5角形の糖がリン酸によって結合している。その長い配列が水平に示された塩基の対によって結ばれている。

ようになっている（図5.2）。すなわちGCの対では、水素結合3個、ATの対では、それが2個からなっている（図5.2、図5.3）。これらの二つの結合は、ともにプリンとピリミジン環の対で、ほぼ同じ大きさの面となっている。水素結合は、糖を結んでいるリン酸のジエステル結合より弱く、高温（60-80℃）や強いアルカリで解離して2本鎖が1本鎖になるが、低温あるいは中性にすると再形成される。

このような二重ラセン構造によって、DNAがどうして遺伝情報を担う物質として機能するかが基本的に明らかになった。DNAの二重ラセン構造が提唱されると、メセルソンおよびスタール（M. Meselson & F. Stahl, 1958）は、^{14}Nより重い^{15}Nで標識されたDNAを、一定時間を経て、超遠心分離機で分離して測定し、DNAの複製機構が半保存的複製であることを証明した（多くの教科書に図で説明されている）。

5.2.3 核内と核外のDNA

大腸菌などの原核生物では2本鎖の環状DNAの染色体が一つある。真核生物ではヒストンというタンパク質にらせん状にDNAが巻きついて、ヌクレオソーム（nucleosome）という形をとっている。ヌクレオソームはさらにらせん状に圧縮されて、核の中の染色体の構成部分として存在する。しかし、核の染色体以外のところにも次のようにDNAが存在している。

① 細胞内小器官（organelles, -lla）のミトコンドリア（mitocondria）およ

び色素体は，もとは独立した原核生物から共生によって真核生物の細胞中に取り込まれたものと考えられ，独立のゲノム DNA をもっており，いわゆる細胞質遺伝の基礎となっている（第8章 参照）．

② ウイルス，すなわち RNA ウイルスおよび DNA ウイルスは，核酸がタンパク質によって被覆された形態を取っている．レトロウイルス (reverse trancriptase - containing oncogenic virus) は RNA であるが，RNA から DNA を逆転写する酵素をもっており，寄主の核内に入って DNA を合成して増殖する．各種のレトロウイルスは両端に長い反復配列 (long terminal repeat, LTR) をもっている．

③ プラスミド (plasmid) は，原核生物の細胞の中に存在し，ミトコンドリアより小さい環状の DNA であり，バクテリアの中の薬剤抵抗性因子などとして機能する．双子葉植物に感染して腫瘍 (tumor) をつくる *Agrobacterium tumefaciens* は Ti プラスミドという巨大なプラスミドをもっている．

④ トランスポゾン (tranposon) は核内にあって，「動く遺伝子」として異なる染色体の遺伝子座へ移動することができる．トランスポゾンでも，レトロウイルスと同様に，逆向きまたは同じ方向の反復配列が発見されている．この反復配列がこの DNA に動く機能を与えていると考えられている．

5.2.4 RNA の働き

RNA は，機能によって3種類にわけられる．① 伝令 (messenger) RNA (mRNA) は，DNA から転写されて，アミノ酸の配列を指定し，タンパク合成への設計図となる．② リボソーム RNA (ribosomal RNA) は，タンパク質合成の舞台を構成し，量は多いが，種類は少ない．③ 運搬 (transfer) RNA (tRNA) は，mRNA の指定する暗号に対応して，アミノ酸をリボソームに運搬する．

5.3　DNAの複製

DNAの複製が半保存的に行われることは明快に証明されたが，DNAの実際の複製はいくつかの酵素による複雑な過程である．DNAの合成には特定の開始点があり，原核生物の環状DNAでは一カ所にある．真核生物では細胞分裂のたびに多くの開始点から急速にDNAが合成される．

DNAの合成には，鎖の片方が鋳型として必要であり，また合成の出発点には，短い二重鎖の部分が必要である．これにはプライマー（primer）と呼ばれる短いRNAが一重鎖に付着した形となる．

DNAの二重鎖は，5'→3'の鎖と3'→5'の鎖が逆向きに平行している．この二重鎖が，Y字状に開かれると，片方は5'→3'の方向に，反対側は3'→5'の方向に塩基が配列されている．実際のDNA合成酵素は5'→3'の方向に働くものしかない．したがって5'→3'の方向には，プライマーが付着して早く複製が行われるが，3'→5'側では，頻繁にプライマーが付着して，短いDNAが合成され，これらが結合される．

5.4　DNAの転写（transcription）とタンパク質への翻訳（translation）

遺伝子の本体であるDNAがどのようにして形質発現の実際の担い手であるタンパク質へ翻訳されるかは分子遺伝学の中心問題といえよう．

5.4.1　DNA読み取り枠

前章で述べたように，塩基3個ずつがアミノ酸1個を指定するコドンとなって，DNA鎖の5'から3'へと配列されている．一つのタンパク質を構成するために，mRNAに転写されるDNAの部分を「読みとり枠」（open reading frame, ORF）と呼んでいる．それは次のように，開始コドンATGから始まり，終止コドンTAA, TAGあるいはTGAに終わる配列である．開始コドンより前に，転写の調節に働く上流部分がある．

上流--- | ATG | --- | --- | --- | TAA, TAG or TGA | ---下流

5.4.2 mRNAの合成（DNAの転写）

a. RNAポリメラーゼ

RNAポリメラーゼ（RNA polymerase II）はORFの5'上流にある特定の2重鎖DNAに結合し，DNAを部分的に1本鎖にして相補的RNA鎖を合成する（図5.4）．このRNAポリメラーゼIIの結合するところがプロモーター（promotor）であり，次に述べるTATA BOXなどの共通（consensus）配列がみられる．転写されるDNA領域内には，ほかにスプライシング（後述）の信号となる配列やpoly-A（後述）用の信号もある．

b. 転写調節因子

核内のDNAは，すべての細胞で同じ構成である．組織の分化や発生の段階によって細胞が分化するのは，転写の制御によって，それぞれの組織や発

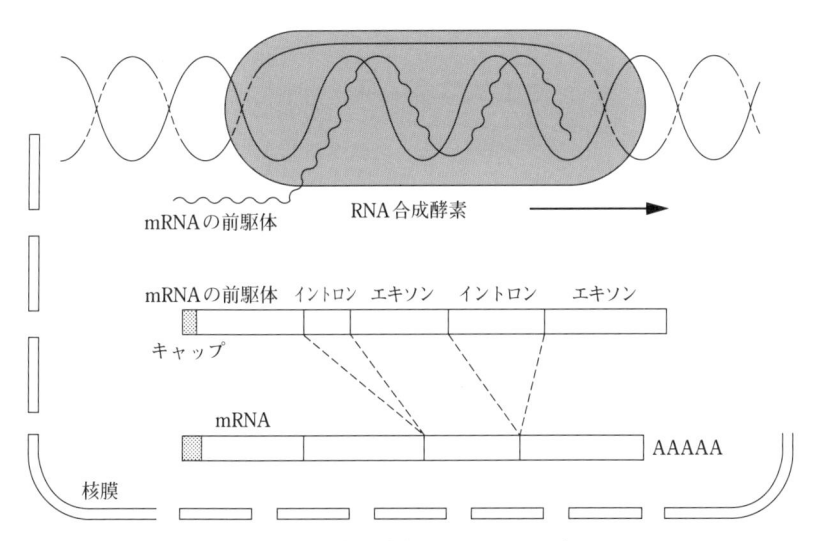

図5.4 RNA合成酵素によるDNAの転写

RNA合成酵素は5'上流にある特定の2重鎖DNAに結合し，DNAを部分的に1本鎖にして相補的RNA鎖としてmRNAを合成する．mRNAの前駆体からイントロンを除き，5'キャップとポリAをつけたmRNAができる．成熟したmRNAにはキャップ構造がある．

生の段階に特有のタンパク質が合成されるからである．この転写を調節する因子は，シス（*cis*）因子（element）とトランス（*trans*）因子にわけられる．

① シス因子は，転写される ORF の上流部にあって，いくつかの領域からなる．プロモーター領域は，RNA ポリメラーゼにより認識され，それが結合する共通的な配列である．すなわち，次のような配列が知られているが，生物の種類によって，また個々の遺伝子によってかなり変化している．

Cis- elements － <u>CAAT BOX</u> － <u>GC BOX</u> － <u>TATA box</u> － <u>19 - 27 bp</u> －開始点→
DNA結合部位　　GGTCAATCT　　GGGCG　　TATAAAT　　　　ATG

プロモーターの上流には様々なシス因子の塩基配列（enhancer, silencer など）があって，ここに次に述べるタンパク質が結合し，転写を制御する．

② トランス因子は，別の遺伝子の発現によって形成され，シス因子と特異的に結合するタンパク質である．これには，中心的プロモーター（core promoter）に結合する基本的転写因子，すなわち，RNA-ポリメラーゼ II と各遺伝子に特異的なシス因子に結合する転写因子（DNA- binding proteins）がある．また DNA 非結合性の間接的に働くタンパク質の転写因子もある．

転写の制御では，ORF の上流にトランス因子のタンパク質が結合する場

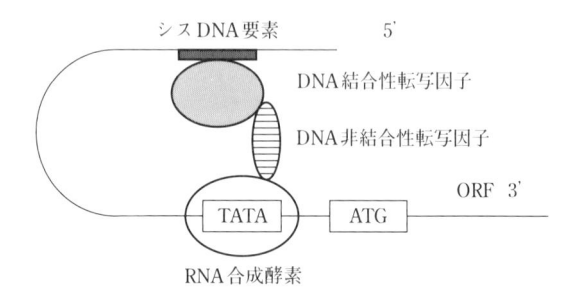

図 5.5　転写の制御
転写は基本的には RNA 合成酵素がプロモーターについて開始される．転写の制御では，ORF の上流の DNA の特異的配列にトランス因子（転写調節因子）のタンパク質が結合する．また DNA 非結合性の転写調節因子の関与もある．
　これらの転写調節因子は，RNA 合成酵素と相互作用する．

合も，結局は図5.5に示したようなRNAポリメラーゼIIとの相互作用が想定される．RNAポリメラーゼIIの働きには転写因子としてのいくつかのタンパク質からなる転写開始複合体が必要とされている．

③ メチル化（methylation）と遺伝子不活性化

細菌はDNAを特定の配列で切断する制限酵素活性とともに，同じ塩基配列を認識するDNAメチル化酵素（methylase）をもっている．この酵素は制限酵素が結合する標的のところのシトシンにメチル基を付加する．メチル化された部分は，制限酵素に認識されず，切断されないから保護される．修飾されていない外来DNAは制限酵素の攻撃を受ける．

真核生物では，シトシンのほとんどはメチル化されていて，新しくメチル化する場合や脱メチル化には別の酵素が働くと考えられる．真核生物では，活性の状態にある遺伝子は脱メチル化されている（under methylated）と考えられる．したがってメチル化の程度が下がることが，転写の開始に必要と考えられる．実験的に脱メチル化を起こす方法が報告されている．たとえば，5-azacytidineはメチル化酵素の活性を阻害するので，これの存在下では培養細胞が変化しやすいと考えられる（7.5 培養細胞の突然変異参照）．

c．mRNAの構造

mRNAの前駆体は，エクソン（exon）およびイントロン（intron，介在配列）からなる．エクソンはアミノ酸に翻訳されるが，イントロンは翻訳されない．転写はイントロンを含めて行われるが，それは図5.4に示したように，転写後に除かれる．これをスプライシング（splicing）と呼んでいる．成熟したmRNAは，リボソームとの結合に必要な5'末端のキャップという特別なヌクレオチドおよびエクソン部分からなり，最後にアデニンの100以上に及ぶ反復からなるポリA配列がついている．器官とか発育時期によって特異的なmRNAが働いている．これを研究するときは逆転写酵素によりDNAの配列に変える場合が多い．こうして得られたDNAを相補DNA（complementary, cDNA）と呼んで，ゲノムのDNA（genomicDNA）と区別する．

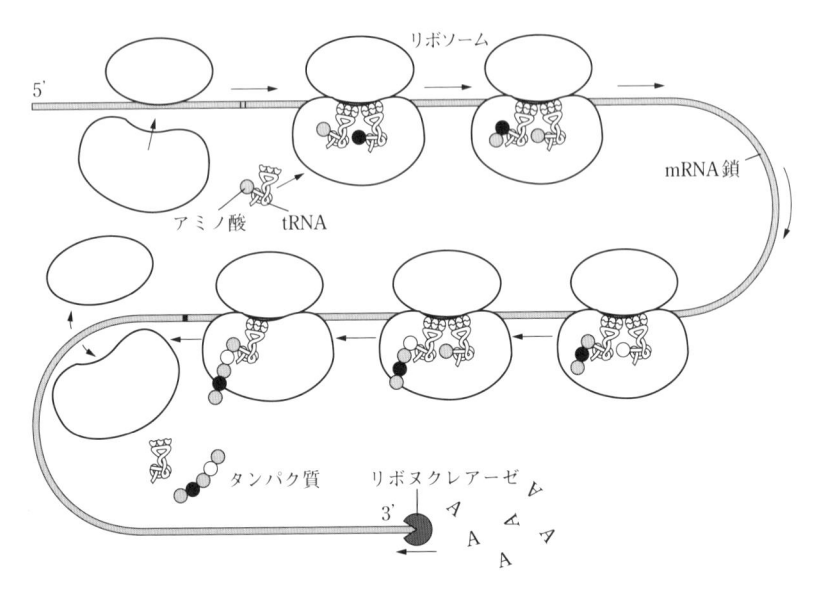

図 5.6　DNA の翻訳によるタンパク合成

核外にでた mRNA がリボソームに付着し，ここで，mRNA のコドンに対応するアミノ酸が tRNA によって一つずつ運ばれ，重合される．tRNA は，片方にアンチコドンと呼ばれる mRNA のコドンに対応する部分をもち，反対側にアミノ酸をつけてリボソームに運搬する．（遺伝子の発現と制御，日経サイエンス，1990 より改写）

5.4.3　ポリペプチドの合成（翻訳 translation）

　ポリペプチドの合成は，図 5.6 に示したようにリボゾームで行われる．mRNA の指示するコドンにしたがって，tRNA が対応するアミノ酸を運んで，アミノ酸の鎖を伸長させる．それぞれの tRNA はアンチコドンと呼ぶコドンに対合する部分をもち，他方ではコドンに対応するアミノ酸と結合している．

5.4.4　DNA 配列，アミノ酸およびタンパク質の相対的比較

　平均的タンパク質は，300–350 のアミノ酸残基からなっている．これに，平均のアミノ酸残基あたりの分子量 110 をかけて，33,000 から 38,500 が平

均的なタンパク質の分子量である．これは 33-38.5 キロドルトン（kilo dalton, kDa）に相当する．タンパク質などの大きさを概数で表すときは，「dalton」を使う．

上のタンパク質に対応する塩基対（base pair）の数は，$(300〜350) \times 3 =$ 約 1,000 個である．すなわち 1 k base pairs（1 kbp）に相当する．実際にはこの上流に 200 bp 以上の転写に関係する配列があり，さらにイントロンをもつ場合がある．

bp を単位として，ゲノムの大きさを推定した例は表 5.1 に示した．

トマトの例では，組換え価が 1 %（1 cM）の距離でも，物理的地図（physical map）をつくるには 500 kbp の DNA 塩基の解読が必要になる．

表 5.1 塩基対（bp）の数で表したゲノムの大きさ

	ゲノムサイズ	1 cM 当たり塩基対数
ヒ ト	3.3×10^9 bp	1×10^6 bp
トウモロコシ	5.0×10^9	1.5×10^6
トマト	7.1×10^8	5×10^5
イネ	4.5×10^8	2.65×10^5
シロイヌナズナ	7.0×10^7	1.5×10^5
酵 母	1.5×10^7	3×10^3

文献 5-2）による

5.5 DNAの取り扱かいとDNAによる遺伝標識

ここでは DNA の分析方法と，それを利用した遺伝標識について述べる．

DNA の組換えによる育種については第 18 章で述べる．なお，DNA の抽出とその配列の決定法については，他の参考書をみていただきたい．

5.5.1 制限酵素とDNAのライブラリー

a. 制限酵素

細菌にはウイルスやプラスミドのような外来性の DNA を切断し，排除する防衛機構があることはすでに述べた．それは制限酵素（restriction enzyme）と呼ばれ，回文構造（palindrome）と呼ばれる特定の塩基配列を認識して切断する．現在は 400 種類を越えるものが発見されていて，多くが市販されている．制限酵素の命名では，もとの微生物の属名の頭文字とその種名の二つの小文字，合計 3 文字で示す．ただし，同一菌株に複数の酵素が発見された場合は，株名とローマ数字をつけて区別される．

たとえば，*Haemophilus influenzae* Rd の株から得られた制限酵素は，-*Hind* II と呼ばれる．

制限酵素による切断には，2 重鎖の上下で異なる長さに切るものがある．その例として，*Eco* RI は，次のような 6 塩基対の配列を認識して切断する．このようにして得られた切断点を，粘着末端と呼んでいる．

　　　－ GAATTC －　　　－ G　　AATTC －
　　　－ CTTAAG －　　　－ CTTAA　　G －

制限酵素による切断の第二の例として *Sma* I は，次のような 6 塩基対を認識して切断する．得られた切断点を平滑末端と呼んでいる．

　　　－ CCCGGG －　　　－ CCC　　GGG －
　　　－ GGGCCC －　　　－ GGG　　CCC －

8 塩基以上の配列を認識するとき，そのような特定の配列は，稀にしか出現しない．長い塩基配列を認識して切断する制限酵素を rare cutter と呼ぶ．

プラスミドやミトコンドリアの DNA をいろいろの制限酵素で切断し，その長さを比較し，制限酵素地図が作成できる．

b．ライブラリー（Library）

プラスミドがバクテリアの中で増殖することについてはすでに述べた．環状のプラスミドを制限酵素で切断し，同じ制限酵素で切断して得られた外来の DNA の断片を得て，これをリガーゼ（ligase）という酵素で接合することができる．この酵素は糖とリン酸の結合により DNA 鎖をつなぐことができる．このようなプラスミドに，抗生物質耐性に働く酵素を生産する遺伝子の DNA を標識として付加する（18.4）．得られたプラスミドを一定の処理をした大腸菌とともに培養して，増殖する．さらに，抗生物質を加えた培地で，このプラスミドをもつ大腸菌を選抜し，選択的に増殖することができる．次

5.5 DNAの取り扱いとDNAによる遺伝標識

にその大腸菌からプラスミドを回収し，特定のDNAを大量に得ることができる．特定のDNA配列を大量に増殖することをクローニング（cloning）という（図5.7）．

植物体からゲノムのDNA（gDNA）を抽出し，これを制限酵素で切断するときわめて多様なDNA断片が得られる．これらの断片をプラスミドにいれて増殖したものをゲノム・ライブラリーという．特定の組織からmRNAを得て，逆転写してcDNAを得て，これから同様にcDNAライブラリーを作成できる．これらのライブラリーから特定のDNA配列をもつ大腸菌を釣り上

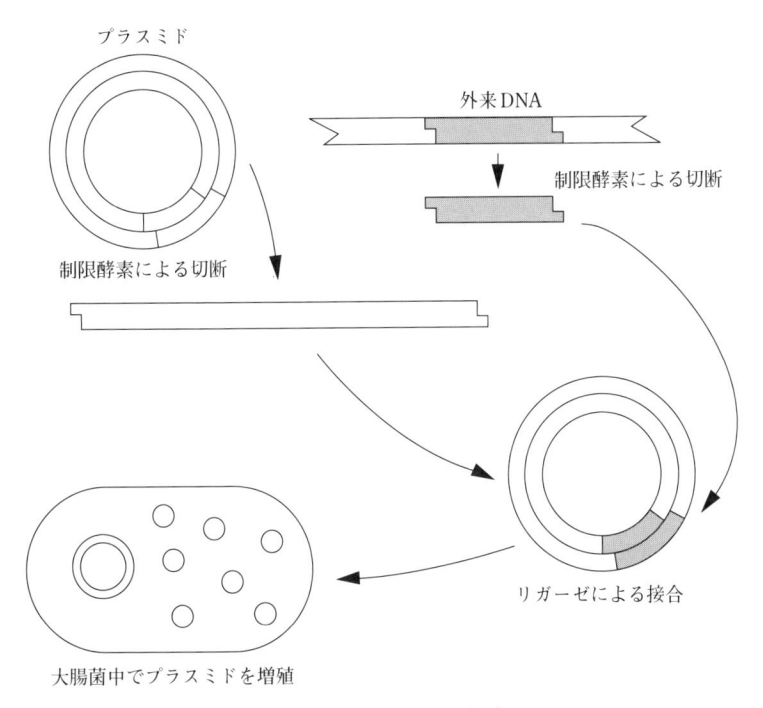

図5.7 ライブラリーの作成

環状プラスミドと外来のDNAを同じ制限酵素で切り，その断片をリガーゼで接続して，外来のDNAをもったプラスミドを作成し，これを大腸菌中で増やすことができる．さらにcDNAあるいはゲノムのDNAを抽出し，制限酵素によって切断して，できたいろいろなDNA断片を，プラスミドにいれて，それを大腸菌とともに増殖して，ライブラリーを作製する．

第5章 核酸と遺伝子

げて,増殖することができる(第18章).

5.5.2 DNAの遺伝標識としての利用

a. DNAのアガロース電気泳動

　DNAのリン酸は負に帯電しているので,その単位重量当たりの電荷は一定であり,網目構造をもつアガロースゲル(agarose gel)の中で電気泳動をすると,分子サイズが小さいほど早く陽極へ移動する.これをエチジウムブロマイド(ethidium bromide)で染色し,紫外線を照射して検出する.

b. サザーン・ハイブリダイゼーション(southern hybridization)

　DNAをアガロースゲルで電気泳動したあと,メンブレインフィルター(membrane filter)に転写(blotting)しておく.これに,放射線あるいは酵素により標識されたDNA断片をプローブ(probe)として与えると,プローブとそれに相同性のあるDNA配列とが結合する(hybridization).これによって,プローブと相同性のあるDNAを識別することができる.

c. 制限酵素断片長多型(restriction fragment length polymorphism, RFLP)

　各種の制限酵素で切断されたDNAの長さは,切断点の間の長さにより違い,また制限酵素に認識される部位のDNAの変異によってもことなる.得られたDNAを,アガロース電気泳動で分画し,適当な既知のDNAをプローブとして,サザーン・ハイブリダイゼーションを行う.DNA断片の長さが違えば,泳動距離に差ができて,プローブの付着する位置がことなる.この長さを対立遺伝子として扱うことができる(図5.8,図5.9).多くのこうした遺伝標識を扱い,連鎖分析を行うと精細な連鎖地図ができる.

d. Polymerase Chain Reaction(PCR)の産物

　2本鎖のDNAを高温で変性(denaturation)させて二重鎖を解離させ,これを鋳型とし,55℃くらいの低温で,鋳型のDNAのある配列に相補的なDNA断片をプライマーとして付着させて(annealさせて),耐熱性のDNAポリメラーゼおよびDNA合成の素材を加えて,70℃位でこれに相補的なDNAを合成させる.このとき,プライマーの付着したところからDNA断

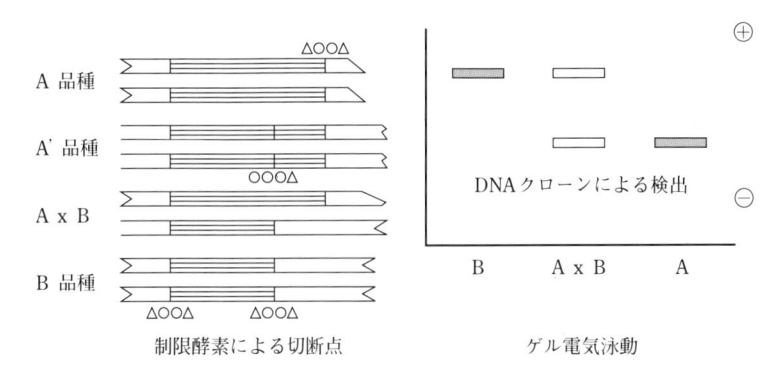

図 5.8 制限酵素断片長多型（RFLP）の原理

品種 A，B およびその雑種がある場合，それぞれの DNA を抽出し，同じ制限酵素で切断する．A と B とでは，切断によって長さの違う DNA 断片が得られる．A' の品種では認識部位の DNA が変異して切断されない場所を示す．これらの断片を電気泳動すると，長さの差により泳動距離に差ができる．これらの DNA 断片と相同な配列をもつ標識された DNA クローンをハイブリダイズさせて，切断された部分の差を検出する．断片長は，メンデルの法則に従う遺伝形質として扱うことができる．

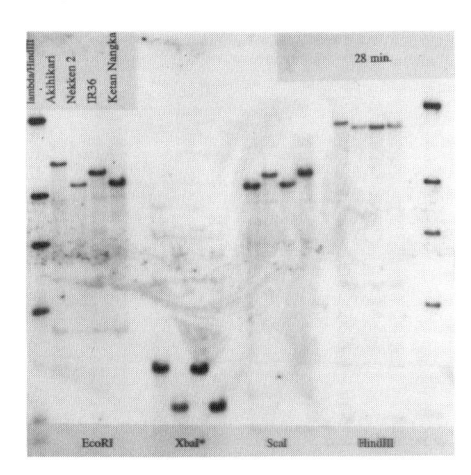

図 5.9 サザーン・ハイブリダイゼーションによる RFLP の多型性

4 種類のイネ品種から得られたゲノムの DNA を，それぞれ四種類の制限酵素で処理をした後泳動し，プローブをハイブリダイズさせて切断された断片の大きさを比較している．中の二つの組ではアキヒカリと IR36 の差がみられない（文献 5-1）．

片が伸長・合成される．すなわち，プライマーが接合した領域では，二重鎖のDNA断片が合成される．これを再び高温で解離させて，同様のことを繰り返して，微量のDNAから特定のDNA断片を増幅・生産することができる（図5.10）．

遺伝的に異なる個体からゲノムのDNAを抽出して鋳型とするか，あるいは特定組織から得られたcDNAを鋳型として，いろいろなプライマーを加え，増幅されたDNAを，アガロース電気泳動で検出することができる．後者をRT（Reverse transcripts）- PCRという．一方，既知遺伝子の配列の情報から，その一部に相当するプライマーを合成し，gDNAあるいはcDNAを得て鋳型としてPCRを行い，その遺伝子のDNAを増幅することができる．

一方，合成された10塩基ほどのランダムなDNA配列（random primer）を多数使って，それぞれに対応するgDNAの多様な断片を得ることができる（random amplified polymorphic DNA, RAPD法）．このとき増幅されたDNAのある断片が，ある確率で特定形質と共分離すれば，このDNA断片は，その形質と連鎖していることがわかる（図5.11）．

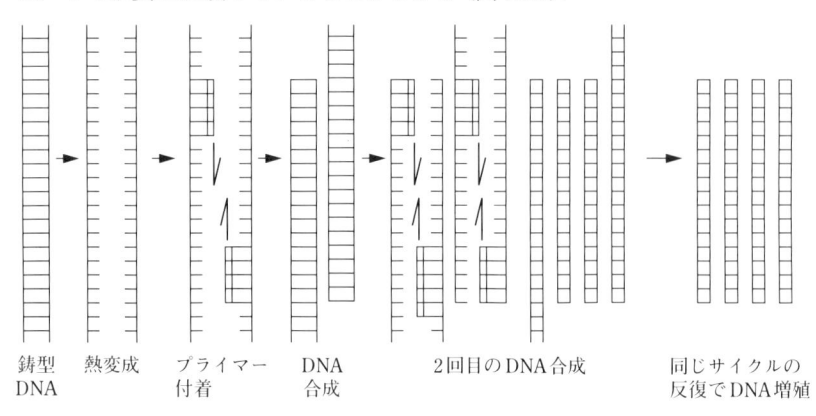

鋳型DNA　熱変成　プライマー付着　DNA合成　2回目のDNA合成　同じサイクルの反復でDNA増殖

図5.10　ポリメラーゼ連鎖反応（PCR）によるDNAの大量増殖
　与えられたDNAを鋳型（template）とし，これを高温（90℃位）で一重鎖DNAにする（denaturing）．低温（55℃位）に戻すと同時に，複製したいDNA鎖の両端と相同の短いDNAをプライマーとして結合させて二重鎖とし（annealing），DNAポリメラーゼを働かせる（72℃位）と，二重鎖のDNAが合成される．これを繰り返して短時間に大量のDNAを複製する．

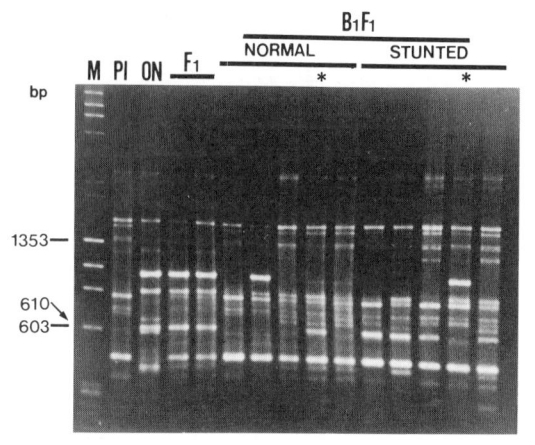

図 5.11 ポリメラーゼ連鎖反応 (PCR) による DNA
図 8.2 のトウガラシの C. chinense (PI) と「おおなつめ」(ON) から PI//ON/PI の交雑を行い，得られた個体の PCR 産物の多型性を示す（文献 8-4）.

注）泳動とブロッティングによる分析には次の区別がある．

Southern：制限酵素で切断した DNA 断片を DNA プローブによって検出（図 5.9）．Western：タンパク質を抗体によって検出．Northern：mRNA を DNA あるいは RNA プローブによって検出（図 5.12）．

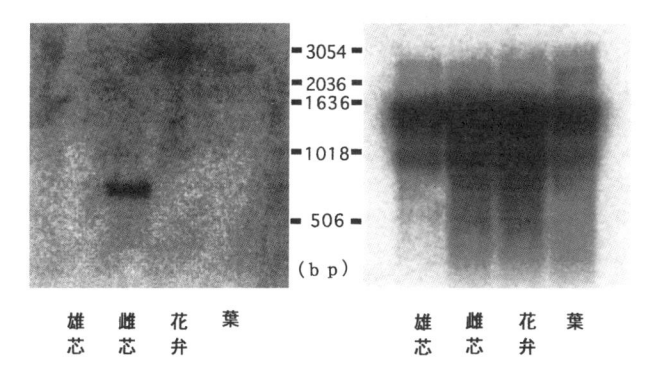

図 5.12 ノーザンブロットによるチャの PR-1 様タンパク質の雌べ特異的発現
左：PR-1 様タンパク質をコードする DNA 配列の一部をプローブとして，それが各器官から抽出された mRNA とハイブリダイズするか否かを検定．右：同じ mRNA を用いてリボソーム RNA に対応する DNA で検出した対照 (Tomimoto et al., 1999 Breed Sci. 49：97-104)．

第6章　遺伝子の発現と環境

遺伝子には，生物の基本的な機能を担い，常に発現状態にあるもの（house keeping genesとも呼ばれる）と，外的因子に誘導を受けて活性化されるものがある．遺伝形質として分析されてきたのは，主に後者である．ここでは後者に関連する問題を考えてみよう．第一に，環境に応じて遺伝子が活性化されるプロセスの問題がある．第二には，個々の環境に応じて個体が表現型を示す問題がある．第三には，集団内の個体群が一様に振舞ったり，異なる反応を示すという問題がある．

6.1 遺伝子発現の微視的な問題

6.1.1 外界の変化の感知から反応まで

細胞から見て外界の変化を感知する部分を受容体（レセプター，receptor）という．植物のある遺伝子が光に反応して発現する場合に，単純に考えても，次のような過程が考えられる．①フィトクロームという色素によって光が感知される．いいかえれば，光の受容体は光によって構造が変化するフィ

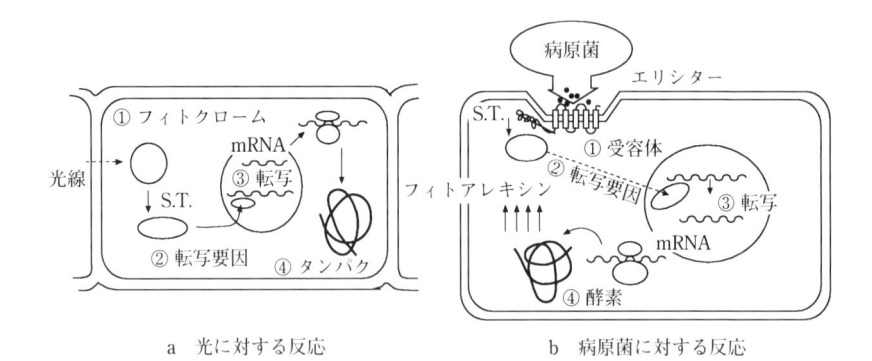

a　光に対する反応　　　　b　病原菌に対する反応

図6.1　遺伝子の条件的発現の模式図
S.T.：信号伝達系（signal transduction）

トクロームであると考えられる．② 次に受容体からの信号の結果活性化されたタンパク質が核内に伝達される．③ 核内では，この DNA 結合タンパク質が，この反応にかかわる遺伝子の上流のある DNA 配列に結合し，遺伝子が mRNA に転写される．④ この mRNA が核外にでて，対応するタンパク質が合成され，その作用によって表現型の変化が現れる（図 6.1 a）．

病原菌が植物の表皮細胞に付着して侵入を開始する場合には，寄主の反応を起こす因子が放出されると考えられる．その因子はエリシター（elicitor）と呼ばれている．① 寄主の方にはこれに反応する受容体がある．② この受容体からでる信号が直接あるいは間接に DNA 結合タンパク質を活性化する．③ これが trans 因子として核内にある防御物質の遺伝子の上流にあると考えられる cis 因子に結合する．④ それによってこの遺伝子，たとえば植物毒（フィトアレキシン，phytoalexin）産生遺伝子の mRNA の転写が開始される．⑤ この mRNA が核外にでて，遺伝子産物としてのフィトアレキシンを合成する酵素が生産されると考えられる（図 6.1 b）．

上の例にみられるように，植物の外界への反応には，少なくとも三つの段階がある．第一は，外界の信号を受ける植物の受容体（レセプター）である．第二には受容体からの信号を受けて，別のタンパク質に伝えるシグナル伝達（signal transduction）の系がある．第三には，シグナル伝達系によって活性化される DNA 結合タンパク質があり，それが核内に移行し，trans 因子として，遺伝子の上流の転写に関係する DNA 配列，すなわち cis 因子に結合して，mRNA の転写を活性化する．

植物が病原体に感染し，病斑ができたときに，その隣接部位に再感染に対する抵抗性が誘導されることがある．このように感染によって誘導される感染特異的（pathogenesis-related, PR）タンパク質は広く研究されている．サムスン NN タバコ（*Nicotiana tabacum* cv. Samsun）は，ウイルス感染などにより壊死斑ができたり，切断や傷害ストレスがかかったり，あるいはサリチル酸処理により，PR 1 と呼ばれる一群のタンパク質を合成する．このタンパク質とその遺伝子は詳しく分析されている[6-1]．

6.1.2 受容体

　外界の様々な因子に対して多様な受容体がある．上に挙げたPRタンパク質の場合には，サリチル酸の誘導に対応する遺伝子の *cis* 配列が調べられている．しかし病原菌のエリシターに反応する受容体についてはなお不明の点が多い．受容体には，細胞膜を貫通する表面受容体と細胞内での受容体が区別される．前者のタンパク質では，いくつかの疎水性の α-ヘリックスが細胞膜を貫通し，これらと連結して，膜の表面と膜の内側に機能の異なるアミノ酸配列をもった構造が知られている．表面で得られた刺激が，このような特異な構造により膜の内側に伝達される．細胞内の受容体としては，たとえば先に述べたファイトクロームが挙げられる．

6.1.3 信号伝達（signal transduction）

　シグナル伝達系は主に医学の分野で研究されてきた．しかし，植物でも，類縁関係の遠近にかかわらず共通の機構が働いていることが明らかになってきた．酵素タンパク質は，そのセリン，スレオニンまたはチロシン残基の水酸基のリン酸化や脱リン酸化によって，構造や機能が変化し，活性化される．

　タンパク質のリン酸化にかかわる酵素としてプロテインキナーゼ（protein-kinase）という大きなファミリーが知られている．この中には，目標のタンパク質の中のセリンやスレオニンの残基を特異的にリン酸化するものと，チロシン残基を特異的にリン酸化するもの（チロシンキナーゼ）などがある．後者は，受容体タンパク質の細胞質側の一部として含まれている例が多い．なお，タンパク質の脱リン酸化にかかわる酵素はプロテインフォスファターゼである．プロテインキナーゼについては参考文献[6-2]をみていただきたい．

　最近，プロテインキナーゼが植物の多様な反応の基礎となっていると考えられる事例が報告されている．第一には，胞子体型の自家不和合性（第13章）を支配している遺伝子が一種のプロテインキナーゼと共分離していることが明らかにされた[6-3]．第二には，トマトやイネの細菌病に対する寄主抵

抗性遺伝子が単離された結果，それが一種のプロテインキナーゼあることが明らかにされた[18-1,2]．

6.1.4 転写制御因子

DNAが転写される場合に働く基本転写制御因子，*cis* および *trans* の転写因子については前章で述べた．トランスの転写因子にはリン酸化によって機能が高まったり，特異性が変化したりするものがある．この他糖鎖による修飾によっても転写活性が変更される場合がある．

転写因子は，DNAとの結合にかかわる領域や RNA ポリメラーゼを中心とする普遍的転写開始複合体を活性化する領域をもっている．DNAとの結合にかかわる構造の特徴から，転写因子はいくつかの基本型に分類されている[6-4]．

これらの転写因子のほとんどは，はじめ原核生物や動物で研究されたものであるが，現在では植物にも見出されている．植物の発生過程で花芽形成や葉の形状にかかわる遺伝子が分析され，単離されているが，それらの多くはDNAに結合する転写因子であろうと考えられるようになった．

6.2 個体レベルの遺伝子型の発現と環境

信号伝達系のような極微の機構への接近は容易ではない．それにもかかわらず植物の遺伝子分析では，物質的な実体を問わずに，植物の環境への反応や耐病性などが遺伝子記号で表される遺伝子の働きとして精細に研究されてきた．そのようなシンボルとしての遺伝子の実体を解明することは今後の大きな課題である．ここに植物の環境への遺伝的な反応を，シンボルとしての遺伝子で分析する例を述べる．

イネが短日に反応して出穂する性質，すなわち感光性は，それを支配する *Se-1* と呼ばれる遺伝子座によることが明らかになっている．最近この遺伝子座に働く補足遺伝子（E_1）の効果が注目されるようになった．

南京11号は多収性で知られるインド型の早生イネである．アキチカラおよび真系8545はいずれも日本型の早生である．これらの品種を筑波で極早

表6.1 南京11号の短日感光性の遺伝子の分析(文献6-5)

遺伝子型	出穂期(月日)別の個体数							
	6.11-	6.22-7.2	7.2-7.12	7.12-7.22	7.22-8.1	8.1-8.11	8.11-8.21	8.21-8.31	8.31-9.19

真系8545/南京11号//アキチカラ

遺伝子型									
全体	22	24	2	0	3	6	8	12	16
C/c	16	20	2				2	5	
c/c	4	4			3	6		7	16

真系8545/南京11号//南京11号

遺伝子型									
全体	35	7	14	7	7	7	12	13	23
C/c	19	4	6	3	3	4	4	9	7
c/c	16	11	8	4	4	3	8	4	16

親品種および F_1 の出穂期
　アキチカラ:6.19; 　南京11号:6.19;
　真系8545:6.27; 　F_1(真系8545/南京11号):8.18

植栽培したところ,アキチカラおよび南京11号は夏至の前,6月19日に出穂し,真系8545も夏至直後の6月27日に出穂した.ところが真系8545/南京11号の F_1 の出穂期は著しく遅れ,短日となってから8月18日に出穂した.したがって南京11号と真系8545はそれぞれ短日感光性を発現する補足遺伝子の一方をもっている(表6.1).

次に真系8545/南京11号の F_1 にアキチカラを交雑して,真系8545/南京11号//アキチカラの F_1 の個体別の出穂日を調べてみると,早生の群と短日に感光してから出穂する晩生群にわかれた.染色体6にある稃先色の遺伝子に関して,南京11号は劣性遺伝子 c をもち,その近くには既知の感光性遺伝子 Se-1 があることが知られている.出穂期の差は稃先色の遺伝子と関係していた.真系8545の優性の稃先色遺伝子 C をもつ個体の多くは早生となり,南京11号の c をもつ個体(稃先色なし)の多くは晩生となった.これは c と連鎖している Se-1 の遺伝子をもつ個体が晩生となったことを意味している.C をもつ少数の晩生個体は,Se-1 と C の組換えにより生じたものである.

次に，真系8545/南京11号//南京11号のF₁個体群をみると，同じく早生と晩生の2群に分離している．この場合には南京11号の*Se-1*はどの個体にもあるので早晩性と無関係である．真系8545の優性の遺伝子（おそらく*Hd2*か*Hd3*）が働いて，真系8545/南京11号のF₁と同様に短日感光性の遺伝子を活性化し，一方ではそれをもたない個体群は早生となったものと考えられる．上記の例は標識遺伝子を使ったやや複雑な遺伝子分析であるが，短日に反応して現れる出穂性においては，少なくとも二つの遺伝子座の補足効果が示されている．

かつては，1遺伝子-1酵素説によって異なる遺伝子座の補足的効果が，生合成反応の各段階に関与する酵素の役割に対比された（第3章）．しかし，前項で述べたような遺伝子の発現に関する機構からみると，たとえば出穂期に関する補足遺伝子群は，受容体，シグナル伝達系，*cis*あるいは*trans*の因子などのいずれかである可能性が高い．シグナル伝達系についてみると類縁関係あるいは形質が異なる場合でも，タンパク質あるいはDNA配列に著しい共通性があることが注目される．したがって，遺伝子発現における多様な現象が，少数の基本的な遺伝子群から説明される可能性がある．

6.3 集団レベルでの遺伝子型の発現と環境

上にみてきたように，遺伝形質は環境条件によって発現の仕方が異なる．したがって，ある環境Aでは選抜の効果がなく，均一の集団のようにみえても，別の環境Bでは変異の幅が拡大し，選抜の効果がみられることがある．すなわち環境Aでは遺伝的変異が潜在していたのである．短日である低緯度地方で固定品種として栽培されてきたイネ品種を高緯度地方で栽培すると，出穂期の異なる個体が検出されることがある．

ダイコンやニンジンが開花するためには，生育の初期に低温を必要とし，その後やや高温・長日の条件で抽苔・開花する．春先の低温・長日で容易に開花しない品種は，野菜として利用できる期間が長いから，「時無大根」とか「時無ニンジン」として評価される．こうした品種の採種をする場合に，秋播きして十分に低温に遭わせた後，春先の長日の条件で抽苔・開花する集団か

第6章 遺伝子の発現と環境

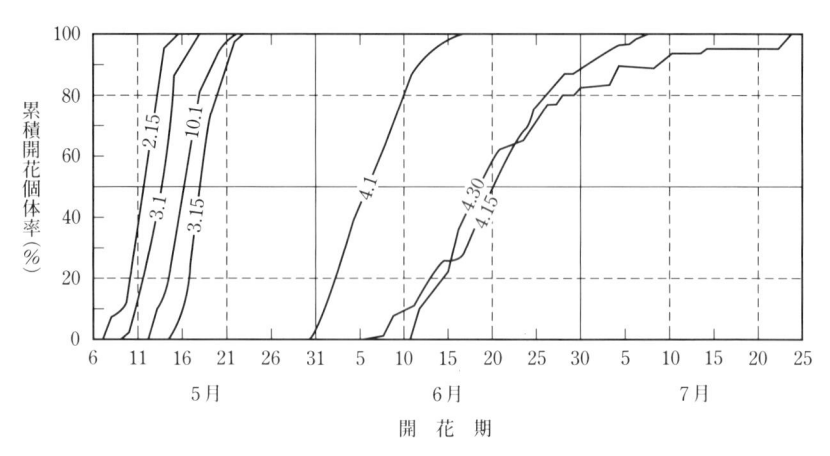

図 6.2 みの早生大根の播種期別の開花期の変動
10月から4月末までの播種期は累積開花率の線上に示した．
（文献6-6より低温処理区の結果を除いて改写）

ら採種を続ければ，「低温・長日で容易に開花しない遺伝子型」も「短期間の低温で容易に開花する遺伝子型」も区別されず，前者である時無型としての品種の維持が難しくなる．「時無性」の維持には，低温要求性についての遺伝的多様性が発現するような条件で，短-中期の低温に感応しても容易に開花しない個体の選抜を繰り返すことが必要である．図 6.2 には「みの早生大根」の播種期と開花期の関係を示した．晩春に播種した場合には，開花期は長期にわたり，集団全体の開花期の遺伝的な差がよく検出できることがわかる．

遺伝的変異の潜在という現象を考えると，遺伝的変異と環境変異を簡単には識別できないことがわかる．作物の育種において，選抜の環境は結果に重大な影響を及ぼす．しかしその理論的扱いは必ずしも容易ではない．

同じ環境にあっても，ある種の遺伝子型は確実に対応する表現型を示すとは限らない．ある遺伝子型の効果が100％発現しないときは，それを透徹率（penetrance）という概念で扱う．

第7章　突然変異

染色体変異についてはすでに第2章で述べた．ここでは突然変異の基礎的な事項を述べる．突然変異の育種的応用については別の章で述べる．

7.1 突然変異

7.1.1 自然突然変異の利用

栽培植物とくに果樹などでは，「枝変り」として様々な変異体が見出され，園芸上利用されてきた．ダーウィン (C. Darwin, 1868) は，19世紀の前半までに知られていた変異体の例を多数挙げている．現在でも突然変異体 (mutants) を探して利用することが行われている．ウンシュウミカンでは，極早生の変異体は，$2 \sim 2.5 \times 10^{-5}$ 程度の割合で発見された[17-1,2]．イネのもち性とうるち性では後者が優性である．もち遺伝子 (wx) が突然変異によりうるち粒遺伝子 (Wx) になれば，それは胚乳の特性としてただちに検出できる．榎本 (1929) によると，681系統の156,552粒のもち粒の調査で，698粒のうるち粒が発見され，その割合は，0.0044 (4.4×10^{-3}) であった[7-1]．トウモロコシについてのスタドラー (Stadler, 1942) の報告では，いくつか

表7.1　トウモロコシの配偶子の突然変異とその発生率 (1×10^{-5})

遺伝子			総数	変異体	変異率	形質
Wx	→	waxy	1503744	0	0.00	もちうるち性
Sh	→	shrunken	2469285	3	0.12	粒のしわ
Y	→	colorless	1745280	4	0.23	黄色胚乳
Su	→	sugary	1678736	4	0.24	砂糖質
Pr	→	purple	647102	7	1.10	紫色糊粉層
I	→	i	265391	28	10.64	着色抑制
Rr	→	r^r	554786	273	49.20	色の変化

文献7-3) による

の突然変異体の変異率は $1 \times 10^{-4.5}$ である（表7.1）．前記榎本の例および永井（1926）[7-2]などわが国の初期のデータによるとイネの自然突然変異の率はきわめて高いが，その理由は不明である．

7.1.2 突然変異説

ドフリース（H. DeVries, 1901）は，アムステルダム郊外の海浜に生えるオオマツヨイグサ（*Oenothera*）を観察し，微少な連続的な変化でなく，不連続の目立った変異が偶発的に起きて，それは確実に遺伝するので進化の基礎になると考えた．彼はさらに多くの資料を体系的に整理して「突然変異説」を打ち立てた．ただし，彼の材料としたオオマツヨイグサでは，染色体群の相互転座のため，減数分裂のときに染色体が環状の一団となって伝えられた．このため，純系のように振るまうが，染色体の分離・再組合せにより時々外見上大きな変異を示した．

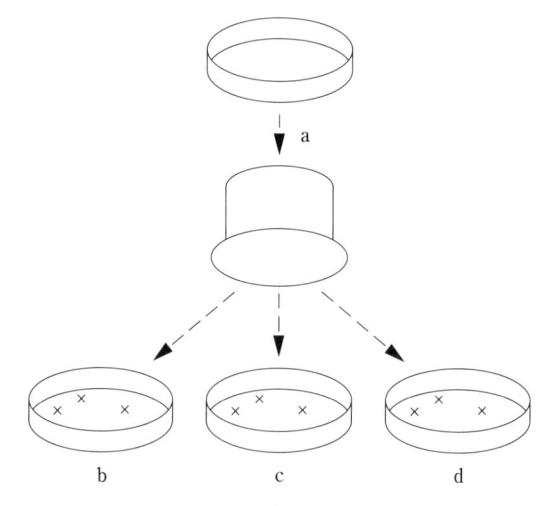

図7.1 大腸菌のコロニーの培養とファージ抵抗性変異（模式図）
　① ファージの存在しない培地で大腸菌を培養（a）
　② ビロードを張った木型にコロニー群を写しとり，
　　　ファージT1を加えた培地で培養（b, c, d）．
　③ 抵抗性のコロニーは各培地で共通の位置に現れた．

生物の変異が全く偶発的であるか否かについては長い間論議があった．環境による変異が遺伝的変異のもとになるという考えは根強く主張された．たとえば，微生物の薬剤耐性変異などでは，ストレスを加えた培地では，加えられたストレスに対応してそれに耐性の変異株が発生するかのようにみえた．このような現象は一種の適応現象（post-adaptation）であると考えられた．

レーダーバーグ（Lederberg, 1952）らはこの問題の解決に貢献した．彼らは，ファージの存在しない培地であらかじめ大腸菌のコロニー群を培養した（図 7.1 a）．これにビロードで覆った木の円盤を押しつけてコロニー群を写しとり，それをファージ T1 を加えた培地（図 7.1 b, c, d）に押しつけて，写し取ったコロニー群を培養した．写し取られた大腸菌のコロニー群の中でファージに抵抗性のコロニーは各培地で共通の位置に現れた．このことはファージに抵抗性のコロニーは，写し取る前に培地のストレスとは無関係に変異していた（pre-adaptation）ことを証明した．

除草剤に対する抵抗性の変異体も，除草剤散布とは無関係の突然変異として理解される[7-4]．さらに，前章で述べた作物の遺伝的変異の潜在の例，すなわち播種期などの環境が変わったときに検出される変異も，このような変異によるものと考えられる．

「生物が多様な環境に適応した変異を示している」という圧倒的な事例を前にして，突然変異説は容易に受容されたわけではない．この説は，種々の点で拡張されたが，「偶発的に起こる遺伝的な変異が進化の基礎となる」という当初の主張はほぼ一世紀にわたり維持され，現在に至っている．一方，遺伝の基礎は塩基の配列からなる遺伝子であり，その配列に生じた変化のみが後代に伝えられることは，セントラル・ドグマからも支持される．

一遺伝子座当たりの突然変異率は一般に非常に低い．しかし，多くの座位，多数の細胞，多数の個体あるいは多くの世代が関係することを考えれば，自然突然変異も進化の素材となるのに十分な頻度である．たとえば，細胞当たりでは低い確率でも，1,000 の生殖細胞とかあるいは 1,000 の世代を考慮すれば，突然変異の効果は無視できない．先に引用したレーダーバーグの実

験のように，多数の単細胞を扱う微生物では，低い確率の突然変異でも実験室で扱うことができる．このことは，培養細胞を利用した育種の基礎となっている．植物に対する寄生菌の病原性に関する突然変異も低い確率で起こる．しかし，高度耐病性の品種の抵抗性は普及後数年で新しく変異した病原性の菌型により崩壊している[7-5]．このことは実際の圃場で生産される天文学的な数の胞子を背景として理解されよう．

7.2 人為誘発突然変異

レントゲン（W. Roentgen）によるX線の発見は1895年のことであった．20世紀初めにはその生物に対する効果が知られるようになった．1925年頃，幾人かの科学者が放射線による人為突然変異の研究を開始した．マラー（H. Muller, 1927）はショウジョウバエで体系的な実験結果を発表した．スタドラー（L. Stadler, 1928）は，トウモロコシについてX線やガンマー（γ）線による突然変異の誘起を報告した．人為突然変異の育種的利用は1930年代から散発的に試みられたが，第2次世界大戦後原子力の平和利用の一環として本格的に試みられるようになった．

突然変異の誘発には，X線やγ線などの電離放射線が用いられ，さらに化学物質も利用されるようになった．電磁波は，その波長が短いほどエネルギーが大きく透過力が強い（表7.2）．紫外線も突然変異誘発能があるが，透過力が低いので，培養細胞，菌糸および花粉など限られた材料に利用されている．紫外線よりさらに波長の短い電磁波は，電離放射線（X線とγ線）であり，光子として物質の中を透過する．そのルートにある物質はエネルギーを与えられて，電子を失ったり，付加されたりして，＋あるいは－のイオンに電離する．それらの大部分はごく短い時間に回復するが，一部のものは相

表7.2 電磁波の種類と波長（cm）

放送電波	赤外線	可視光線	紫外線	x 線	ガンマー線
10^4 - 10^{-1}	10^{-2} - 10^{-3}	10^{-4}	10^{-5} - 10^{-6}	10^{-7} - 10^{-8}	10^{-9} - 10^{-10}

手のイオンを見失ったり，別の物質と化学反応を起こし，物質の変化が起こる．DNAが遺伝物質であることが明らかになると，まもなくその構成塩基であるチミンが紫外線からエネルギーを与えられて変化すること，すなわち二つの隣り合うチミンが重合してチミンダイマーになることなどが明らかにされた．なお，化学物質による突然変異については第17章で述べる．

電離放射線を照射して突然変異を得る実験から，与えられた線量と突然変異頻度の間には直線的な関係があることが示された．このことから，各光子がそれぞれ独立に変異を起こす標的に働くという理解（target theory）が得られた．このことは突然変異の本質の理解に貢献した．

7.3 遺伝子の損傷修復と突然変異

DNAポリメラーゼIという酵素は，損傷を受けたり，誤った塩基が導入された部分のDNAを除去して，正しい塩基対に修復・合成する．この酵素はDNA合成活性の他に，二つの酵素活性，すなわちエンドヌクレアーゼ（endonuclease）の活性とエキソヌクリアーゼ（exonuclease）の活性をもっている．前者は，新しくできたDNA鎖で相補対合していない部分があれば，その近傍のリン酸-糖の骨格に切り目（nick）をいれる．後者はDNA鎖の切れ目から，5'から3'へと片側の5-6個の核酸を除去する．DNAポリメラーゼは1本鎖DNAを鋳型として相補的なDNAを合成し，修復する（図7.2）．

遺伝子突然変異がDNAを構成している物質の化学的結合のエネルギーの揺らぎから予想されるよりもはるかに低率であるのは，上に述べたような校正・修復機能が働いているからである．何らかの原因でDNAに損傷が生じた場合に，修復機構が働くが，その際非常に低い確率で，その修復の誤りが生ずる．その確率は一遺伝子座について，$1/10^{5-6}$程度であるとみられる．

7.4 DNA塩基の配列の変化と保存

7.4.1 DNAの変化と突然変異

次のようなDNAの配列の変化が突然変異として検出されると考えられ

第7章　突然変異

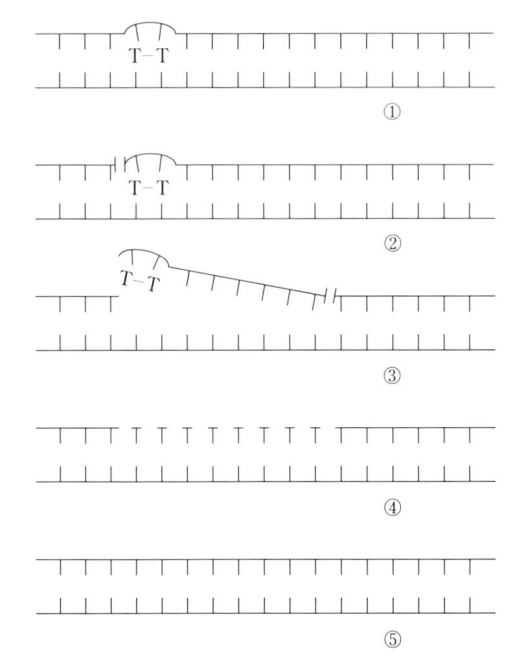

図 7.2　DNA 損傷の修復
① 紫外線により隣あうチミン (T) が重合して
　チミンダイマー (T-T) ができた場合
② 相補対合の異常をエンドヌクレアーゼが検出,
　燐酸-糖の骨格に切り目 (nick) をいれる.
③ エキソヌクレアーゼが切れ目から, 5'-3' へと
　片側の核酸を除去する.
④ DNA ポリメラーゼは1本鎖 DNA を鋳型として
　相補的な DNA を合成する.
⑤ リガーゼによって修復される.

る．現在までに実際に遺伝子の分析が進み，多くの具体的な事例が知られるようになった．

①遺伝子として読みとられる塩基配列 (ORF) の上流には，転写の調節に関係する cis 因子があることはすでに述べた．この部分の変化は当然遺伝子の発現に影響する．*trans* 因子の変化ももちろん遺伝子の発現を左右する．

② さらに ORF 自体の変化としては，一つの塩基の置換によるアミノ酸の置換 (mis-sense) がある．ただし，コドンの第三番目の DNA の変化は，アミノ酸の指定に変化を起こさない場合がある（表 4.1 参照）．これを同義置換とよぶ．一方，一つの塩基の置換によってある種のコドン，たとえば，TAT が，TAA あるいは TAG と代われば，終止コドンになり，そこから先の DNA は転写されるが，翻訳はされない．

③ また 1-2 個の塩基の追加または欠失によって，ORF がずれる (frame shift) と，全く違ったタンパク質が翻訳がされる．さらに大きな変化として，塩基配列の組換や逆位なども観察されている．

古典的な事例として，ヒトの鎌型貧血症の原因となるヘモグロビン (hemoglobin) の変異の分析は有名である．ヘモグロビンは第 11 染色体の二つの遺伝子座によってできる α と β の各 140 程のアミノ酸残基からなるサブユニット各 2 個ずつからなる 4 量体である（$\alpha_2^A \beta_2^A$）．鎌型貧血は β 鎖の 6 番目のアミノ酸の変化である（$\alpha_2^A \beta_2^S$）ことが報告された (Ingram, 1957)．他にも 100 種程度の変異体が発見されている．β 鎖の最初の部分は次の通りである．

  A　正常： val his leu thr pro *glu* glu lys　－
  S　鎌型： val his leu thr pro *val* glu lys　－
  C　異常： val his leu thr pro *lys* glu lys　－

鎌形貧血のヘモグロビンでは，正常型のアミノ酸の Glu（GAA または GAG）が，Val（GT-）に変化していた．もう一つの異常では，Lys（AAA または AAG）に変化した．Val への変化ではコドンの第二塩基が A から T に，Lys への変化ではコドンの第一塩基の G が A に変化した．

ナス科植物の自家不和合性遺伝子は，約 200 個のアミノ酸からなる RNA 分解酵素 (RNase) である．この酵素の RNase 活性に関係する領域は細菌から，酵母および植物まで保存されている．野生トマト (*L. peruvianum*) の自家和合性の突然変異体では，この活性の領域のうちの一つの塩基が，ヒスチジン（CAT または CAC）からアスパラギン（AAT または AAC）に置換されていた（図 4.7）．

7.4.2 突然変異の保存と突然変異率の推定

　DNAの配列の変化によって生存上必須のタンパク質の中心的な機能に関係する部位が改変される場合には，それをもつ配偶子あるいはそれをホモ接合体でもつ個体の生存は困難となる．したがってそうした突然変異は後代に伝えられない．機能上重要でない変化は，タンパク質の多型として集団の中で保存される（たとえばアイソザイム変異）．

　もし塩基配列のうち遺伝子として機能していない部分が変化した場合には，生存の可否というふるいを通過しないから保存される．事実「偽遺伝子」と呼ばれ，機能を失った塩基配列は，早く変化することが知られている．塩基配列の変異の時間的変化率はこのような機能のない部分によって評価され，大体一定であることが判明している．したがって，かって共通の塩基配列をもっていて，現在までに相違してきた程度がわかれば，分岐して以来の時間を推定することができる．

　各種の哺乳動物のヘモグロビンなどのアミノ酸配列の比較と，各種の分岐後の地質学的期間の比較から，一定年数当たりのアミノ酸の置換確率が計算できる．また，一世代当たりの遺伝子の突然変異率を10^{-5}程度とすると，世代当たりのDNAの複製回数を30回，遺伝子当たりの塩基数を1,000とみて，塩基当たり，複製当たりの突然変異率mは，次のように計算される[7-6]：

　　$m \times 30 \times 1000 = 10^{-5}$, $m = 1/3 \times 10^{-9}$

　なお，突然変異率の推定は，一定期間当たりのDNAおよびアミノ酸の置換確率から，世代当たりの遺伝子の変異の頻度などを含む複雑な問題である（詳しくは根井正利：分子進化遺伝学第3章参照）．

7.5　トランスポゾンによる突然変異と培養変異

7.5.1　トランスポゾンの挿入による突然変異

　ゲノム内を移動する動く遺伝子，トランスポゾンが，ある遺伝子の塩基配列の中に挿入されると，その遺伝子は変化する．同様に，Tiプラスミドを利

用した遺伝子組換によってある塩基配列が遺伝子の中あるいは近傍に挿入されると遺伝子突然変異のような変化が起こる（第18章）.

キンギョソウの花色の遺伝子 pal^{rec}-2 の表現型は，淡黄色の地色に赤いシマが入っている．これにトランンスポゾン Tam 3 が挿入され，切り出されたときに塩基配列が変化し，花色にも多様な変化が現れた[7-7]．

7.5.2 培養体にみられる変異

組織培養の過程でも高い確率で変異が起こる．イチゴの茎頂培養によるウイルス・フリー苗の増殖では，1％以上の頻度で変異体が見出されるという．このような変異はソマクローナル変異（somaclonal variation）と呼ばれている．その一部は染色体の変異によるとされているが，かならずしも種子で伝達されない．古い本には，栄養繁殖されている間は発現し続けるが，種子繁殖で消える表現型として，挿木しても斜めに伸びるヒマラヤ杉の側枝などがあげてある．プロトプラストから再生された植物体では，自然の突然変異頻度よりも数桁高い割合で変異体が出現する．

一方，培養細胞においてはトランスポゾンの転移が活性化されることが知られている．したがってソマクローナル変異はトランスポゾンの切り出しと同様の機構に関係があると推察されている[7-8]．メチル化の程度が遺伝子の活性化に関係することはすでに述べた．ある種のトランスポゾンの転移の活性化は，メチル化の解除とも関係があると考えられる．細胞あるいは組織の培養にみられる高率の変異の原因は，なお今後の研究課題である．

第8章 細胞質遺伝

細胞質遺伝ははじめメンデルの法則の例外として注目された．その後次第に核外の遺伝子の作用が認識された．さらにこの問題は細胞内小器官のDNAの遺伝学として発展した．一方，細胞質雄性不稔がハイブリッド品種の種子生産に応用されたことから，細胞質遺伝の実際的研究も進んだ．

8.1 細胞質遺伝の発見

メンデルの法則の再発見のあと，その法則で説明されない事例があるかどうかが広い範囲にわたって研究された．そのひとつは先に述べた連鎖である．細胞質遺伝は，二つの親の正逆交雑（reciprocal cross），すなわちA（♀）×B（♂）とB（♀）×A（♂）とで，形質の遺伝に違いがあることから注目された．

メンデルの法則の再発見者の一人であるコレンス（C. Correns, 1909）は，オシロイバナ（*Mirabilis jalapa*）の斑入り現象を研究し，斑入りを母親とし緑色の正常個体の花粉を交雑すると，緑色の個体とともに斑入りが現れるが，その逆交雑，すなわち緑色/斑入りの交雑からは，緑色の個体のみが現れることを示した．

竹崎（1925）の研究によれば，イネのSという縞イネを用いた実験で，縞イネ/全緑品種のF_1で約12％の白苗を生じ，残りは全部縞イネとなった．F_1の縞イネ個体を自殖して得られたF_2では42％が白苗，縞イネが2,352本（53.7％）となり，残り189本（4.31％）が全緑となった．しかし全緑/縞イネのF_1とF_2（16,668本）のイネは全部全緑となった[8-1]．このような事例は他にも観察され，傾母遺伝（maternal inheritance）と呼ばれた．

8.2 細胞の構造と受精の過程

正逆交雑による形質遺伝の差異は，卵細胞の方は核と細胞質からなり，花粉からは，核以外の部分はほとんど受精に参加しないことによって説明され

る（図 8.1）．卵細胞の方には，核の他，核とは独立に自己増殖する色素体（plastid）やミトコンドリア（mitochondria）などの細胞内小器官（organella）がある．遺伝を担う物質が DNA であることがわかると，ミトコンドリアおよび色素体にも DNA があり，核とは独立に細胞から細胞へと伝達されることが確認された．このような経過から，細胞質遺伝（cytoplasmic inheritance）現象に対しては核外遺伝子（extranuclear gene）の作用が認識されてきた．

テンジクアオイ（*Pelargonium*，旧属名 *Geranium*）の斑入りの場合には，斑入りは，両親の細胞質の影響を受けて発現することが認められた．したがって雄性配偶子のオルガネラ遺伝子が伝達されることもあり得る[8-2]．

8.3 オルガネラの遺伝子

ミトコンドリアや色素体は寄生原核生物に起源すると考えられている．それらは自立して増殖するのに必要なタンパク質の遺伝情報の大部分を失って

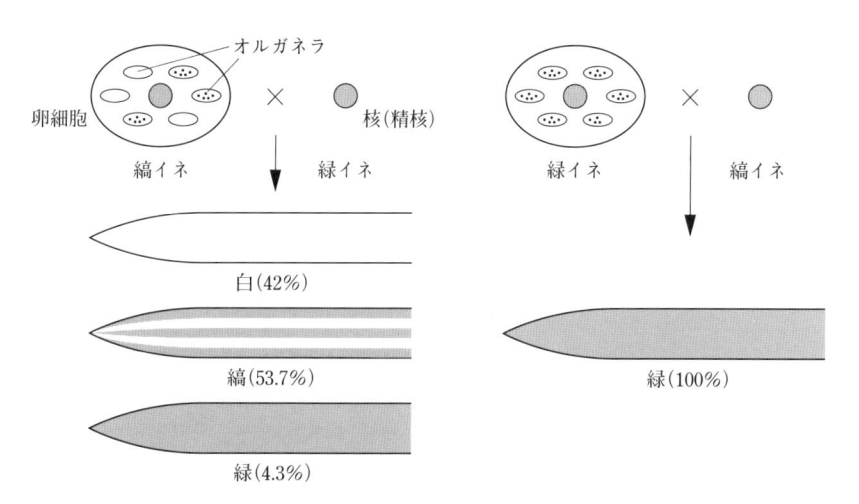

図 8.1 縞イネと緑イネの正逆交雑
縞イネの縞の形質は母本からだけ伝えられるオルガネラの変異（図では白抜き）によると考えられる．縞イネ／全緑イネの交雑からの分離比は，F_1 にでた縞イネの F_2 おける分離比を示す（文献 8-1 より再計算）．

いる．また電子伝達系や光合成などその固有の機能に必要な酵素の大部分を，核遺伝子で合成され，移入されるものに依存するようになったと考えられる．したがって，オルガネラの遺伝子産物は，核遺伝子産物と会合して初めて機能を発揮する．

　葉緑体の DNA は全 DNA の 15 ％ を占め，光合成に関係する遺伝子，すなわちリブロースビスリン酸カルボキシラーゼ（ribulose bisphosphate carboxylase / oxygenase, RuBisco）および電子伝達系の酵素などをもっている．それらの大部分のタンパク質は核遺伝子の産物である．それらは核外のリボソームで合成され，葉緑体へ移入され，修飾・変換されてから機能している．

　ミトコンドリアの DNA は，全 DNA の 1 ％ を占め，ATP 産生系酵素複合体のサブユニットの遺伝子（*atp*），チトクローム酸化酵素遺伝子（*cox*）および NADH 脱水素酵素遺伝子（*nad*）などをもつ．ミトコンドリアの電子伝達系を例に取ると，*cox* 系では，7 個のサブユニットのうち，3 個がミトコンドリア内で合成され，他の 4 個は細胞質リボソームで合成される．

　オルガネラの遺伝子は，染色体を通じて次代の細胞へ均等に伝えられない．斑入りの多様な表現はその現れとみられる．また，異なるオルガネラ遺伝子の間の組換えもないと考えられる．ただ細胞融合によって異なるオルガネラ遺伝子を共存させることはできる．しかし，オルガネラ遺伝子にも DNA 配列の重複や組換えが起きている．

8.4　核外遺伝子の形質発現に対する効果

　核外遺伝子が，光合成やエネルギー代謝など限られた機能に関与していることから，それが多方面の形質発現に関与していることは理解しがたい．しかし，栽培コムギとその近縁野生種の間での核置換の永年の研究によれば，核内遺伝子が同じでも細胞質が異なる場合には，出穂開花期などの生理的形質から多様な形態学的形質までが変化することが証明されている[8-4]．遠縁交雑の可否においても細胞質の関与がみられる．たとえば，トウガラシの半野生種（*Capsicum chinense*）にトウガラシ（*C. annuum*）の花粉を交雑して得られた F_1 は座止して生育しないが，その逆交雑（*C. annuum* / *C. chi-*

8.4 核外遺伝子の形質発現に対する効果

nennse) の F_1 はほぼ正常に発育する (図8.2).

　植物の細胞質遺伝の研究が進んだのは細胞質雄性不稔 (cytoplasmic male sterility, cms) の利用がきっかけである. ロード (Rhoades, 1933) はトウモロコシの細胞質雄性不稔を発見した. ジョーンズとエメスウエル (Jones & Emsweller, 1936) は, タマネギにおいて細胞質不稔を利用した一代雑種種子の生産体系を提唱した. 細胞質雄性不稔の利用については第14章参照.

　現在では, 細胞質雄性不稔にはミトコンドリアのDNAが関与していることが明らかになった. 一方核内には細胞質不稔の発現に関与する稔性回復遺伝子 (*Rf*〜*rf*) があり, *Rf* はのその発現を抑え, *rf* はその機能をもたない.

　1970年代にT型細胞質雄性不稔を利用したトウモロコシが, ごま葉枯れ病菌 (*Cochliobolus heterostrophus*) のTレースに罹病し大被害を受けた.

図8.2　トウガラシの正逆交雑の F_1
　トウガラシの半野生種 (*Capsicum chinense*) にトウガラシ (*C. annuum*) の花粉を掛けて得られた F_1 は座止して生育しないが, その逆交雑 (*C. annuum* / *C. chinennse*) の F_1 は正常に発育する (文献 8-3).

その後の研究によると，T型細胞質のミトコンドリアは正常型にはみられない *T-urf* 13という遺伝子によって13 kDのタンパク質を産生し，一方Tレース菌の生産するTトキシンが，それと特異的に結合してミトコンドリアの活性を低下させて細胞死を起こすことがわかった．さらに稔性回復遺伝子，*Rf* 遺伝子は，この13 kDのタンパク質合成を抑えることが認められた[8-5]．

イネやペチュニアなどの細胞質雄性不稔についての最近の研究によると，不稔細胞質（*cms*）のミトコンドリアでは *ATP* 遺伝子が異常なタンパク質を形成する．核内の回復遺伝子（*Rf*）は，ある種の反復配列（pentatricopeptide repeat）をもつタンパク質をつくる大きな遺伝子群に属し，その異常を修正する．非回復遺伝子（*rf*）はその機能を持たないので雄性不稔となる（Nat. Acad. Sci. 99 (16): 10887-10892. および T. Komori et al. 2004. Pl. Jour. 37: 315-325.）．

図8.3　*Acalypha wilkensiana* の斑入り葉
正常から黄化および白化までの混在が見られる．その説明はなお困難か．

第9章 連続的変異の分析と選抜

メンデルの方法では個体間の遺伝的な差異は対立形質によって識別され，それを支配する遺伝子型の分析ができるようになった．しかし，連続的な変異を示す量的な形質は対立形質としては識別されない．またそれに対する遺伝的効果と環境による変動とが容易に区別できない．このため連続変異の理解には長い年月を要した．ここでは，生物統計学の初歩の知識を前提として，連続変異の分析と選抜について初歩的な事柄を述べる．

9.1 連続的変異の分析

生物の個体間あるいは群間の比較によって，様々な差異をみることができる．このような差異を変異（variation）と呼び，比較の仕方により，種間変異，個体間変異などがある．

ダーウィン（C. Darwin, 1959）は「種の起源」で，個体間のわずかな差が遺伝することを進化の前提としていた．ヨハンセン（W. Johannsen, 1903）は，市場より入手したインゲン豆の一集団を用いて，豆の重さについて選抜実験を行った．選抜個体を自殖することによって，豆の重さの異なる19系統を得た．これらの系統の中の個体については選抜してもそれ以上の反応は現れなかった．この結果，選抜に反応する遺伝的変異と，選抜に反応しない変異，つまり遺伝的に均一な集団に働く環境変動を区別することができた．遺伝的には均一であるため，選抜に反応しない変異のみからなる集団を「純系」（pure line）とした．在来品種から，純系を分離することの実際的効果（p.130）も注目され，「純系説」は確立された．純系説の貢献は，遺伝する変異と環境による変異を明確に区分したことにある．

純系説から考えると，遺伝的変異はどうして起こるかという問題が改めて浮上する．ドフリース（DeVries）の突然変異説（1903）はこれに対する答である．もう一つの問題は，連続変異に対してメンデルの法則が適用されるか否かということである．ニルソン・エーレ（Nilsson-Ehle, 1909）はこの問題

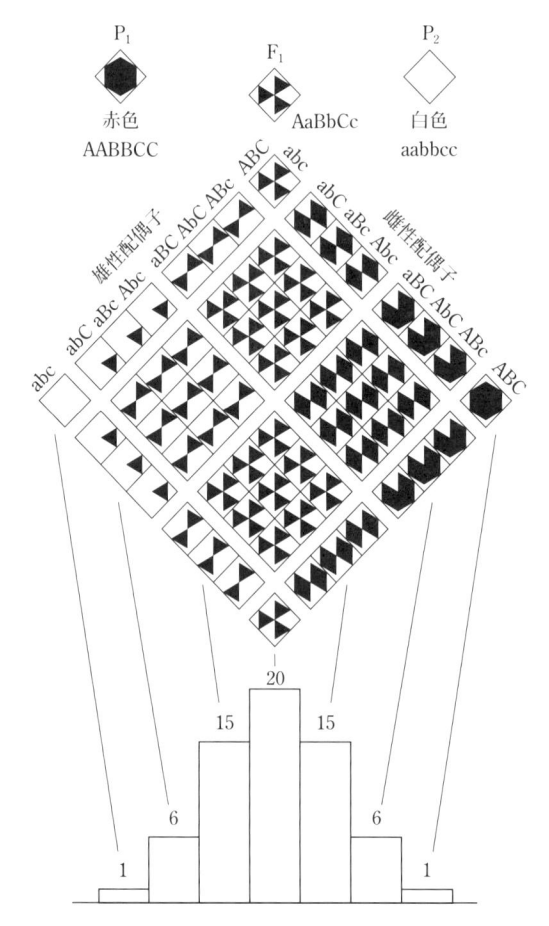

図 9.1 粒色を支配する独立の三座位の効果

小麦の粒色の遺伝では，独立の 3 座位にある優性対立遺伝子の数が赤色の程度を決める．赤色×白色の F_2 では，優性対立遺伝子を全然もたない個体から，それらを 6 個ももつ個体までが現れ，その頻度は，優性遺伝子を D，劣性遺伝子を R とすると，$(D+R)^6$ の展開式で与えられる．

に答えた．彼は，連続的な変異を示すコムギの粒色の遺伝が，3 個の別の座位の対立遺伝子に支配されていることを示した（図 9.1）．それぞれの遺伝子座には赤褐色に寄与する優性遺伝子と白色に働く劣性遺伝子とがあり，全部

の座で劣性遺伝子をもつ遺伝子型は白色を示し,全部の座で優性遺伝子をもつ遺伝子型は濃赤褐色となる.優性遺伝子と劣性遺伝子の割合により中間の粒色が決定される.AABBCC と aabbcc の交雑の F_2 では,中間の色調をもつ個体が最も多く,親と同型のものは,64 分の 1 ずつ現れる.

このような遺伝子は「同義遺伝子」と呼ばれた.一つの量的な形質が,複数の座位にある対立遺伝子によって支配されている事例は多い.現在では,このような連続形質を支配し,単独には効果の小さい遺伝子をポリジーン (poly gene) と呼んでいる.一方,個々の遺伝子の効果が区別できる程度に働く遺伝子を主動遺伝子 (major gene) と呼んでいる.

9.2 連続形質の分析方法

9.2.1 平均,分散および共分散

ひとつの集団の連続形質の記述には,形質の値を横軸にとり,それぞれの値に対応する個体数を縦軸にとって,頻度分布として表す.図 9.1 はその一例である.ある作物の品種の集団をとってその中の各個体の植物体の高さを測定したとする.その高さをいくつかに区分して横軸に示し,各区分に属する個体数を縦軸に示せば,平均の高さの区分に最も多くの個体数があり,高低両端に行くにつれて個体数が少なくなって,全体としては,ベルを伏せたような形となる.これは正規分布と呼ばれる最も一般的な頻度分布である.

連続的な形質の分析では,形質の値を確率変数として扱うことによって,理論的な取り扱いが容易になる.すなわち,形質の値を,確率変数 X で表し,それに対応する頻度 P を X の関数として表す.$P=f(X)$ である.P を全体を 1 とする相対頻度,つまり確率で表す.

$$\int_{-\infty}^{\infty} f(X)dx = 1$$

である.

X の平均 $\overline{X}$ および X の分散 $V(X)$ は,それぞれ,次式で与えられる.

$$\overline{X} = \int_{-\infty}^{\infty} Xf(X)dx$$
$$V(X) = \int_{-\infty}^{\infty} \{X-\overline{X}\}^2 f(X)dx$$

n 個の標本個体を扱うときは，$P_i=1/n$ として，上式を次のように計算する．

$$\overline{X} = (1/n) \cdot \Sigma X_i$$
$$V(X) = (1/n) \cdot \Sigma (X_i - \overline{X})^2$$

次に，X と Y の共分散，$\mathrm{COV}(X, Y)$ は次式で計算される．

$$\mathrm{COV}(X, Y) = \Sigma (X_i - \overline{X}) \cdot (Y_i - \overline{Y})/(n)$$
$$= \left[\Sigma X_i \cdot Y_i - \left(\frac{1}{n}\right)(\Sigma X_i)(\Sigma Y_i) \right]/(n)$$

以下の記述でよく使われる定理は，互いに独立な確率変数 X と Y の和の分散は，それぞれの分散の和になることである．すなわち $V(X+Y) = V(X) + V(Y)$ を利用して，複雑な問題を単純化することができる（図9.5）．たとえば，ひとつの遺伝子座での遺伝子型の値の平均や分散を求める．次に，各遺伝子座の遺伝子型の効果が確率的に独立であるとの前提ですべての遺伝子座について合計した値を求める．

9.2.2 遺伝的な値と環境変異

選抜実験は必然的にある世代とその次世代の問題を扱うことになる．しかし説明を簡単にするため，一つの世代での遺伝的変異と環境変動の関係を考えてみる．たとえば，異なる純系の混合集団が考えられる．いまある一つの形質について，その遺伝的に決定されている値，すなわち遺伝子型値を X_g とし，環境変動による値を X_e とする．その表現型の値，X_p は X_g と X_e の和によって決まると考えることができる．すなわち，

$$X_p = X_g + X_e$$

ここで，X_g と X_e が，互いに独立な確率変数であると仮定すると，その表現型の分散，$V(X_p)$ は，前項に述べた定理によって $V(X_g)$ と $V(X_e)$ の和によって決まる．すなわち，

$$V(X_p) = V(X_g) + V(X_e)$$

一般的に遺伝子型の値，X_g を直接測定することは困難であるから，X_p や X_e の測定によって，X_g を推定することが問題となる．このために，X_p に対する X_g の回帰直線を検討する必要がある．図9.2に示したように，この直

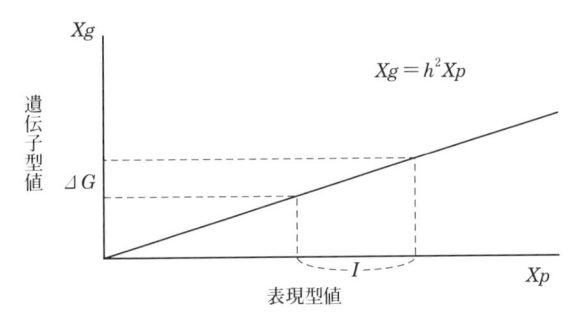

図 9.2 表現型値と遺伝子型値の直線回帰
この回帰直線の勾配は遺伝率である.

線の回帰係数を A (勾配) とすれば,

$$X_g = A \cdot X_p$$

回帰直線の性質から,

$$A = \mathrm{COV}(X_g, X_p)/V(X_p)$$
$$= \Sigma(X_g - \overline{X}_g) \cdot (X_p - \overline{X}_p)/V(X_p)$$

これの分子に, $X_p = X_g + X_e$ を代入すると,

$$\Sigma(X_g - \overline{X}_g) \cdot \{X_g + X_e - (\overline{X}_g + \overline{X}_e)\}$$
$$= \Sigma(X_g - \overline{X}_g)^2 - \Sigma\{(X_g - \overline{X}_g)(X_e - \overline{X}_e)\}$$

ここで,右の第一項は X_g の分散 $V(X_g)$ である.第二項は X_g と X_e の共分散(相関係数の分子に当たる)であるが,X_g と X_e は独立であるからゼロとなる.したがって,$A = V(X_g)/V(X_p)$ となり,X_p に対する X_g の回帰直線は次式で与えられる.

$$X_g = V(X_g)/V(X_p) \cdot X_p$$

$V(X_g)/V(X_p)$ を遺伝率 (heritability) と呼び,h^2 で表記する.遺伝率の値が推定されれば,表現型値 X_p に対応する遺伝子型値 X_g が推定される.

遺伝率を推定するためには,様々な方法で,$V(X_p)$ と $V(X_e)$ を求め,これから,

$$V(X_g) = V(X_p) - V(X_e)$$

として $V(X_g)$ を推定することができる.$V(X_p)$ は表現型の変異を調査して

求められる．$V(X_e)$ は，遺伝的には均一な集団を供試して，その変異から推定できる．たとえば，自殖性植物の品種集団および栄養系の集団などが用いられる．人類遺伝学では一卵性双生児のデータが使われる．

9.2.3 遺伝変異の分割

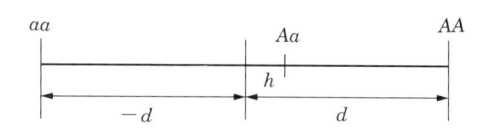

上の説明では遺伝的な値の分散をまとめて $V(X_g)$ としたが，実際に遺伝的分離のある集団では，もう少し複雑である．二つの純系の交雑から得られた雑種について考えると，遺伝的な変異の単位は，一座の対立遺伝子，A と a の効果によるものである．いま，一座位の遺伝子型 AA, Aa および aa のそれぞれの値を数直線上に表してみる．図9.3に示したように，AA と aa の値の中間値からの偏差を，それぞれ d および $-d$ とし，Aa の値の中間値からの偏差を h とする．F_2 集団における遺伝子型 AA, Aa および aa の頻度は，1/4, 1/2 および 1/4 である．

図9.3 数直線上に表した遺伝子型の値

したがって，たとえば F_2 集団の例を示せば（表9.1），この座の遺伝子型の分離による遺伝子型値の平均と分散を計算することができる．その結果として，平均は $(1/2)h$，分散は $(1/2)d^2 + (1/4)h^2$ である．この分散の値は，この一座位の遺伝子型値の効果である．互いに独立な遺伝子座による全体の分散の効果は，独立な確率変数の分散の加法定理を適用すれば，その合計となる．すなわち，

$(1/2)D = \Sigma(1/2)d_i^2$
$(1/4)H = \Sigma(1/2)h_i^2$

これらの表現型分散には，上記の遺伝子型による分散の他に環境分散 E が付加されるから，F_2 における表現型分散 V_{F_2} は次式のように分割される．

$V_{F_2} = (1/2)D + (1/4)H + E$

9.2 連続形質の分析方法　(93)

表 9.1　遺伝分散の分割と計算法

交　雑	遺伝子型	頻度	値×頻度	頻度×(値−平均)^2
		F_2 世　代		
	AA	$1/4$	$(1/4)d$	$(1/4)\{d-(1/2)h\}^2$
$Aa \times Aa$	Aa	$1/2$	$(1/2)h$	$(1/2)\{h-(1/2)h\}^2$
	aa	$1/4$	$(-1/4)d$	$(1/4)\{-d-(1/2)h\}^2$
	合　計 (合計の意味)	1	$(1/2)h$ (平均)	$(1/2)d^2+(1/4)h^2$ (分散)
		B_1F_1 世　代		
$(1/2)(Aa \times AA)$	AA	$1/2$	$(1/2)d$	$(1/2)\{d-(1/2)h\}^2$
	Aa	$1/2$	$(1/2)h$	$(1/2)\{h-(1/2)h\}^2$
$(1/2)(Aa \times aa)$	Aa	$1/2$	$(1/2)h$	$(1/2)\{h-(1/2)h\}^2$
	aa	$1/2$	$-(1/2)d$	$(1/2)\{-d-(1/2)h\}^2$
	合　計 (合計の意味)	1	$(1/2)h$ (平均)	$(1/2)d^2+(1/2)h^2$ (分散)

同じような考え方で，どのような集団であっても，各遺伝子型の種類とその頻度が与えれれば，遺伝子型値の分散が分割される．表 9.1 に示したように，$V_{B_1F_1}$ の表現型分散は次のように表現される．

$$V_{B_1F_1} = (1/2)D + (1/2)H + E$$

次に自殖性作物の親の品種の表現型分散，X_p は環境分散のみを示すから，

$$V_p = E$$

表 9.2　実験による遺伝率の評価　(文献 9-1 による)

作　物	測定単位	形　質					文　献
		出穂期	稈長	穂長	穂数	穂重	
イ　ネ	F_2 個体	−	0.35	0.07	0.01	0.17	赤藤ら(1958)
	F_6 系統	0.91	0.43	0.28	0.71	0.69	鳥山ら(1958)
コムギ	F_2 個体	0.63	0.64	0.57	0.06	0.17	桐山ら(1958)

これらの関係式によって，D, H および E を評価することができる．全分散を分母とし，それから E を引いた遺伝分散を分子として求めた遺伝率を広義（broad sense）の遺伝率（h_b^2）と呼ぶ．これに対して次の式で与えられるものを F_2 での狭義（narrow sense）の遺伝率（h_N^2）と呼ぶ．遺伝率の測定例は表9.2に示した．

$$(h_N^2) = \frac{(1/2)D}{(1/2)D + (1/4)H + E}$$

遺伝分散に寄与するもう一つの項は，異なる遺伝子座の間の相互作用によるエピスタシス分散がある（詳しくは，別の参考書，たとえば 植物育種学上，培風館をみよ）．

9.2.4 選抜効果の推定

選抜実験では必然的にある世代とその次世代の問題を扱うことになるが，これまでの説明では一つの世代のみを考えた．ある世代にある形質について選抜を行って，その次世代に対する効果を予想する場合には，遺伝的変異のうち，ヘテロ型個体に現れる優性効果を除いた狭義の遺伝率を適用すべきである．

先に述べたように，遺伝率が回帰係数であることから，これを利用して X_p に対する選抜の効果が X_g に与える効果を推定できる．表現型値について上位一定の部分（S）を選抜した結果，この部分の値の平均値が全体の平均値より I だけ上昇すると，これに対応する遺伝子型値

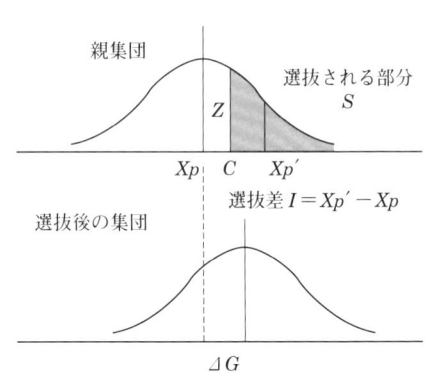

図9.4 選抜による次世代の遺伝的進歩
$\Delta G = I \times h^2$ により，遺伝的進歩を推定する．標準化された集団では，$i = I/\sigma$ を用いる．正規分布の性質から $i = Z/S$ と計算される（補注2）．

の進歩 G は，図 9.2 の回帰直線を適用して次式で与えられる．

$$\Delta G = h_N^2 \cdot I$$

ここで，標準尺度によるときは $i = I/\sigma_p$ の関係を用いる．

表現型値の上位 S の部分の選抜に対応する選抜差は，正規分布の特性を利用して算出される（補注 2）．図 9.4 に示したような選抜実験で，一定の選抜差 I により ΔG の進歩が得られれば，これから実現された遺伝率（realized heritability）が測定できる．

9.2.5 形質間の相関および間接選抜

二つの形質の相関関係についても，遺伝子型によって決定された相関と環境条件によってもたらされた相関を区別することができる．

遺伝的相関は，二つの形質を支配する遺伝子座が密接に連鎖している場合には，起こりうることであろう．また一つの遺伝子座の効果が，二つ以上の異なる形質に働く場合，すなわち多面発現（pleiotropism）も遺伝的相関の基礎になろう．環境による相関は，ひとつの形質の増減が他の形質の増減と平行的に働けば起こりうるだろう．

あるひとつの目的形質の選抜を行うのに，それを直接選抜する場合と，その形質と高い遺伝相関をもつ別の形質の選抜によって目的形質の間接選抜を行うことが考えられる．もし間接選抜の形質が高い遺伝率をもち，目的形質と密接な遺伝相関をもつ場合には，間接選抜の方が効果的である（補注 3）．

9.3 その他の量的遺伝の分析法

以上に述べたように，遺伝子型の値と環境変動が確率的に独立であるとの前提から出発して，量的形質の遺伝の分析方法が工夫されてきた．これに基づく選抜は理論的には最も進んでいるようにみえる．しかし，今日まで植物育種でこのような方法はあまり適用されていない．

量的遺伝の分析方法にはなお問題点が多い．実際の選抜では多数の測定を行い，統計分析を行うことは煩雑である．さらに，測定による推定値には大きな誤差がある．材料や環境が異なる場合一般性のある結果が得られない．

(96)　第9章　連続的変異の分析と選抜

　以上のような問題を解決する方法として，量的形質に関係する遺伝子座（quantitaitve trait locus, QTL）を，分離集団で連鎖地図に位置づけされた多数の標識遺伝子（DNA）によって推定する．この場合には，分離集団における量的形質の値を特定の標識遺伝子座の二つ（Aa と AA，あるいは Aa と aa）あるいは三つ（AA，Aa および aa）の遺伝子型にわけて集計し，これらの遺伝子型の間で，量的形質の値に差が認められるときには，この遺伝子座の近辺にこの量的形質に関与する遺伝子座があるものと推定される．

　ここでは，二つの固定系統間の交雑後代の分析を中心に述べたが，2面交雑分析（diallele cross analysis）では，ある1座の A と a について分析するため，いくつかの自殖系統の間の交雑結果を用いて分析する．これによって様々な遺伝的特性値が同時に評価される（植物育種学 上，培風館；Mather, K. and Jinks, J.L. 1971. Biometrical genetics. をみよ）．

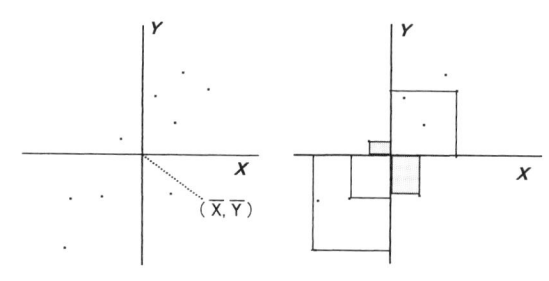

（P. 90-91への補足説明）

図9.5　変数 X と Y の独立と共分散 $\Sigma(X-\overline{X})(Y-\overline{Y})$ の値
左の図の各点は，右の図に示すように $(X-\overline{X})(Y-\overline{Y})$ の面積を与える．その内，灰色のものはマイナスの値をとる．平均のまわりに偏らずに点が分布するときは（X と Y が独立），各面積の合計 $\Sigma(X-\overline{X})(Y-\overline{Y})$ の値はゼロとなり，この値が正で大きくなれば，X と Y の間に正の相関がある．$(X+Y)$ の分散を求めると，

$$\Sigma\{(X+Y)-(\overline{X}+\overline{Y})\}^2 = \Sigma\{(X-\overline{X})+(Y-\overline{Y})\}^2$$
$$= \Sigma\{(X-\overline{X})^2 + 2(X-\overline{X})(Y-\overline{Y}) + (Y-\overline{Y})^2\}$$
$$= \Sigma(X-\overline{X})^2 + 2\Sigma(X-\overline{X})(Y-\overline{Y}) + \Sigma(Y-\overline{Y})^2$$

X と Y が独立のとき，右辺の第二項はゼロとなり，あとは X と Y の分散となる．
(p.90, 9～10行への補足説明)

第10章　栽培植物の育種と集団遺伝学

　自然界においても栽培環境でも植物は集団として存在している．植物の集団を扱う場合には，その遺伝学的特徴を理解しておく必要がある．集団の遺伝学的性質は集団遺伝学という分野で研究される．現在では，栽培植物や関連野生種について，アイソザイムや DNA レベルの多様性を調査し，分析することができる．この章で扱われることは，従来の育種のテキストではあまり扱われなかったが，栽培植物の分化，遺伝資源の多様性の保存あるいはヘテロシスや自家弱勢の問題を考慮するときの基礎となろう．

10.1　ハーディ・ワインベルクの法則

　集団の成員の間の無作為な交雑で維持されている集団では，ある世代における一座の対立遺伝子 A および a の頻度をそれぞれ p および q とすれば，次世代の遺伝子型の頻度は $p^2AA + 2pqAa + q^2aa$ で与えられる．すなわち，「任意交雑では，世代が変わっても遺伝子型頻度が変わらない」．このことは，1908 年にイギリスのハーディ（Hardy）とドイツのワインベルク（Weinberg）によって同時に発表されたので，ハーディ・ワインバーグ（Hardy-Weinberg）の法則と呼ばれている．

　次にその一例をみよう．任意に交雑している集団 I において，はじめの世代の遺伝子型の頻度として，AA が 36 %，Aa が 48 %，そして aa が 16 % であったとする．ここで，AA および aa の個体からはそれぞれ全て A あるいは a の配偶子が形成される．48 % を占める遺伝子型が Aa の個体からは，A をもつ配偶子と a をもつ配偶子が，均等に 24 % ずつできる．したがって次代をつくる配偶子の頻度を求めると，対立遺伝子 A の頻度は，(36 + 24) = 60 % であり，a の頻度は，(24 + 16) = 40 % である．これらが無作為に組み合わされて，次の世代のこれらの遺伝子型の頻度は次の展開式で与えられる．

　　$\{0.6\,A + 0.4\,a\}^2 = AA : 36\ \%,\ Aa : 48\ \%,\ aa : 16\ \%$

　次に遺伝子型の頻度が違う集団 II について考えてみよう．

第10章 栽培植物の育種と集団遺伝学

集団II： $0.44\,AA + 0.32\,Aa + 0.24\,aa$

先の例にならって次代をつくる配偶子の頻度を求めると，対立遺伝子 A の頻度は，$(44+16) = 60\,\%$ であり，a の頻度は $(24+16) = 40\,\%$ である．したがって次世代以降は集団Iと同じ頻度で平衡する．集団IIのはじめの遺伝子型の頻度は，非平衡であったといえる．何らかの理由で，はじめの遺伝子型頻度が非平衡でも，一代の無作為の交雑の後は平衡に達する．この法則は，突然変異，遺伝子の移入，自然淘汰，および遺伝的浮動（後述）が起こっていないという条件で，無作為に交雑する一定の大きさの集団がある場合には当然成り立つ．逆にこの法則が成り立たないときは，何らかの変動をもたらす原因があることになる（平衡頻度であるか否かの検定については，根井：分子進化遺伝学参照）．

ここで，図 10.1 に示したように，前世代の接合体からできた配偶子の遺伝子型の頻度が与えられると，それらの無作為の交雑（random mating）による組合せで，当世代の接合体の集団が得られる．この接合体集団において選抜などが働いて，成熟まで生存した個体が次世代の配偶子の集団を生ずる．もしこれらの配偶子の間で選抜が働かず，また接合体の世代で選抜や突然変異などがないとすると，これから生ずる配偶体の遺伝子型の頻度は前世代と変わらないことは当然といえる．実際にアイソザイム遺伝子などを標識として，在来の他殖性の品種の集団をみると，多くの座位で遺伝型の頻度が平衡していることがみられる（図 10.2，表 10.3 後出）．

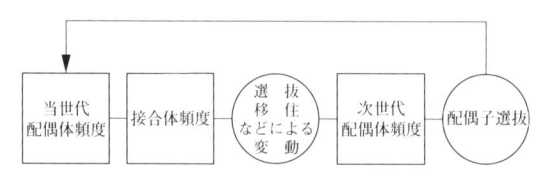

図 10.1 ハーディ　ワインバーグ平衡の説明
接合体頻度の変動や配偶子淘汰がなければ，対立遺伝子頻度の変動がなく遺伝子型頻度の平衡が成り立つ．

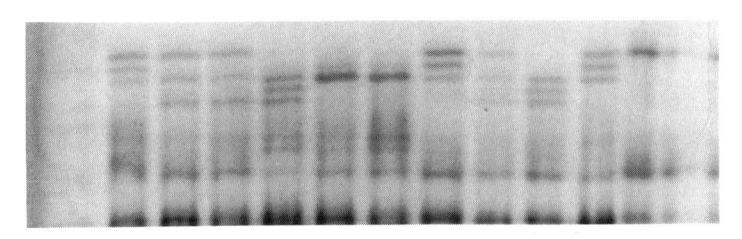

図10.2　在来種「水菜」の集団のアイソザイム多型
酸性フォスファターゼ・アイソザイムの4遺伝子座における対立遺伝子．最上端の1本あるいは3本のバンドは，同一座の対立遺伝子で1本はホモ型，3本のは上下の対立遺伝子のヘテロ型である（二量体）．三つの複対立遺伝子が分離している．その下のゾーンには単量体のヘテロとホモの分離があり，次のゾーンには多型性がない．その下にも単量体のホモ対ヘテロの分離が認められる．

10.2　他殖性の集団における選抜・淘汰

集団における変異遺伝子の保存あるいは有害遺伝子の淘汰の問題を取り上げるには，次に検討するような理論的モデルが使われる．

10.2.1　一般的モデル

遺伝子型	A/A	A/a	a/a	平均
頻度	p^2	$2pq$	q^2	
相対適応度	1	$1-hs$	$1-s$	
頻度×相対適応度	p^2	$2pq(1-hs)$	$q^2(1-s)$	W

ここで相対適応度は，特定の遺伝子型の個体が個体当たりで次代に残す子供の平均数の相対的な値であり，1あるいは$1-s$などと表す．hはヘテロ型の適応度への効果を表す．またWは平均適応度である．したがって，

$$W = p^2 + 2pq(1-hs) + q^2(1-s) = 1 - sq(q+2ph) \tag{10.1}$$

このとき次代におけるA遺伝子の割合p'は，$p+q=1$であるから次のように計算される．

$$p' = \{p^2 + pq(1-hs)\}/W = p(1-qhs)/W \tag{10.2}$$

これによって遺伝子頻度を世代を追って計算できる．

10.2.2 特定遺伝子型の淘汰

以上のような一般的な扱いとは別に,ある種の遺伝子型の淘汰の場合には,簡単な解が得られる.まず,優性遺伝子に対する淘汰を考えてみると,優性の劣悪形質は簡単に除去されるだろう.

完全劣性の有害遺伝子を a として,これの淘汰の効果を考えるときは,上のモデルで,$s=1$ および $h=0$ として,次のように a の頻度を計算する.

$p^2AA+2pqAa+q^2aa$ の集団で,aa 個体を除くと,次世代には二つのヘテロ接合個体の交雑をしたときだけ aa 個体がでて,その割合はヘテロ接合体の交雑率の $1/4$ となる.したがってまず,aa を除いた後のヘテロ接合体の頻度は,$p+q=1$ を考慮して,

$$2pq/(p^2+2pq)=2pq/p(p+2q)=2q/(1+q)$$

次の世代で劣性ホモの個体は,ヘテロ個体どうしの交雑によってできる後代の頻度の $1/4$ の確率で出現する.

$$(1/4)\times\{2q/(1+q)\}^2=\{q/(1+q)\}^2$$

したがって q_0 を初期頻度(第 0 世代)とすれば,一世代 aa を除いた後の劣性ホモの頻度 q_1 は,

$$q_1{}^2=\{q_0/(1+q_0)\}^2$$

第二世代では,

$$q_2{}^2=\{q_1/(1+q_1)\}^2=\{q_0/(1+2q_0)\}^2$$

第 n 世代での a の頻度,q_n は次式で与えられる.

$$q_n=\{q_0/(1+nq_0)\} \tag{10.3}$$

この結果から考えて,q_0 が小さいときには,劣性有害遺伝子の頻度の減少率は小さく,それを完全に除くことは困難であろう.初期頻度 q_0 と世代の経過による劣性有害遺伝子の頻度の変化は,図10.4に示されている.

10.3 突然変異遺伝子の集団における淘汰と保存

集団の中では突然変異によって絶えず有害な変異が発生していると考えられる.そのような遺伝子の動態について検討してみよう.

10.3.1 突然変異の発生と淘汰による除去との関係

A から a への突然変異が m という割合で起こるとしよう．このときは前記の A の頻度，P' は $(1-m)$ だけ減るので，(10.2)の結果を利用して，
$$P' = \{P(1-qhs)/W\} \cdot (1-m) \qquad (10.4)$$

完全優性の場合は $h=0$ となるから，前節の(10.1)と(10.4)の式に $h=0$ とおいて，それぞれ，
$W = 1 - sq^2$ および $P' = P(1-m)/W$ の関係が得られる．

突然変異による遺伝子の出現と淘汰による減少が釣り合えば，$P = P'$ となるから，$P' = P(1-m)/W$ の式から $W = (1-m)$ が得られ，これと，$W = 1 - sq^2$ から，
$$1 - m = 1 - sq^2$$
これを整理して，
$$q^2 = m/s \qquad (10.5)$$

すなわち，劣性ホモの頻度は突然変異率(m)と突然変異ホモ接合体の不利な度合(s)の比となる．前項で述べたように，劣性の有害遺伝子は，ある頻度以下では簡単に淘汰されない．一方ここで述べたように，突然変異によって新たに生じた劣性の有害遺伝子の頻度は，それの淘汰による除去と平衡していると考えられる．実際の植物集団にも致死性あるいは半致死性の突然変異が保存されているものと推察される．

大西近江の永年の研究のまとめによれば[10-2]，世界各地のソバの集団内の有害な遺伝子の座位の数と各座の有害対立遺伝子の頻度は次の通りであった．アルビノについては座位は3.5で頻度0.001，黄化については座位は10で頻度は0.0035，黄白色については座位は26で頻度は0.0019，黄緑については座位59で頻度は0.0013，斑入りについては座位7.5で頻度は0.0032であった．これらの遺伝子の効果により，兄妹系統間の交雑(sib-lines交雑)において，合計で10-20％程度の異常個体が発現した．これらの有害遺伝子は突然変異と選抜のバランスにより保存されていると結論された(致死遺伝子の頻度とその遺伝子座数の計算については補注4)．

10.3.2 有害遺伝子の保存と遺伝的荷重(genetic load)

先にも述べた通り,適応度は特定の遺伝子型をもつ個体が,個体当たりで次代に残す子供の平均数であり,1あるいは$1-s$と表す.遺伝的荷重Lは,集団の最適な適応度,W_{opt}に比べ,与えられた集団の平均適応度(W_{mean})が,比率でどれだけ低下しているかを表した値である.すなわち,

$$L=(W_{opt}-W_{mean})/W_{opt} \tag{10.6}$$

たとえば,ある一つの遺伝子座の+からrへの突然変異率をmとする.そして,$+/r$の適応度を$1-h$(hは致死遺伝子をヘテロでもつ個体の淘汰される率),rの平衡頻度をqとすると,

$$m(突然変異による増加) = qh(淘汰によるマイナス). \tag{10.7}$$

という関係が成り立つ.ここでr/rは極低頻度であり除外してよい.

この突然変異による集団の適応度の変化は,次のモデルで表される.

遺伝子型	$+/+$	$+/r$	r/r
頻度	$(1-q)^2$	$2q(1-q)$	q^2
適応度	1	$1-h$	近似的に0

したがって,平均の適応度(W_{mean})は,

$$W_{mean}=1\times(1-q)^2+(1-h)2q(1-q)=1-2hq.$$

また,(10.7)から$m=qh$,および$W_{opt}=1$であるから,これらの値を(10.6)に代入して,

$$L=2m \tag{10.8}$$

この結果から,一座の劣性致死遺伝子による遺伝的荷重,すなわち集団の遺伝的適応度の減少は配偶子当たりの突然変異率の二倍に等しい.あるいは二倍体の個体当たりの突然変異率に等しいといえる.

大西近江(Ohnishi, 1988)のソバについての研究から推察されるように,栽培植物の集団でも多くの座位で致死性あるいは半有害の突然変異が保存されていると考えられる.すなわち,栽培植物の集団でも最高の適応度からみれば,現実の集団の適応度は低い水準にあると推察される.このことが,雑種強勢現象や自家受精(自殖)をしたときにみられる自家弱勢現象の背景に

あると考えられる.

10.4 他殖性植物の集団における連鎖および選抜の問題

前項ではある一つの遺伝子座における選抜の効果を考えた.実際にはある遺伝子座の選抜は,それと連鎖している遺伝子の頻度にも影響する.また他殖性の集団で標識形質による選抜が可能かどうかは,連鎖に関係する問題といえる.以下では二つの連鎖している遺伝子型の頻度について,選抜のない場合とある場合を検討する.

10.4.1 遺伝子型の平衡に対する連鎖の影響

ここでは,A-a の対立遺伝子をもつ遺伝子座と M-m の対立遺伝子をもつ遺伝子座を考える.したがって,配偶体の遺伝子型は,AM, Am, aM および am の4通りを考える.それぞれの初めの頻度を,o, p, q および r であるとし,A-a 座と M-m 座の組換え価を c とする.これらの配偶子から一度接合体が形成され,それらがまた同じ4通りの配偶体を生ずる.それら次世代の配偶子の頻度を o', p', q' および r' とする.

始めの4種類の配偶体の無作為の受精から接合体の頻度は次の式の展開で与えられる.

$$\{(o)AM + (p)Am + (q)aM + (r)am\}^2$$

この展開式から導かれる10種類の接合体の遺伝子型とその頻度は表10.1にまとめられる.また各接合体から生ずる配偶子の遺伝子型とその頻度は,同表の右側に示した.このとき,ホモ接合体からは,当然1種類の配偶子が,一重ヘテロ接合体からは2種類の配偶体ができる.たとえば,接合体,aM/am の頻度は $2qr$ であり,qr の頻度で aM と am の配偶体を生ずる.二重ヘテロの Am/aM および AM/am の接合体は,それぞれ4種類の配偶体を生ずるが,その頻度は連鎖の強度によって変動する.

表10.1の結果から,次世代の4種類の配偶子の遺伝子型の頻度として,

表10.1 前代の配偶子頻度による次代の配偶子頻度の計算

接合体の種類	接合体頻度	次 世 代	
		配偶子の種類	配偶子の頻度
連鎖に関係ない接合体グループ			
AM/AM	o^2	AM	o^2
Am/Am	p^2	Am	p^2
aM/aM	q^2	aM	q^2
am/am	r^2	am	r^2
aM/am	$2qr$	$aM, am,$	qr
AM/Am	$2op$	$AM, Am,$	op
Am/am	$2pr$	$Am, am,$	or
AM/aM	$2oq$	$AM, aM,$	oq
二重ヘテロで配偶子頻度に連鎖が関係する接合体			
Am/aM	$2pq$	Am	$pq(1-c)$
		aM	$pq(1-c)$
		am	pqc
		AM	pqc
AM/am	$2or$	AM	$or(1-c)$
		am	$or(1-c)$
		aM	orc
		Am	orc

$(o+p+q+r)=1$ であることを利用して，次の式を得る．

$o'=o+c(pq-or)$

$p'=p-c(pq-or)$

$q'=q-c(pq-or)$

$r'=r+c(pq-or)$

ここで，$pq-or=D$ とおくと，

$o'=o+cD,\ p'=p-cD,\ q'=q-cD,\ r'=r+cD$

さらに次の世代の $p'q'-o'r'$ の値を計算すると，

$p'q'-o'r'=(p-cD)(q-cD)-(o+cD)(r+cD)$

$\qquad =(pq-or)-(o+p+q+r)cD=D(1-c)$

したがって，その次の世代の配偶子の遺伝子型の頻度，p'', q'', o'' および

r'' の頻度は，D の代わりに $D(1-c)$ を代入して得られる．さらに
$$p''q''-o''r''=D(1-c)^2$$
したがって，初期世代の D を D_0 とし，n 世代後のそれを D_n とすると，
$$D_n=(1-c)^n D_0$$
ここで，$(1-c)<1$ であるから，D_n は 0 に接近する．したがって，先に述べた 4 通りの配偶子の遺伝子型の頻度は，次第に平衡頻度，すなわち連鎖平衡に達する．連鎖が密接であると平衡に達するのが遅くなる．

次に連鎖平衡の一例を取り挙げてみよう．AM, Am, aM および am の初期頻度を，0.55, 0.05, 0.25 および 0.15 とする．したがって各座の対立遺伝子の頻度は，次のようにまとめられる．
$$M:m=0.8:0.2 \text{ および } A:a=0.6:0.4$$
この M と A の 2 座が独立の場合に，これらの配偶子の遺伝子型，たとえば AM の頻度は，A の頻度と M の頻度の積から $0.8 \times 0.6=0.48$ となる．一般には，$(0.8M+0.2m)(0.6A+0.4a)$ の展開から，AM, Am, aM および am の頻度は，0.48, 0.32, 0.12 および 0.08 となる．

これらの 2 座に組換え価 0.3 と 0.1 の連鎖があるとし，与えられた初期頻度で，各配偶子の遺伝子型の頻度を計算した結果が，図 10.3 に示される．

この例では組換え価が 0.3 のときは約 10 世代で独立の場合と同じ平衡頻度に達するが，$c=0.1$ のときには，平衡に達するのに約 20 世代を要する．

10.4.2 接合体の遺伝子型の淘汰とそれに連鎖する遺伝子の頻度

次にある形質について選抜したとき，それに連鎖している標識遺伝子の頻度がどのように変化するかを検討してみよう．

このモデルは，適応性の遺伝子に対する選抜がそれと連鎖する中立的遺伝子の頻度に影響する場合などに適用される．適応形質に関係する遺伝子 A, a の遺伝子座と，これに組換え価 c で連鎖する中立的な標識遺伝子 M-m の遺伝子座があって，AM, Am, aM, am の配偶子の頻度が，それぞれ，o, p, q, r で与えられるとしよう．A を適応性の遺伝子，a を劣性の有害遺伝子と考えてよい．aa の遺伝子型をもつ接合体が淘汰されるとき，これと連鎖して

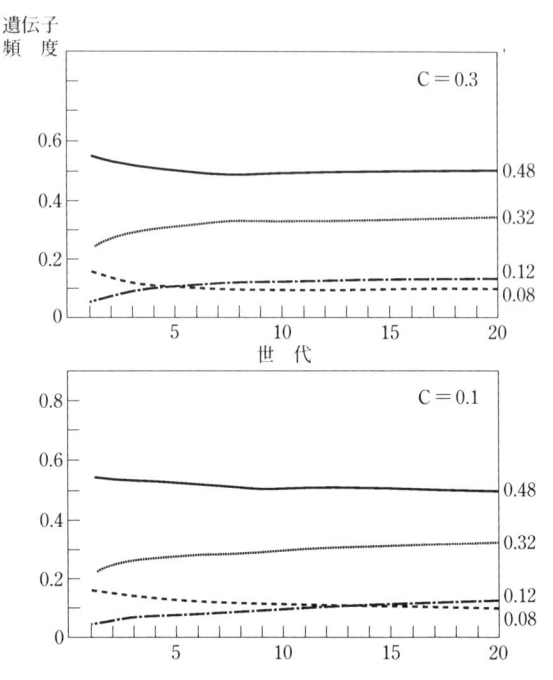

図 10.3 遺伝子型の平衡に対する連鎖の影響

AM, Am, aM および am の初期頻度を，0.55, 0.05, 0.25 および 0.15 とする．したがって各座の対立遺伝子の頻度として，次の頻度が得られる．

$M:m=0.8:0.2$ および $A:a=0.6:0.4$

これらの 2 座に組換え価 0.3 と 0.1 の連鎖があるとして，与えられた初期頻度で，各配偶子の頻度を計算した．

いる中立的標識遺伝子の挙動が問題となる．

　これらの配偶子から無作為に接合体が形成され，接合体の頻度は選抜によって変化を受けた後，それらから形成される各配偶体の遺伝子型の頻度が，o', p', q', r' になるとする．前項と同様に，始めの配偶子頻度から次世代の配偶子頻度を計算する表を表 10.2 にまとめる．

　10.2.1 で述べたように，Aa の接合体は $(1-hs)$，aa の接合体は $(1-s)$ の割合で淘汰されるとしよう．表 10.2 において，接合体の遺伝子型が aa であるものは，$(1-s)$ だけ，Aa であるものは，$(1-hs)$ だけ，それぞれの頻度

10.4 他殖性植物の集団における連鎖および選抜の問題

表10.2 特定遺伝子型の淘汰の連鎖する遺伝子の頻度への効果

接合体の種類	接合体頻度	次世代	
		配偶子の種類	配偶子の頻度
	連鎖に関係ない接合体グループ		
AM/AM	o^2	AM	o^2
Am/Am	p^2	Am	p^2
aM/aM	$q^2(1-s)$	aM	$q^2(1-s)$
am/am	$r^2(1-s)$	am	$r^2(1-s)$
aM/am	$2qr(1-s)$	aM, am	$qr(1-s)$
AM/Am	$2op$	AM, Am	op
Am/am	$2pr(1-hs)$	Am, am	$pr(1-hs)$
AM/aM	$2oq(1-hs)$	AM, aM	$oq(1-hs)$
	二重ヘテロで配偶子頻度に連鎖が関係する接合体		
Am/aM	$2pq(1-hs)$	Am	$pq(1-hs)(1-c)$
		aM	$pq(1-hs)(1-c)$
		am	$pq(1-hs)c$
		AM	$pq(1-hs)c$
AM/am	$2or(1-hs)$	AM	$or(1-hs)(1-c)$
		am	$or(1-hs)(1-c)$
		aM	$or(1-hs)c$
		Am	$or(1-hs)c$

が減少する．二重ヘテロ接合体の頻度も$(1-hs)$だけ減少し，またそれから形成される配偶子の頻度は，連鎖の強度によっても変動する．表10.2の結果を整理して，次世代の配偶子頻度は次のようにまとめられる．この場合選抜によって，各遺伝子型の相対頻度の合計は1とならないので，各世代で相対頻度の補正が必要である．

$$o'=o-c(or-pq)(1-hs)-(hs)o(q+r)$$
$$p'=p+c(or-pq)(1-hs)-(hs)p(q+r)$$
$$q'=q+c(or-pq)(1-hs)-(q+r)sq-(hs)q(o+p)$$
$$r'=r-c(or-pq)(1-hs)-(q+r)sr-(hs)r(o+p)$$

以上の結果を，数値計算でグラフにまとめてみると，図10.4のようになる．この結果から，先に述べたように，劣性有害遺伝子の頻度は，世代が経

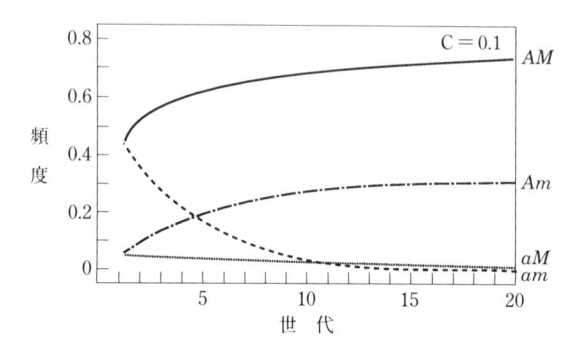

図10.4 遺伝子型 aa の淘汰とこれと連鎖する標識 m の頻度
AM, Am, aM および am の初期頻度を，0.45, 0.05, 0.05 および 0.45 とする．2座の組換え価を 0.1, $h = 0.01$, 遺伝子型 aa の淘汰率 $s = 0.8$.
劣性遺伝子は世代が経過しても容易には除去されない．当然連鎖が強いほど，正常遺伝子 A と連鎖している標識遺伝子 M の頻度は高くなる．しかしもともと a と連鎖していた遺伝子も連鎖強度に応じてある程度の頻度で残存する．

過しても容易に除去されないことが示されている．正常遺伝子 A と連鎖している標識遺伝子 M の頻度は，連鎖が強いほど高くなる．しかし，もともと a と連鎖していた遺伝子も連鎖強度に応じてある程度の頻度で残存する．

他殖性植物の集団で，永年にわたって選抜の効果が持続する場合が知られている．たとえばトウモロコシの油脂含有量について24世代選抜を続けた記録がある[10-3]（19.4参照）．遺伝子組換えが持続して，新しい遺伝子の組合せができれば，選抜の効果が現れると考えられる．自殖性の集団であれば，遺伝子の組換えは初期世代で終わるから，選抜に対する反応も，F_5 から後になればあまり期待できない．

10.5 自殖の効果と近交係数

今までの検討では完全な任意交雑の場合を考えてきたが，実際には任意交雑が行われない場合もある．その場合には近交係数の概念が有効である．

10.5.1 定義と意味

自殖あるいは近交（inbreeding）によってホモ接合体が増加することは，

12.1で詳しく述べる．一般の集団において近親交雑の程度を表すには，近交係数 (coefficient of inbreeding) F が使われる．F は一つの個体の一つの遺伝子座の遺伝子が共通の祖先の同一遺伝子に由来する確率である．対立遺伝子 A と a の頻度をそれぞれ p, q とする．結合する二つの配偶子が同一の先祖をもつ確率は定義により F である．A か a のどちらかでホモ接合となる確率は F である．したがって，pF の確率で A/A となり，qF の確率で a/a となる．$1-F$ はその個体のその座の遺伝子が，共通の祖先に由来しない確率である．この場合は任意交雑のときと同じく，A/A の確率は p^2 で，a/a の確率は q^2 となる．したがって遺伝子型の頻度は次のようにまとめられる．

遺伝子型	頻度
A/A	$p^2(1-F)+pF=p^2+pF(1-p)=p^2+pqF$
A/a	$2pq(1-F)=2pq(1-F)$
a/a	$q^2(1-F)+qF=q^2+qF(1-q)=q^2+pqF$

$F=0$ のときは任意交雑の場合の式となる．近交の場合にヘテロ接合体の頻度は $2pq$ から $2pq(1-F)$ となる．すなわち F だけ減少する．(F の有意性の検定については，根井：分子進化遺伝学第7章を参照).

10.5.2 近交係数の計算法

近交係数は，図10.5に示したような系図から計算できる．系図の A で，Z は兄妹交雑の子である．この兄妹交雑は共通の先祖 V, W をもっている．V に注目すると，X と Y が同じ遺伝子を受け継ぐ確率は $1/2$ である．仮に V が $A^1 A^2$ であると，X と Y が同時に A^1 をもつ確率は $1/4$, 同時に A^2 をもつ確率も $1/4$ であると考えて，この二つの場合の合計が $1/2$ であると考えてもよい．同じ遺伝子をもたない確率は $1/2$ である．しかし，V がそれ自身近交係数 F_V をもつならば，X と Y が同じ遺伝子をもつ確率はそれだけ高まる．それは $1/2 \cdot F_V$ である．したがって全体として X と Y が同じ遺伝子をもつ確率は $1/2+1/2 \cdot F_V$ である．

つぎに，X と Y が V から同じ遺伝子を得たとしても，X がこれを Z に引き継ぐ確率は $1/2$ であり（Z は X からただ一つの対立遺伝子を受け取るから），

第10章 栽培植物の育種と集団遺伝学

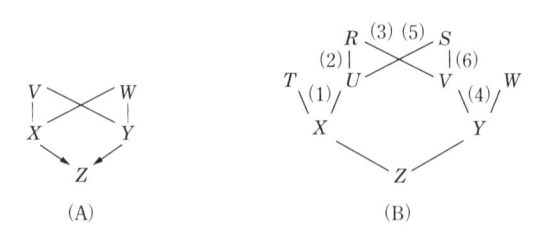

```
           R (3)(5) S
        (2)|  ×   |(6)
    V   W    T  \(1)/ U  V  \(4)/ W
     × 
    X   Y              X           Y
     \ /                \         /
      Z                      Z

    (A)                    (B)
```

図 10.5 系図により近交係数を求める方法

Y がそうする確率も $1/2$ である．したがって，Z が V から X あるいは Y を通じて，同じ対立遺伝子を引き継ぐ確率は，$\{1/2 + 1/2 \cdot Fv\} \times 1/2 \cdot 1/2$ である．同じように Z が W から同じ対立遺伝子を受け継ぐ確率は，$\{1/2 + 1/2 \cdot Fw\} \times 1/2 \cdot 1/2$.

この図式で大切なことは Z の近交係数は二つの共通先祖 V と W の近交係数によって決まることである．もし，Fv と Fw がともに 0 であるならば，Z の近交係数は，$1/8 + 1/8 = 1/4 = Fz$ である．したがって，一つの個体が一つの，両親に共通の先祖から，近交要因，$1/2(1+F)$ を受け取るならば，この経路からの近交係数は $(1/2)^n \cdot 1/2 \cdot (1+F_A)$ である．n は両親から共通先祖へ至る段階の数であり，F_A は共通先祖の近交係数である．このように経路別に計算した確率を加算する．各経路に由来する同祖確率が相互排除的であるから，これらの確率を合計して，同祖確率を求める．

系図の B にみるように，いとこ同士の結婚の場合には，兄妹交雑に比べて共通親に到るまでにもう一対の段階がある．この共通先祖は，近交されたものではないと仮定する．ここでの近交係数は，経路 1-2-3-4 と 1-5-6-4 であるから，$(1/2)^4 (1/2) + (1/2)^4 (1/2) = 1/16$ である．

10.5.3 小集団と近交係数

a. 集団の縮少による対立遺伝子の喪失

小集団内では，たとえ任意交雑が行われても，その中の個体は互いに近縁になり，近交と同じような効果がでると予想される．以下において，ある世代 (t) での近交係数を計算する．

10.5 自殖の効果と近交係数

N 個体の二倍体の遺伝子プールで,すべての $2N$ 個の遺伝子に番号をつけたと考える.いま A という遺伝子をもつ個体を考えると,これが,

A という任意の遺伝子をもう一度引き出す確率は　　　$1/(2N)$

別の遺伝子を引き出す確率は,　　　　　　　　　　　$1-1/(2N)$

しかしこの別の遺伝子が実は共通の祖先から由来した確率は親世代の近交係数に等しい.

したがって,t 世代の近交係数(共通の祖先の同一遺伝子をもつ確率)Ft は,

$Ft = 1/(2N) + \{1 - 1/(2N)\} F_{t-1}$

変形して,

$1 - Ft = \{1 - 1/(2N)\}(1 - F_{t-1})$

前項で述べたように,$1-F$ はヘテロ接合の割合に比例する.ヘテロ接合の頻度を H と表すと,

$Ht = \{1 - 1/(2N)\} H_{t-1}$

すなわち,ヘテロ接合の割合は毎世代 $\{1 - 1/(2N)\}$ の割合で減少する.この関係は,図 10.6 に示してある.

b. 遺伝的浮動

選抜あるいは淘汰を問題にするときは,生殖に参加する個体はその有利性をもつものと考えた.しかし,一つの世代から次の世代へと遺伝子が伝えられることは,生殖に参加する個体が,母集団から標本を抽出して調査するときと同じように,機会的に選ばれる場面でもある.A および a という対立遺伝子の頻度を考えると,二倍体の個体数が N のとき,全部では $2N$ 個の遺伝子があることになる.それぞれの頻度を p および q とすると,2項分布から,A の平均頻度は $2Np$,標準偏差は $\sqrt{p(1-p)/2N}$ である.

一例として,$p = 0.5$ として,$N = 5$ の場合をみよう.標準偏差の値は 0.025 の平方根である 0.158 となる.A の頻度は,68% の確率で,0.5 ± 0.158 となり,0.34 から 0.66 の範囲にはいる.しかし,10% の確率で,その頻度は,0.235 から 0.765 の範囲を外れる.(正規分布の 90% の範囲は,標準偏差×1.64 であるから,$0.158 \times 1.64 = 0.265$).$A$ の対立遺伝子を 23.5

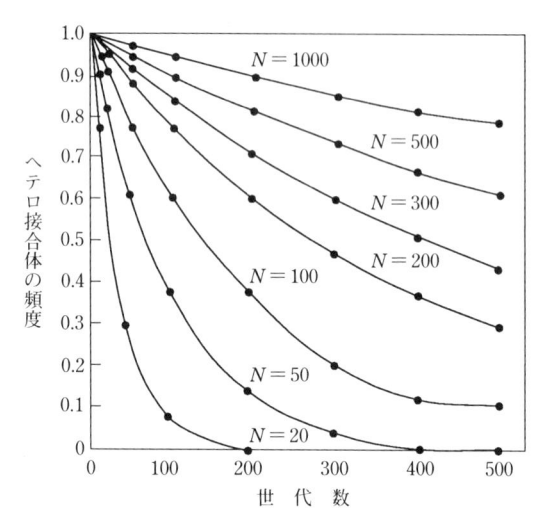

図 10.6　集団の大きさ（N）とヘテロ接合体の割合

％の頻度で保有する集団から，再び 5 個体を選べば，A の頻度は 0.235 の回りに標準偏差 ±0.134 で分布する．したがって問題とする遺伝子が選ばれない確率は高い．このようにして小集団では偶然的な遺伝子頻度の変動により，対立遺伝子が失われる．集団から一度失われた対立遺伝子は，回復されないから，特定の方向に選抜を受けないでも小集団はもとの集団とは変化することになる．これを遺伝的浮動（genetic random drift）という．

c. 生殖の仕方（breeding system）と遺伝的多様性

1970 年代から栽培植物でも，アイソザイム遺伝子の多型性などが調査されるようになった．たとえば，在来ネギでもアイソザイム多型性が観察されている（表 10.3）．他殖性植物の選抜において，接合体あるいは配偶子レベルで，特定の遺伝子型が淘汰されても，それと連鎖している中立的な標識遺伝子は保存される傾向が強い．他殖性の植物集団は，自殖性の品種に比べるなら，遺伝的多様性の保存庫といえる状態である．外国から導入されたイタリアン・ライグラスやオーチャードグラスなどの飼料作物の集団が，選抜に対し反応する変異を包含し，また各地で生態型を分化してくる現象も，もと

表 10.3 ネギの在来種におけるアイソザイム遺伝子の頻度

遺伝子型頻度

群	品種	ACP-1			ACP-3						Got-1			Got-2			Lap-1		
		aa	ab	bb	aa	ab	ac	bb	bc	cc	aa	ab	bb	aa	ab	bb	aa	ab	bb
九条	九条京都	4	16	10				30	0	0	1	0	29	0	12	18	3	7	20
	観音葱	6	24	46				73	2	1*	4	7	51*	4	8	64*	23	32	21
	東京晩葱	0	4	44				47	1	0	0	2	21	1	13	34	14	14	14
千住	岩城一本太	4	20	32				46	9	1	0	4	32	0	3	53	0	9	20
	立石	8	26	77				93	13	1	1	3	59*	3	33	75	2	4	105*
	千住赤	12	27	35				50	0	0	6	11	19	0	1	73	3	16	53
加賀	加賀	18	16	10				37	6	1	0	0	11	0	0	44	0	0	44
	下仁田/A	44	21	5				61	7	2*	0	0	70	0	0	70	0	7	61
	下仁田/B	6	10	4				11	5	4	2	5	13	0	0	20	0	0	50
中国		22	46	59	2	5	7	35	24	17*	7	17	12	2	2	3	3	16	72
韓国		3	20	21	1	1	1	28	10	3*	—	—	—	0	0	1	1	8	35

アイソザイムの頻度が多くの遺伝子座位でハーディ・ワインバーグ平衡の状態にあることが分かる. 不平衡の座位は * で示した. 加賀系のネギでは,対立遺伝子の一方が失われている例が多い. 中国および韓国の品種では,対立遺伝子が保存され, ACP-3 の座位では複対立遺伝子がみられた (文献 10-1 による).

の集団の遺伝的多様性のためであろう[10-4,5]．

　他殖性植物の採種において，種子増殖の規模を小さくすると遺伝的多様性が失われる可能性がある．実際にネギの在来種では，種々の遺伝子座で小集団化によるとみられる対立遺伝子の消失がみられた（表10.3）．

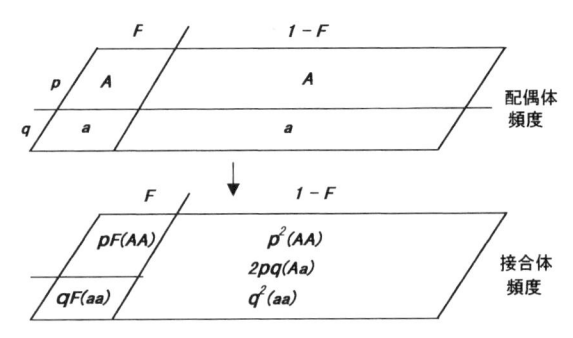

図10.7　近交係数 F と遺伝子型の頻度（p.109）の補足説明
近交係数 F の部分では，共通の祖先からの遺伝子をもつから，そのホモ接合型のみができる．それ以外 $(1-F)$ の部分では，任意の交雑が行われる．

第11章 栽培植物の起源と育種

作物はもともと遺伝的多様性を含む個体群として栽培されてきた．その中から次第に「品種」と呼ばれる特定の個体群が区別して栽培されるようになり，やがて優秀な品種を栽培することの利益が認められるようになった．育種の歴史と役割を，種々の角度から検討してみよう．

11.1 作物の起源と伝播

11.1.1 植物分類学と作物の品種

植物分類学では，生物学的な類縁関係をたどり，科（family）がわけられ，その下に，基本的単位として属（genus）および種（species）がある．他方，栽培植物は，食用あるいは飼料といった用途により，あるいはイモ類とか穀類といった利用部分によって分類され，その区分は植物学的分類とほとんど関係がない．しかし栽培植物の基本的単位である作物名は一般的には植物学上の種と対応している．種は，形態学的な類似性を示すとともに，内部の成員間で交雑可能である群を指している．人為的な選抜の結果として形態的には大きな差異を含むとしても，相互に交雑可能な栽培植物群は一つの作物名で呼ばれている．たとえば，日本在来の漬菜および中国から導入された白菜は，それぞれ *Brassica japonica* と *B. pekinensis* と別種にわけられた．しかし両者のゲノムが同じであり，交雑可能であることから，両者は *Brassica campestris* に統一され，もとの種名は変種として残った．

種より下の区分として，亜種（subspecies）あるいは変種（variety）の単位がある．作物の一つの種のなかにも，亜種あるいは変種に相当する区分がある．しかしその区分は，作物の種類や分類の立場によって一定しない．19世紀後半から今世紀にかけて，種内の一，二の形質の差ごとに変種名をつけることが流行し，多数の変種が記載された．後述するバビロフもこれに従っていた．また，栄養繁殖によって増殖される園芸種では，たとえばカンキツの

場合のように，栄養系に対して多数の種や変種が記載される場合がある．

しかし，「細分主義」が過ぎると，実際的には不便である．一つの作物の内部を，品種群に区別する場合には，便宜的かつ実用的基準に従わざるを得ない．作物はしばしば栽培型により分類されている．インド亜大陸のベンガル（Bengal）地方では，イネを栽培類型にしたがって，冬イネ（Boro），夏イネ（Aus）および秋イネ（Aman）と呼んでいる．コムギを秋播コムギと春播コムギにわけるのも同様の例である．

栽培の際の単位である品種名（cultivar）は，便宜的に特徴をとらえて命名されてきた．現在は種苗法により，既存の品種との識別性が基準とされ，また商標登録上の基準に従って，命名・登録される．この他，新品種の要件として均一性および安定性がある（第21章）．

11.1.2 栽培植物の起源とその研究

農業は約一万年前に，近東，南米，ニューギニアおよび東南アジアなどで，独立に始まったものと考えられている．それぞれの原始的な農耕圏では，固有の栽培植物が形成されてきた．栽培植物は，栽培に好ましい形質のみを人間が意識的に選抜したために，形成されたと思いがちであるが，実際には，栽植するという行為を長い間継続したため，無意識的な選抜の結果，野生型と区別されるようになったと考えられる[11-1]（表11.3）．

20世紀に入って栽培植物の調査・導入は，学術的な事業となった．その中でも特筆すべきは，バビロフ（V.I. Vavilov, 1887-1943）による世界的な規模での栽培植物の調査である．1916年以来数次にわたる大規模な探索活動の結果，バビロフは，1926年以降，栽培植物の発祥中心地に関する体系的な学説を提唱した．彼は，栽培植物を収集・調査する過程で，各栽培植物には，多様性の中心があることを認めた．さらに，多様性の中心はいずれも古い文明の起源地と重なっていることを指摘した．すなわち古い文明の発祥の地域にはその文明を支える一群の栽培植物が形成された．そこでは，人間による保護のもとで，長期にわたり，多様な突然変異が保存される．また栽培植物の起源地では，近縁の野生植物が共存していて，近縁野生種との交雑による

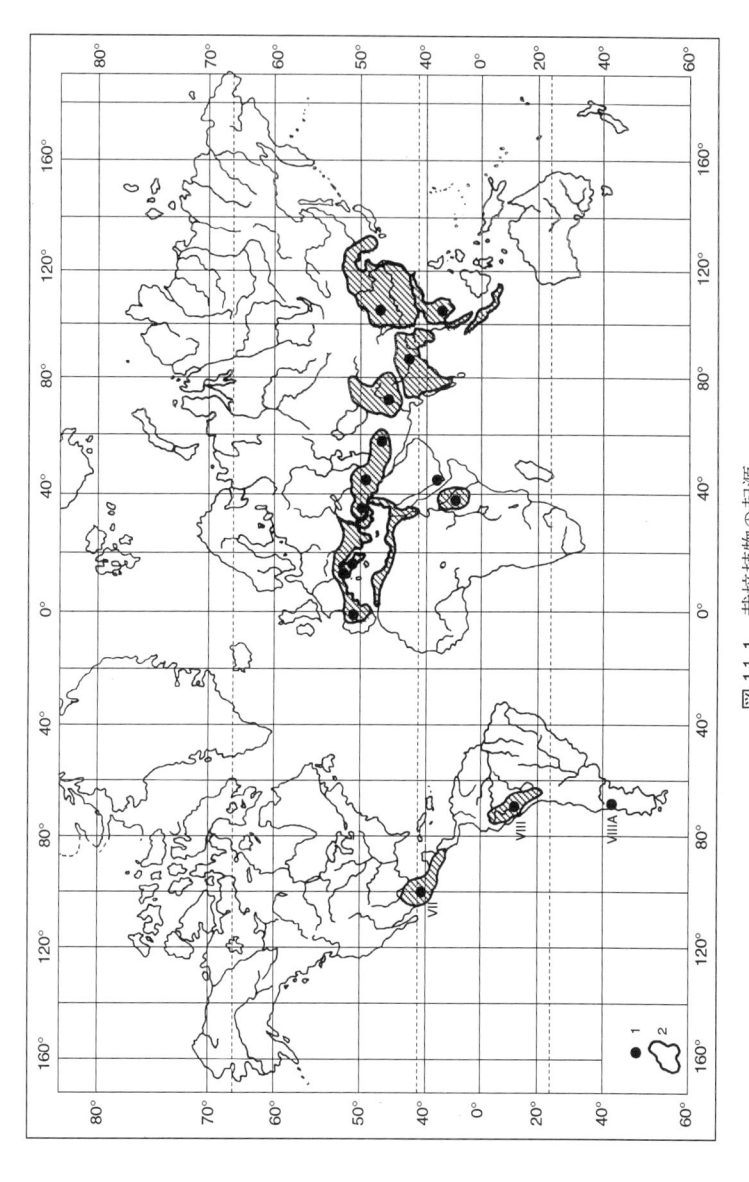

図 11.1 栽培植物の起源
黒点は主要作物の起源地を，斜線はその起源地域を示す（文献 11-2）．

第11章 栽培植物の起源と育種

遺伝子の交換が，栽培植物の遺伝的多様性を最大に維持してきた．起源地から離れるに従い，栽培植物はその多様性を維持したままでは伝播されず，次第に変異の幅を失う．バビロフは，多様性の最大の地域を見出す方法を「植物地理学的微分」と称した[11-2]．

今日全世界に分布している栽培植物も，古代文明の中心である限られた地域に起源している．このような考え方から，バビロフは，栽培植物の「8大中心地」を推定し，各中心地で栽培化された植物の種類を決定した．バビロフによる8大中心地と，それぞれの代表的作物は，図11.1および表11.1に示した．ただし，この資料には，オイルパーム，ゴマあるいはウリ類などの起源地である西アフリカが欠落している．

バビロフのあと，彼の構想を継承して多くの研究が続けられた．1930年代から，細胞遺伝学が進歩し，多くの植物において基本ゲノムとそれらの異

表11.1 栽培植物の各起源地の代表的作物

	地域	栽培植物
I	中国	ソバ，ダイズ，アズキ，ハクサイ，モモ
II	インド	イネ，ナス，キュウリ，ゴマ，サトイモ，
II-I	インド—マレー	バナナ，サトウキビ，ココヤシ，パンノキ
III	中央アジア	ソラマメ，タマネギ，ホウレンソウ，ダイコン，西洋ナシ，リンゴ，ブドウ
IV	近東	パンコムギ，マカロニコムギ，オオムギ，エンバク，ニンジン
V	地中海地域	エンドウ，ヒヨコマメ，キャベツ，レタス，サトウダイコン，アスパラガス，アマ，オリーブ
VI	アビシニア	テフ，モロコシ，オクラ，コーヒー
VII	南部メキシコ 中米	トウモロコシ，インゲンマメ，ニッポンカボチャ，サツマイモ，シシトウガラシ
VIII	南米 (ペルー，エクアドル，ボリビア)	ジャガイモ，ワタ，タバコ，洋種カボチャ，トウガラシ，トマト，リマ豆，アマランサス，ラッカセイ
VIII a	チリー	イチゴ，ジャガイモ($2n = 48$)
VIII b	ブラジル，パラグアイ	パインアップル，パッションフルーツ

(文献11-1, 2)
その後の研究で改訂すべき点もそのまま掲載した．
たとえば，西アフリカ原産のオイル・パームやウリ類が入っていない．

質倍数体が明らかにされた．異質倍数体は，基本種の分布の重なる地域に起源すると考えられる．こうしてパンコムギや洋種ナタネ（*Brassica napus*）などの重要な作物の起源地が確実に推定された．1970年代から，アイソザイムなどの標識遺伝子の研究が発展した．そして，適応的利点や利用価値とは関係のない形質について，栽培種の遺伝的多様性の知識が集積された．

11.1.3 栽培植物の伝播・導入

栽培植物の導入は，有史以前から行われていた．一般に，旧世界の栽培植物の大部分は，他地域から導入されたものである．日本でも，固有の栽培化された植物は，ミツバ，フキ，ワサビなど10指にも満たず，古代には多くの野生植物が利用されていたと考えられる．さらに長い間に中国大陸から，イネやムギをはじめとする栽培植物が導入され，農耕の基礎となった．さらに新大陸起源の栽培植物が江戸時代の初期までには導入され，豊富な栽培植物群が形成された．サツマイモはそのよい例である．明治以後は，世界の温帯圏の多様な栽培植物が利用されるようになった．北アメリカの場合，先住民はほとんど栽培植物を発達させなかった．したがって，固有の栽培植物は，ヒマワリなど一，二に留まる．

ヨーロッパ諸国では，大航海時代を経て，新大陸の栽培植物が農耕の飛躍的発展をもたらした．トマトやバレイショの導入はよい例である．それに続いて，新作物の調査・導入は，植民地経営のための国家的な事業となった．今日のヨーロッパの植物園は，新奇な植物への興味からだけではなく，新しい有用植物の導入の基地として発展したものである．「パンの木」の導入のために遠洋航海が組織されたエピソードはこうした事情をよく物語っている．ゴム，コヒー，カカオ，サトウキビおよび茶樹などの大規模農園は，組織的な調査・導入事業によって，植民地と本国を結ぶ新しい産業となった．

11.2 栽培植物の種類

合成ゴムや化学繊維の発明により，人類の植物への依存の度合はある程度減少している．しかしなお，文明の発展は多種多様な有用植物によって支え

られている[11-3]．栽培植物あるいは有用植物として，食用作物，野菜，きのこ，および果樹などが第一に挙げられる．しかし多様な飼料作物も畜産物を通じて人間の食糧に変換されている．いわゆる工芸作物もきわめて多様で，かつ不可欠である．すなわち，繊維料（織物，索縄，製紙），甘味料，樹液・油蝋料（油脂，ゴム，樹脂），嗜好料（茶，タバコ，コーヒー，カカオ，コーラ，ホップ）がある．その他，タンニン，染料，香料，香辛料などがある．また花卉や各種の植栽植物も生活に欠かせない．一方，家屋，燃料，紙パルプあるいは環境保全のための林木がある．さらに薬用植物や海藻もある．

11.3 在来品種と育成種

11.3.1 生態型の分化

栽培植物が新しい土地に導入される場合，原生地にある遺伝的多様性の一部分が，導入されることになり，分化が始まる．ただし，新しい地域で多様化を示す場合は少なくない．ダイコンは，西アジアから導入されたものであるが，東アジアで多様な発達を遂げている．

人為的な選抜以前に，導入された地域の生態学的な条件に適応して，いわゆる生態型（ecotype）の分化が起こる．明治時代に導入された牧草が，日本各地で異なる生態型を形成していることは，その好例である[10-4,5]．さらに，人為的な選抜の結果，各種の栽培型に適応して分化が進む．この中で早晩生は早くから区別された形質である．

栽培植物の起源の問題と関連して，今日の主要作物の多くが自殖性であることが注目される．イネやトマトなどの野生種は他殖性の傾向を示している．これらの植物が自殖性の作物として成立する過程で，遺伝的多様性の莫大な喪失があったと考えられる．アイソザイムの多型性についてみると，栽培トウガラシやイネの日本型では，ほとんど多型性が認められない．このことはまた，一，二の栽培特性のよい小集団が広く普及されたことを示唆している．一方，他殖性の集団の中でヘテロで保存されてきた劣性の半有害の対立遺伝子が排除されたことも想像される．この過程は，ハイブリッド品種の

育成のために，トウモロコシやアブラナ科の野菜の自殖性系統を育成する過程と似ていたかも知れない．

11.3.2 伝統的農耕における在来品種

　主要な食用作物では，早くから品種としての分化が進んでおり，原始的な栽培品種をみることは困難である．しかし，野菜の多くは，その名前の通り，山野草から採取・利用されてきたもので，その栽培は近世になってからのことである．今日でも，山菜としてタケノコ，タラノメ，ワラビなどの採取は盛んに行われている．またセリ，ノビル，アサツキなどは，自生するものが利用されてきた．ミョウガやシソなども屋敷の周辺に生えているものを採取している．シバグリでも野生のクリを採取して食用にしている．これらの大規模に栽培されない作物は，品種の区分がされていない．沖縄のニガウリにも品種が識別されていない．しかし，最近になって市場用に栽培されるようになり，改めて地方的系統の比較と品種の選定が試みられている．このような事例からも，原始的な栽培品種や半野生種が遺伝的にきわめて多様であることが理解される．

11.3.3 栽培の進歩と品種の分化

　ヨーロッパでは，18世紀に三圃式農法が変革され，農業革命と呼ばれるように農業の生産力の大きな発展がみられた．この中で動植物の改良が飛躍的に発展した．ダーウィンの著作，家畜栽培植物の起源（1868）は，彼の進化論の根拠となった資料をまとめたもので，当時の動植物の導入・改良の例が収録されている．

　日本では，主要作物の品種名は，古くから記載されている．しかし，新品種の導入は江戸時代以降急速に盛んになった．江戸時代には，いくつかの農学書が刊行され，農業改良が勧奨された．農民が伊勢参りなどの機会に変わった品種をもち帰ったという記録がある．また各地で変わりものを保存する動きもあった．今日のイネやムギの半矮性種のもとは，変わりものとして保存された在来種である．

地域の生態的条件に適応し,また栽培型に応じて分化を遂げながらも,なお多様性を包含してきた在来品種の多数は,商品生産の発展と地域間の品種の交流に伴って急速に失われてきた.商品生産においては,一定の規格が要求される.たとえば,明治初年までは,「唐法師」の名で普通の日本型イネと区別される品種が各地の不良田で栽培されていたものと考証されている.それらは近代的な収集調査が始まる前に赤米などとともにほとんど消失した.

11.3.4 農家による育成種の事例

明治時代になると,品種の導入・改良が,国家的な規模で推進されるようになった.果樹や蔬菜の新品種が欧米から盛んに導入された.一方,先進的な農民,篤農による品種の導入・選抜も行われた.明治11年(1879)に老農石川理紀之助は秋田県で品種交換会を開いた.在来種の多くはこの時期に篤農によって選抜されたものである(表11.2).

表11.2 農家の選出したイネ品種の例

品種名	年代	場所	選出者	備考
関取	1848	三重県三重郡菰野千種	佐々木惣吉	「稲千本」より選出
雄町	1869頃	岡山県上道郡高島村雄町	岸本甚造	大山参詣の途中発見
竹成	1874	三重県三重郡竹永村竹成	松岡直右衛門	「糯千本」より選出
神力	1877	兵庫県揖保群中島村	丸尾重次郎	「程吉」より選出
亀治	1871-75	島根県能義郡荒島村	広田亀治	「縮張」より選出
愛国	1882	静岡県加茂郡青市村	高橋安兵衛	「身上起」より選出
	1889	宮城県伊具郡舘知間村	窪田長八郎他	愛国と命名
亀の尾	1895	山形県東田川大和村	阿部亀治	冷立稲より選出
旭	1908	京都府乙訓郡向日町	山本新次郎	「日の出」より選出
銀坊主	1908	富山県婦負郡寒江村	石黒岩次郎	愛国から選出

文献11-4その他による

11.3.5 公共機関による育種の発達

日本では1893年に国立農事試験場が設立され,1910年からヨハンゼンの理論による純系選抜が行われた.当時農民は,純系選抜によるイネ品種がき

わめて斉一な生育をすることに驚いたということである．寺尾　博 (1931) によれば，純系選抜による 261 の選抜系統は，平均 9.0 % の増収率を示し，人工交雑法による育成品種 20 の平均は 16.2 % の増収率を示した[11-5]．

　上述のように，育種の第一段階は在来品種群の再選抜から始まる．第二段階に在来品種の持つ優良形質を新しい一つの品種へ取り入れるための交雑育種が始まる．この過程までは外来の新しい材料をほとんど必要とせず，遺伝資源についての本格的な取り組みもない．第三の段階として，育種が大きく産業に貢献するのは，これまでの品種になかった新しい有用形質を遠縁の材料から導入した場合である．

11.4　品種の変遷

11.4.1　育種による産業の発展

　歴史的にみるとどの国でも栽培植物の大半は外来植物であり，新作物の導入が農耕の画期的発展をもたらした．現在では，新作物の導入の余地は少なくなった．しかし，育種によって新しい産業が発展することは多くの事例から明らかである．

　北ヨーロッパでは，テンサイの改良による精糖業の発展がみられ，ロシアではヒマワリの改良によって油脂生産が発展した．さらに，20 世紀前半におけるハイブリッド・トウモロコシの育成は，アメリカの農業の発展の基になった．日本の稲作の北限地である北海道では，明治時代初年には，道の南端で不安定な栽培が行われるに過ぎなかったが，相次ぐ新品種の育成により，道の東北部の北見地方でも栽培が行われるようになった．1960 年代には，日本でも半矮性の多収品種が育成され，増収に貢献した．1960 年代後半には国際稲研究所で，「IR 8」という半矮性の品種が育成され，施肥の普及や灌漑の整備と対応して，熱帯アジアにおける集約的稲作が発展した．コムギでも半矮性の多収品種が国際トウモロコシ・コムギセンターで育成され，開発途上国において飛躍的な増収を実現した．この半矮性遺伝子はヨーロッパでも多収品種の育成に利用されている．

11.4.2 品種変遷の理由

　上に挙げた例は，育種による画期的な成果の事例であるが，時代によって品種は常に変遷する．育種の対象は，耐病虫性，品質向上，あるいは特定の栽培型に対する適応性，機械化栽培への適性など，栽培植物のあらゆる性質に及んでいる．品種交替の理由を大局的にみると次のような項目を挙げることができる．

　第一は，自給肥料の施用から化学肥料の大量施用による耕地の肥沃化に対応し，少肥対応型から多肥多収型品種への長期的な変遷が挙げられる．

　第二には，病虫害のレースあるいはバイオタイプの変化や新しい種類の病虫害の発生に伴い，新しい抵抗性の品種が必要になることである．

　第三には，市場あるいは消費者の好みの変化あるいは良品質への対応である．ここには加工適性や目標とする成分の収率の向上も含まれる．

11.5 育種方法の概観

　以上では栽培植物の改良すなわち育種の意義について述べた．ここでは，次章以下で育種の方法を個別に述べる前に，全体としてどのような育種方法があるかを紹介する．

　育種の基本は，対象とする作物に変異をもたらし，その中から目的とする変異体を選抜することである．したがって第一に，変異を得る方法によって，育種の方法を分類すれば，交雑育種法の他，① 突然変異育種法，② 染色体操作育種法，および ③ 遺伝子組換えによる育種法がある．しかし，交雑育種法は，次の各繁殖方法別の育種法の重要な部分として扱われる．

　第二に，選抜の仕方は，対象とする作物の繁殖の方法によって決まる．繁殖の方法の違いとは，どのような「たねもの」によって栽培するかということである．① 自殖性作物であるイネ，ムギ，トマト，ダイズなど．② 他殖性作物であるトウモロコシ，アルファルファなど．③ 栄養繁殖性作物であるサツマイモ，サトウキビなどに大別される．このほか自殖性あるいは他殖性の作物について，④ ハイブリッド品種の育種法があり，トウモロコシや野菜類

11.5 育種方法の概観

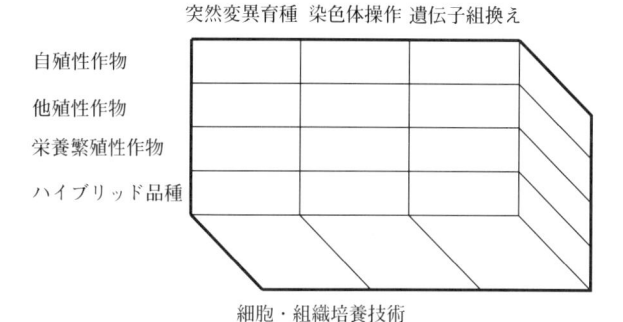

```
              突然変異育種 染色体操作 遺伝子組換え
自殖性作物    ┌──────┬──────┬──────┐
他殖性作物    ├──────┼──────┼──────┤
栄養繁殖性作物├──────┼──────┼──────┤
ハイブリッド品種├────┴──────┴──────┘
                     細胞・組織培養技術
```

図 11.2 育種方法の概観
作物の繁殖方法別の育種方法および変異を得る方法の違いによる育種法の組合せが考えられる．さらにそれぞれに細胞・組織培養を適用する場合がある．

などに適用されている．

第三に以上の各育種法の様々な部分で，細胞や組織の培養を適用した育種法が挙げられる．これらの各区分の育種法は，総合的に組立られるから，それらを組合わせると，図 11.2 に示したように三次元で表される．

表 11.3 野生種と栽培種の形質の対照表

形質	野生種	栽培種
種子の脱落性（脱粒性）	脱落性大きい（優性形質）．	脱落性は弱いか，なくなる．
器官の大型化	茎が細い．塊根や根は小さい．	花序，塊根，根など可食部の増大．
生育の斉一化	個体の開花期・成熟期が長引く．	開花・成熟期が揃う．
休眠性の変化	休眠が強く，徐々に覚醒する．	休眠は弱いか，あるいはない．
繁殖法の変化	他家受精の傾向が強い．	自家受精の傾向が強い．
有毒成分の無毒化	マメやイモなどで有毒成分あり．	有毒成分は減少あるいは欠失．

参考書　坂本寧男，1987 植物遺伝学 第7章 朝倉書店
　　　　J. R. ハーラン（熊田・前田訳）1985 作物の進化と農業・食糧 第8章 学会出版センター

第12章 自殖性作物の育種

ここでは自殖性（自家受精）作物であるイネ，ムギ，トマトおよびダイズなどに適用される標準的な育種方法について説明する．この育種法はハイブリッド品種の親の育種などにも応用される基本的な方法である．

12.1 自殖性植物集団における遺伝子型の頻度

12.1.1 世代の進行と固定

初めに一座の対立遺伝子のみについて考えよう．両親の遺伝子型が優性ホモ AA と劣性ホモ aa のとき，雑種第一代（F_1）の遺伝子型は Aa となる．次に，Aa を自家受精（自殖，すなわち $Aa \times Aa$）すると，$(1/4)AA + (1/2)Aa + (1/4)aa$ の遺伝子型が分離する．以下の世代でも，Aa の頻度は毎世代半減し，その半分ずつが AA と aa の頻度に付加される．したがって世代の進行に従って各遺伝子型の頻度は次のように表される．n は世代を表す．

	AA	Aa	aa
F_1	0	1	0
F_2	1/4	1/2	1/4
F_3	$1/4 + (1/2)(1/4)$	1/4	$1/4 + (1/2)(1/4)$

F_n	$(1/2)\{1 - (1/2)^{n-1}\}$	$(1/2)^{n-1}$	$(1/2)\{1 - (1/2)^{n-1}\}$

以上で説明したことは，すべての遺伝子座についても同様である．自殖では世代が進むに従い，同型接合（ホモ接合，あるいは単にホモともいう）の遺伝子型の割合が多くなる．遺伝子型がホモになると，分離しないから，「固定する」という．

n 世代で一座について固定した個体の頻度，すなわち AA と aa の頻度の合計は，$\{1 - (1/2)^{n-1}\}$ となる．特別の場合として，m 座全部について固定した個体の割合は，$\{1 - (1/2)^{n-1}\}$ が同時に起こる確率である．したがっ

12.1 自殖性植物集団における遺伝子型の頻度

表 12.1　自殖植物における世代の経過とホモ接合の割合（%）

遺伝子座の数	世代								
	2	3	4	5	6	7	8	9	10
1	50	75	87.5	93.7	96.8	98.4	99.2	99.6	99.8
2	25	56.2	76.5	87.8	93.4	96.9	98.4	99.2	99.6
3	12.5	42.1	66.9	82.4	90.9	95.3	97.6	98.8	99.4
4	6.2	31.6	58.6	77.2	88.0	93.9	96.9	98.4	99.2
6	1.5	17.8	44.8	67.8	82.6	90.9	95.4	97.6	98.8
8	0.3	10.0	34.3	59.6	77.5	88.1	93.9	96.9	98.4
10	0.1	5.0	26.3	52.4	72.8	85.4	92.4	96.1	98.0
20	0.0	0.3	6.9	27.5	53.0	73.0	85.4	92.4	96.1
40	0.0	0.4	0.4	7.5	28.0	53.2	73.0	85.5	92.4
100	0.0	0.0	0.0	0.1	4.1	20.7	45.6	67.6	82.2

て，

n 世代後 m 座全部で固定した座の割合 $= \{1 - (1/2)^{n-1}\}^m$

この値を実際に計算した結果は表 12.1 に示した．この表から交雑後 7-8 世代を経過すると，集団の中でホモ個体の頻度が優越することがわかる．

12.1.2　連鎖がある場合の遺伝子型の分離

育種の目的として非常に簡単な場合を考えてみよう．二つの遺伝子座において，AA および bb が望ましい遺伝子型であるとして，二つの親 $AABB$ と $aabb$ の交雑から，$AAbb$ 型を選抜する場合である．これらの F_1 は $AaBb$ となり，F_2 ではこれら二つの遺伝子座が独立であると，独立遺伝の法則により，表現型で A と b を示す $(A-bb)$ 個体の頻度は 3/16 であるから，これを選抜して，その後代から $AAbb$ を得ることは困難とは思われない．

しかし $A-B$ と $a-b$ の間に強い相引の連鎖があれば，遺伝子型の分離はどうなるだろうか．いま r を組換え価とすると，$AaBb$ の遺伝子型からは，AB，Ab，aB，および ab の配偶子は $(1-r)/2$，$r/2$，$r/2$，および $(1-r)/2$ の割合でできる．第 3 章で述べたように，これらの配偶子の任意の二つが接合してできる接合体の頻度は次の式を展開して与えられる．

表12.2 自殖性植物の雑種後代における遺伝子型の割合と連鎖

遺伝子型	組換え価の違いによる各遺伝子型の確率					
	r		0.1		0.5	
	F_2	F_∞	F_2	F_∞	F_2	F_∞
AB/AB	$\{(1-r)/2\}^2$	$1/2(1+2r)$	0.2025	0.4166	0.0625	0.25
AB/aB	$r(1-r)/2$		0.045		0.125	
aB/aB	$\{r/2\}^2$	$r/(1+2r)$	0.0025	0.0833	0.0625	0.25
AB/Ab	$r(1-r)/2$		0.045		0.125	
Ab/aB	$r^2/2$		0.005		0.125	
AB/ab	$(1-r)^2/2$		0.405		0.125	
aB/ab	$r(1-r)/2$		0.045		0.125	
Ab/Ab	$\{r/2\}^2$	$r/(1+2r)$	0.0025	0.0833	0.0625	0.25
Ab/ab	$r(1-r)/2$		0.045		0.125	
ab/ab	$\{(1-r)/2\}^2$	$1/2(1+2r)$	0.2025	0.4166	0.0625	0.25

Fの無限大の計算は (12-1) による.

$$[\{(1-r)/2\}AB + (r/2)Ab + (r/2)aB + \{(1-r)/2\}ab]^2$$

この式を展開した結果は表12.2に示した.表12.2から$AAbb$の出現率は$(r/2)^2$である.連鎖がない場合,すなわち$r=0.5$のときには,$AAbb$の出現率は0.0625であるが,$r=0.1$とすると,$AAbb$の出現頻度は,0.0025と減少する.

選抜の対象とすべき遺伝子座の数は,数十から数百にのぼるのに,半数染色体の数は,通常7～20位であることを考慮すると,連鎖は育種において希望型の取得に大きく影響していると考えられる.

連鎖の強度が固定の進行に及ぼす効果について,テキストによっては数式を引用している.自殖性の植物では急速に固定が進むので,連鎖の固定の進行への効果はF_3～F_6の間にみられる程度であろう(補注5).

12.1.3 交雑後自殖で固定された個体の遺伝子型

二つの固定系統を交雑した場合に,両親の相同染色体の各部分は組換えによって入り混じった状態になる.前項と同じように二つの連鎖した遺伝子座

12.1 自殖性植物集団における遺伝子型の頻度 (129)

について考えてみよう．$AaBb$ の遺伝子型をもつ F_1 から F_2 個体ができる過程では，組換えはすべての F_2 個体に起こる可能性がある．しかし，F_3 個体ができるときは，この2座の組換えは，$AaBb$ のような二重ヘテロの個体でのみ起こり，$Aabb$ とか $aaBb$ の個体では組換えは起こらない．F_3 以降では二重ヘテロ個体の頻度はさらに減少する．

したがって交雑の後自殖で世代が進行する場合，親の連鎖していた遺伝子群は，連鎖が密接であるほど，そのままで残る可能性がある．このことは望ましい遺伝子が集積されている優良な交雑母本の特性の維持には都合がよい．交雑のあと後代で固定した個体において両親由来の染色体部分がどのように入り混じっているかを観察することは容易でない．しかし最近進歩したRFLP 技術（5.5.2）を適用して，そのような観察が可能となった．図 12.1 には，日本型イネ品種「アキヒカリ」とインド型イネ品種「密陽 23 号」の交雑

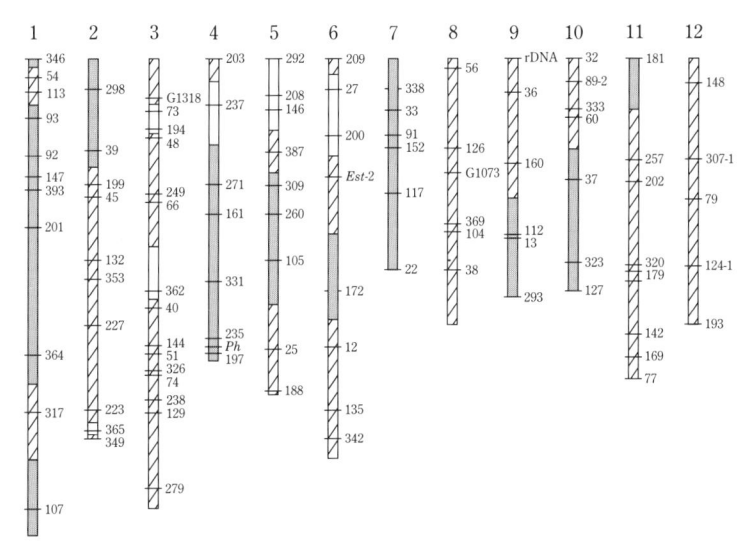

図 12.1 密陽 23 号×アキヒカリの一後代個体系統，北陸 149 号のグラフ遺伝子型

上の数字は染色体番号を示す．各染色体中の横線は RFLP による遺伝子座を示す．網目の部分はアキヒカリ，斜線の部分は密陽 23 号に由来し，白抜きの所は両親間で多型が認められない部分を示す（文献 12-2 による）．

により育成された，北陸149号について両親の染色体部分がどのように組換わったかが示されている．このように両親の染色体がどのように組換わっているか示した全染色体の模式図をグラフ遺伝子型（graphical genotype）と呼んでいる．この図から推察されるように交雑後代の固定系統では，親の連鎖ブロックがかなりの程度維持されている．

12.2 自殖性作物の育種

従来の育種学のテキストの多くは，自殖性作物の育種を中心に扱ってきた．したがって，人工交雑の方法など育種のマニュアルにあたる事項については従来のテキストが参考になる．

12.2.1 分離育種法と純系選抜

a. 基礎的な考え方

交雑をされなかった自殖性の植物の集団は，ホモの遺伝子型をもつ個体の集合であるとみてよい．したがって，在来種の集団は多様な遺伝子型の混在した集団である．かりに交雑が起こっても，各遺伝子座でヘテロの遺伝子型は毎世代半分ずつ減少し，世代を経ると，ホモの遺伝子型のみになる．そのような集団から，遺伝的に異なる個体を分離すれば，その個体の次代は固定系統である．

すでに述べたように，ヨハンゼンの純系説は「純系選抜」（pure line selection）という実際的手段を与えた．純系選抜が提唱されると，各国で盛んにその適用が試みられ，成果が得られた．わが国でも純系選抜が1910年寺尾博により農事試験場の奥羽試験地で開始され，顕著な成果を収めた．純系選抜による261の選抜系統は，原品種に対し平均9％の増収を示した[11-5]．

純系選抜のように遺伝的に多様性をもつ集団から優良系統を分離することを分離育種という．この方法は育種事業の開始に当たり，在来種を収集・調査し，優良な系統を選抜する手段として大きな役割をはたした．しかしこの方法は遺伝的変異を新たに拡大しないから，継続的な成果は期待できない．

12.2 自殖性作物の育種

b. 純系選抜の手順

収集された在来種の集団から，あらかじめ予備調査により，有望と思われる集団を選び，図12.2の手順に従って2,000ないし3,000個体の集団を1本植で栽植する．その中から多様な変異を代表する5〜10％の個体を選抜

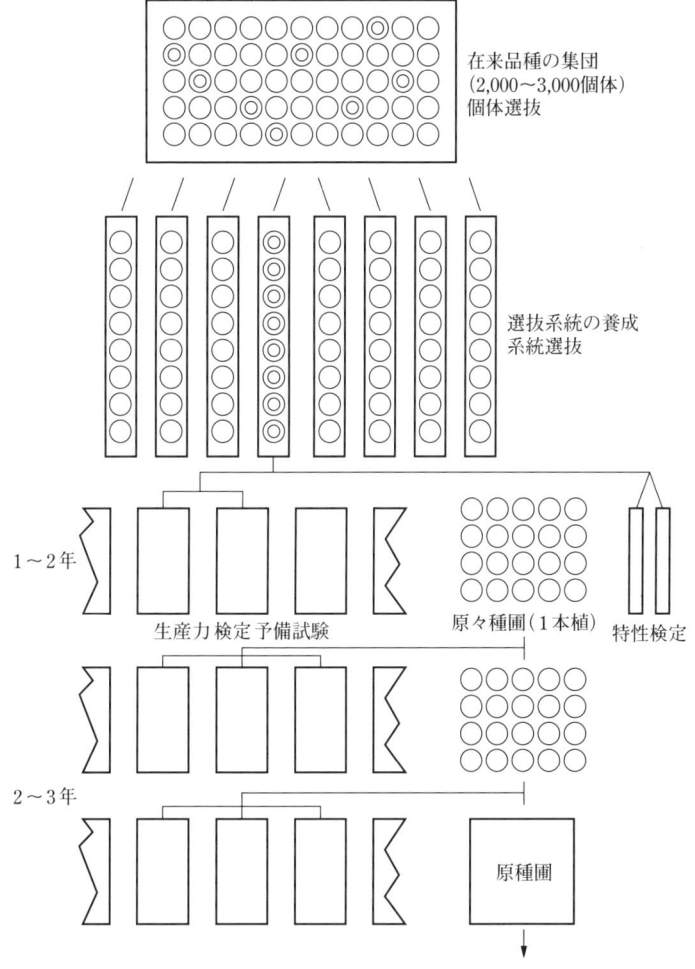

図12.2 純系分離の方法
自殖性植物の在来種の集団はホモ型の遺伝子型の混合である．

する．

　次年には各選抜個体から個体別に採種して，40〜50個体からなる系統を多数養成し，系統ごとに比較して，優良系統を選抜する．選抜系統内の個体から個体別および系統内個体の混合の採種（系統採種）をする．

　第3年目には，系統採種の種子を生産力検定予備試験に供試するとともに，種子の一部を利用して，耐病性および品質などの特性検定試験に供試し，個体別採種種子を原原種系統とする．

　第4年目以降は，2-3年は生産力検定予備試験を継続する．優良な系統は，予備試験を短縮して，本試験に供試する．本試験では，反復回数を多くして生産力を検定するとともに，関連する試験地での適応性試験に供試する．その結果が良ければ，新品種として採種・増殖して生産の場に供給する．

12.2.2　交雑育種

a．交雑育種の分類

　交雑育種法は，基本的には二つの純系の親の交雑（biparental cross）により変異を得る方法である．目的によっては，3-4種類の親品種の交雑（複交雑）による雑種集団を利用する．記号によって，A，B，C，などを品種として，交雑を「/」で示すと，A/Bを単交雑（single cross）という．通常母本を先に書く．最近は「/」を用い，2回目，3回目の交雑を「//」，「///」のように表す．複交雑（double cross）は，A/B//C あるいはA/B//C/Dのように表す．前者はA/BのF_1を母とし，Cを花粉親とした交雑を意味し，後者はA/BのF_1を母とし，C/DのF_1を花粉親とした交雑を意味する．また，////を/4/と記し，3回の戻し交雑を3＊と記す．

　同じ記号を用いて品種の系譜を表すことがある．すなわち，A/Bの単交雑で育成された品種に，C/Dの単交雑から育成された品種を交雑してできた品種の系譜をA/B//C/Dのように表すことがある．

　以上のように数品種を交雑して得られた雑種集団から選抜して行く方法とは別に，交雑と選抜を繰り返す育種方法がある．すなわち，集団交雑育種法（population breeding），戻し交雑育種法（backcross method）およびその他の

変法がある．

　一般に，改良が進み，改良型間の交雑で，大きな変異を期待しない場合には，単交雑が多用される．一方遠縁品種Aの特性を，望ましい遺伝子の集積された改良品種，BおよびCなどに導入する場合，A/B//Cのような複交雑から選抜を行う．ただし，単交雑を多用している育種体系でも長期的にみれば，一種の多系交雑育種となっている．わが国の稲育種では，良食味品種「コシヒカリ」あるいはそれに由来する品種が反復して母本として使用されている．この過程を長期的にみれば循環的な複交雑育種といえる．

b. 交雑母本の選定

　育種目標に従って，いくつかの親品種（交雑母本）を選ぶ．花粉親として使う品種を父本といい，広義の母本と区別する場合もある．比較的形質の似た親同志の交雑を行うか，あるいは遠縁品種から特定の形質の導入を図るかによって育種の規模，年限は大きく左右される．通常は，与えられた地域の栽培類型に応じて，「基本型」があり，そのいずれかの形質を改良するという目標がある．これに応じて「基本型」と「基本型」にない形質をもつ多数の品種を選んで交雑する．その際目的とする形質についてはなるべく多くの情報を得ておく必要がある．

　各種の育種計画の成果をみると，成果を挙げる親品種はかなり限られている[12-3]．したがって過去の育種の成果の分析は母本の選定に有効である．

c. 開花調節

　母本間で開花時期が異なると，交雑ができないので，開花時期をあらかじめ調節する工夫が必要である．第一に，日長時間に反応して開花時期が決まる品種の開花時期を調節するには，日長処理を行う．イネの場合，大体目標とする開花期の30日前から短日処理を開始する．第二に，多数の交雑母本の開花時期を合わせるためには，あらかじめ交雑に利用する品種群を一つのブロックとして，これを1週間あるいは2週間の間隔で，4〜5回にわたって播種・移植しておく．その結果，早播区の晩生品種と晩播区の早生品種の開花が一致することが期待される．

d. 人工交雑

遠縁間の交雑においては，細胞質遺伝の可能性を考慮し，「基本型」を母本とする．また，交雑の成否を確認するため，劣性形質（たとえば半矮性）をもつ品種を母本に，優性形質をもつ品種を花粉親にする場合が多い．

母本品種に対しては，開葯の前に雄しべを除去し，自殖を防ぐ必要がある．この操作を除雄（emasculation）と呼んでいる．除雄後は，花房あるいは穂に硫酸紙の袋をかぶせ，計画外の花粉の混入を防止するとともに，花器の乾燥を防ぐ．作物によって開花習性が異なるが，イネやムギでは一つの穂の開花は数日に及ぶので，開花・開葯後の自殖した小花を摘除し，開葯していない小花を除雄する．ムギの場合には圃場で交雑を行えるが，イネの場合には圃場から株を鉢に移植して，交雑用のガラス室を備えた施設に搬入して行う．

イネやムギのように一小花から1～数個の種子しか得られない場合には，除雄操作はかなり手数を要する．このため，空気ポンプにより雄しべを吸引・除去する方法がある．わが国ではイネに対して「温湯除雄」が広く行われている．これは，開花前の母本の穂を43℃の温湯に5分間つけて，花粉の機能を失わせる方法である．温湯処理を行うと，穂は間もなく開花するので，前日までに開花した小花と当日開花しない小花を除去し，除雄された小花に，あらかじめ圃場から採って無風の所に置いて開花させた父本品種の穂から花粉を振りかけて交雑を行う．

いずれの場合にも，交雑後直ちに，花房あるいは穂に硫酸紙の袋をかぶせ，雌しべの乾燥を防ぐとともに，両親名，交雑日などを記録したラベルをつけておく．

通常の単交雑では，F_1 種子は，20～30あれば十分であるが，F_1 に別の親を交雑する3系交雑の場合には，100～200の種子が必要である．

12.2.3　系統育種法

二親の交雑によってえられた F_1 植物は単一の遺伝子型となり，F_2 では，両親の遺伝子のほとんどあらゆる組合せができて，多様な変異が現れ，その後代から固定が進む．系統育種法ではこの経過に沿って，希望する遺伝子型

12.2 自殖性作物の育種

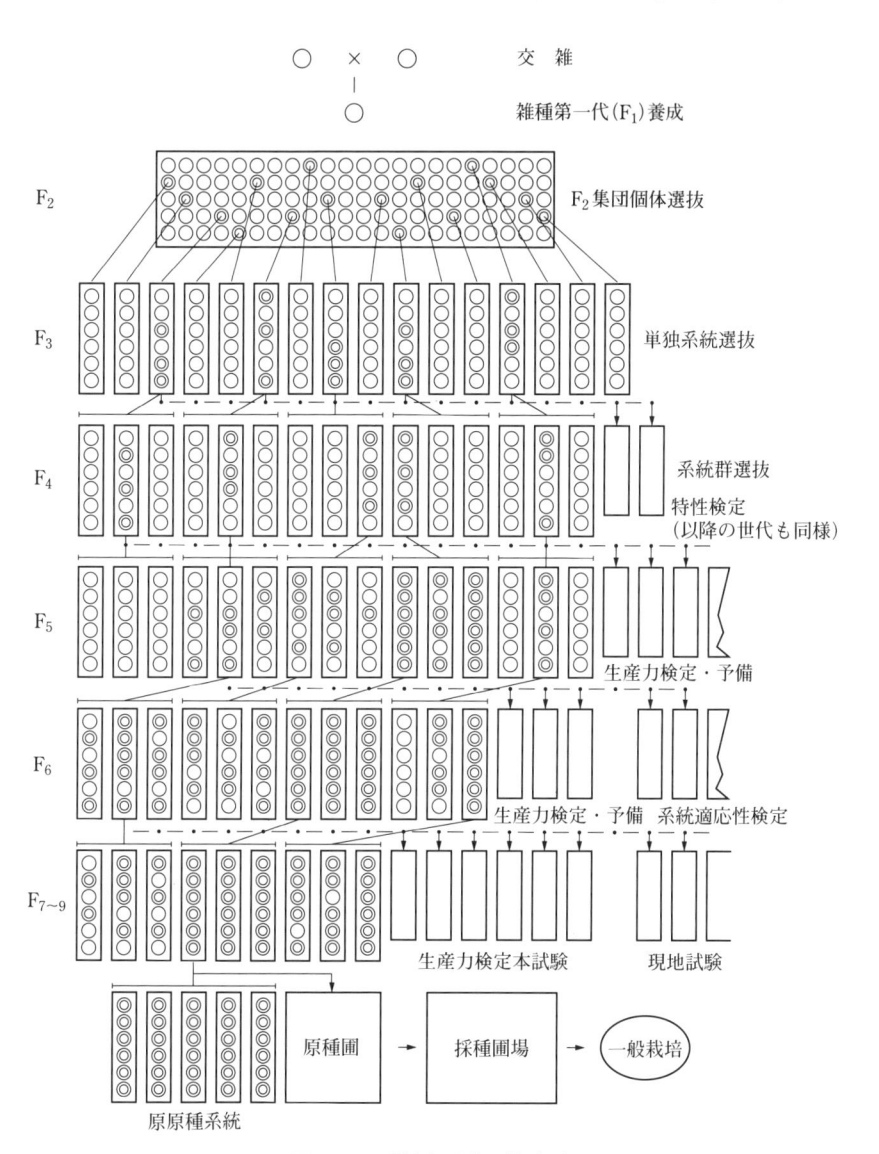

○ × ○　　　交　雑
　｜
　○　　　　　雑種第一代(F_1)養成

F_2　　　　　　　　　　　　　　　　　F_2集団個体選抜

F_3　　　　　　　　　　　　　　　　　単独系統選抜

F_4　　　　　　　　　　　　　　　　　系統群選抜
　　　　　　　　　　　　　　　　　　　特性検定
　　　　　　　　　　　　　　　　　　　(以降の世代も同様)

F_5

　　　　　　　　　　　　　　　　　生産力検定・予備

F_6

　　　　　　　　　　　生産力検定・予備　系統適応性検定

$F_{7～9}$

　　　　　　　　　　生産力検定本試験　　　現地試験

　　　　　　　原種圃　→　採種圃場　→　一般栽培

原原種系統

図12.3　系統育種法の模式図

を選抜し固定する．系統育種法の利点は，早い世代から系統単位で選抜を行うため，育種の成果が早くでることである．

a. F_1 世代の取扱い

以下ではイネやムギの育種の例に従って説明する（図12.3）．F_1 世代では，単交雑では，遺伝子型は一種類であるから，F_2 で数千個体を養成するのに十分な種子を得るため，およそ20個体を1本植で栽植する．両親を比較として栽培し，交雑が確実に行われているか否かを判定して，採種する．三系交雑の F_1 では，100～200の個体群を栽植し，個体選抜を行うこともある．

b. F_2 集団の養成と選抜

扱う個体数は，2,000から10,000個体である．個体別に植え，成熟期に個体別に選抜する．選抜率は集団の良否によって異なるが，10％内外である．一般に選抜率が2-3％程度に留まる集団は，有望とはいえない．場合によっては，成熟期までに病菌を接種して抵抗性を検定したり，選抜個体を室内に搬入し，品質などについて室内選抜を行うこともある．

c. F_3 系統の養成と選抜

各 F_2 個体から，1本植えで50～100個体を養成し，「F_3 系統」（F_3 - line）とする．この場合1列よりは2列に栽植した方が系統の評価には好都合である．生育期間中に，生育状況，出穂期などを観察し，野帳に記入する．F_2 の各個体の残りの種子は，耐病性あるいは耐虫性などの「特性検定」に供試し，その結果を F_3 系統の選抜の際に利用する（図12.3ではこの点を省略）．F_3 系統の選抜の際には系統内から3-5個体を選抜して，次世代の系統とする．

d. F_4 以降の養成と選抜

各 F_3 系統から選抜された3-5個体より，それぞれ50個体程度を栽植して F_4 系統とする．一つの F_3 系統から3個体を選抜すれば，図12.3に示したように，3系統からなる系統群ができる．F_4 世代では，まず系統群の比較により，よい系統群を選抜し，ついで系統群内より系統を選抜する．系統内の揃いがよいときには，選抜された個体以外から混合採種（系統採種）をして，「生産力検定予備試験」および各種の「特性検定試験」に供試する．

なお「派生系統育種法」として，F_3 の単独系統から個体選抜をする代わり

に，F_3 の系統の混合採種を行い，F_4 も単独系統とすることがある．この場合，多数の F_3 系統を選抜しても，F_4 世代での面積が増加しない利点がある．実際には，系統育種法か集団育種法かが採用され，それらの中間的な本法は普及していない．

e. 後期世代での選抜と生産力検定

系統育種法において，系統群間の比較による選抜と系統群内の選抜は，F_4 以降大体固定系統が得られる F_7 から F_8 位まで続けられる．図 12.3 には省略されているが，特性検定試験はこの間も続けられ，後期世代では食味や加工適性などの検定を行う．

およそ F_5 以降に固定の進んだ系統から，系統採種の種子を使って，生産力検定予備試験に供試する．場合によっては「系統適応性試験」として，普及見込地帯での調査にも配布する．生産力検定予備試験で有望とみられた系統は，反復数を増やして，生産力検定本試験に供試する．この際に系統番号とは別に，育成地の略号をつけた「系統名」をつけて，普及見込地帯の試験場に配布する．配布先では生産力検定試験に供試するとともに，優良な成績を収めた系統を，農家の圃場での「現地試験」で検討する．生産力検定本試験から，普及見込地帯での現地試験には，少なくとも 3 年程度が必要とされている．この間に，系統選抜は完了し，系統は原原種系統として扱い，それを原種圃および採種圃で増殖する（21.1.2 参照）．

12.2.4 集団育種法

わが国ではイネやムギの育種は，系統育種法を基準として行われてきた．集団育種法は，1950 年代後半の研究[12-4]以後に広く採用されている．

a. 集団育種法と系統育種法の比較

系統育種法は，固定の進行に応じて，優良系統を早い世代から選抜する点で優れている．しかし，いくつかの短所もある．第一に，F_2 で優良な個体を選抜することは，熟練した育種家によっても容易でないことが証明されている．個体単位でみた穂重や穂数など重要形質の遺伝率は低いからである．ただし，出穂期や稈長などの個体単位でも比較的高い遺伝率を示す形質につい

ては，F_2 での選抜も効果がある．一般的には F_2 での選抜精度は低いため，選抜された F_3 系統が必ずしも集団中の最良の部分とはいえない．第二に，F_3-F_4 系統の段階では，系統内の個体間の分離が大きく，系統間の優劣の判定が困難である．第三の問題として，系統育種法では，F_3 系統および F_4 段階で，的確に選抜されなくても供試される系統の数が著しく減少する．

したがって，F_2-F_4 での強度の選抜を行う代わりに，この間は集団として強度の選抜を加えずに養成して，ある程度固定の進んだ F_5 世代位から，選抜を開始する方法がある．これを「集団育種法」と呼んでいる（図12.4）．

集団育種法の利点としては，上記の問題の他さらに次の点が考えられる．① F_2 では半矮性遺伝子など劣性の有用な遺伝子の表現型は，1/4 しか現れないが，世代が進むにつれてその出現率が高まる．② F_3 から F_4 でも組換が

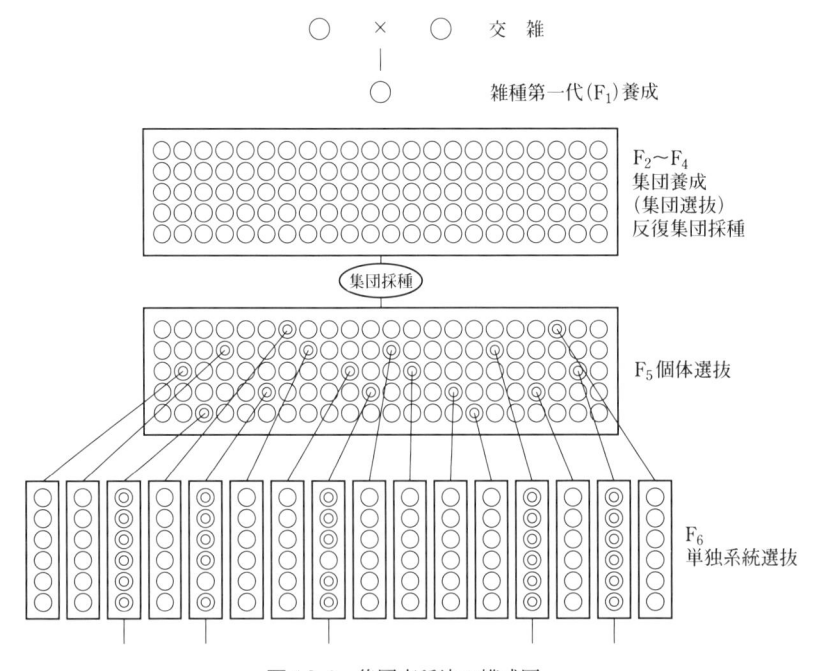

図12.4 集団育種法の模式図
単独系統の選抜以降の取り扱いは系統育種法と同様である．

進むから，F_5世代ぐらいになると，F_2より多くの組換型が選抜される．③集団育種法は世代促進に適している．

世代促進とは，F_2からF_5位の初期世代に1年に2-3世代を進めて，遺伝的固定を早めることである．この場合，ムギには低温処理と長日条件を与え，イネには高温・短日条件を与えて，植物体を大きくしないで穂をださせ，短期間に世代を進めることができる．系統育種法で多くの系統を供試するには大きな面積が必要となる．集団育種法では初期世代に小面積で多数の個体を収容すればよいので，ガラス室などでの世代促進ができる．極端な場合，1個体から一粒を採って世代を進めることもある（single seed descent）．

b. **分離世代の集団養成**

F_2からF_4世代のあいだ原則として無選抜で世代を進める．ガラス室などの施設で世代促進を行うときは，選抜はできない．しかし，圃場で世代を進めるときには，長稈個体や晩生個体など育種目的に適合しないものを除去しながら，世代を進める．

c. **選抜系統**

F_5ないしF_6世代になると，遺伝的固定は相当進むので，圃場に1本植で栽植し，F_2の個体選抜の要領で個体選抜を行い，次の世代には単独系統として，系統選抜を行う．その後の取り扱いは系統育種法と同様である．

d. **育 成 例**

世代促進と集団育種法を採用して，広く普及した「日本晴」が育成されたことは記念碑的成果である[12-5]．インドネシアでは，1937年に交雑された有名な「Tjina/ Latisail」の組合から，第2次世界大戦の前後を通じて，雑種集団を各地で養成・選抜することにより，「Peta」など一連の優秀なイネ品種が育成された[12-6]．

12.2.5 戻交雑育種（backcross breeding）

戻し交雑は，近縁野生種などから優良栽培種の中へ，単一の遺伝子座に支配されている耐病性などの有用形質を導入する場合に行われる．すなわち，ある有用な形質をもつが一般栽培形質のよくない品種と，優良栽培種を交雑

し，その F_1 にさらに優良栽培種を戻し交雑して，B_1F_1 を得る．ここで目的とする形質を確認して，それに再び優良栽培種を戻し交雑して B_2F_1 を得る．これを繰り返して，目的とする有用形質以外の全ての形質を，優良栽培種に近づけようとする方法である．ここで目的とする有用形質の供与品種を一回親と呼び，これに繰り返し交雑する品種を反復親と呼ぶ．この場合目的形質が優性であれば B_1F_1 で確認できるが，劣性の場合には B_1F_2 でそれを確認して戻し交雑をする（図12.5）．

戻し交雑では，取り扱う遺伝子型の種類が少なく，雑種集団は急速に反復親に接近して，固定が進むため，遠縁交雑を行うにもかかわらず，小集団で，短期間に確実に成果を挙げることができる．戻し交雑によって，近縁野生種あるいは遠縁品種から，耐病性や耐虫性の遺伝子の導入に成功した例は多い．

a．遺伝子型の種類と頻度

戻し交雑の特徴は，取り扱う遺伝子型の種類が少ないことにある．あるひとつの座位について，F_2 世代では，AA, Aa および aa の3種類の遺伝子型ができるが，B_1F_1 では，$Aa \times aa$ から，$(1/2)Aa + (1/2)aa$ の2種類の遺伝子型ができる．m 個の座についてみると，F_2 での遺伝子型の種類は，3^m

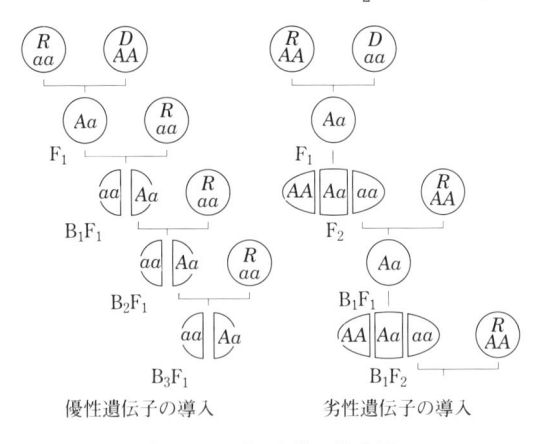

図12.5 戻し交雑の模式図
戻し交雑が進むにつれて，一回親の遺伝的構成は反復親のそれにより置換されていく．
D：一回親　R：反復親

であるが，B_1F_1 では，2^m となる．仮りに $m=10$ の場合を考慮すれば，$3^m = 59,049$ であるが，$2^m = 1024$ となり，遺伝子型の種類は，B_1F_1 で著しく減少する（表 12.3）．

次に無選抜・連続戻し交雑の場合の固定の進行を，一遺伝子座の対立遺伝子の頻度から検討しよう．aa を戻し交雑すると遺伝子型は次の通りである．

表 12.3　戻し交雑と遺伝子型の種類

遺伝子座の数	世代	
	F_2	B_1F_1
1	3	2
2	9	4
3	27	8
4	81	16
5	243	32
...	...	...
10	59049	1024
m	3^m	2^m

F_1	Aa
B_1F_1	$(1/2)Aa + (1/2)aa$
B_2F_1	$(1/4)Aa + (3/4)aa$
.....	
B_nF_1	$(1/2)^n Aa + \{1-(1/2)^n\} aa$

B_nF_1 で，戻し交雑回数が n で，対立遺伝子の座の数が m の場合に，すべての座位において，反復親の遺伝子型を示す個体の割合，$R(n,m)$ は，

$$R(n,m) = \{1-(1/2)^n\}^m$$

$R(n,m)$ の値は，n の増加にしたがって急速に高まる．ここで n を $n-1$ とすると自殖の場合の固定度の進行を示す式（表 12.1）と同じである．

b. 染色体単位で希望型の出現率を計算する方法

ここで，n 組の相同染色体について，1 回親の染色体群を D，反復親の染色体群を R として考える．F_1 からの配偶子が D を r 個と R を $n-r$ 個もつ確率は，$\{(1/2)D + (1/2)R\}^n$ の展開によって与えられる．前項で述べた通り，B_1F_1 からでは $\{(1/4)D + (3/4)R\}^n$ を考えればよい．また，B_2F_1 からでは $\{(1/8)D + (7/8)R\}^n$ によって計算される．ただし，B_2F_1 以降の D と R の頻度分布は，厳密には前世代にどのような個体を選抜して戻し交雑したかによって変わる．ここでは簡単に計算するため前世代の平均を扱って

いる．

ここで，一回親からの染色体 D のいずれか 1 本をもつ配偶子の割合は，次のようにして計算される．

B_1F_1 $\qquad {}_nC_1(1/4)\cdot(3/4)^{n-1}$

B_2F_1 $\qquad {}_nC_1(1/8)\cdot(7/8)^{n-1}$

イネやトマトのように $n=12$ として，この確率を計算すると，

B_1F_1 $\qquad 12\times(1/4)\times(3/4)^{n-1}=0.12$

B_2F_1 $\qquad 12\times(1/8)\times(7/8)^{n-1}=0.34$

このような計算は一応の目安を与えるが，実際には染色体部分の間の組換があるから，「一回親からの染色体のいずれかひとつを1本もち残りはそっくり反復親の染色体をもつ個体」などは出現しない．しかし，このような計算は，戻し交雑の回数により得られた集団がどの程度反復親に接近するかについて判断の尺度を与える[12-7]．

c. 目的形質と連鎖している不良形質の問題

戻し交雑育種において，導入しようとする一回親の遺伝子 A の近くに，それと密接に連鎖している不良形質 B があって，A とともに導入されるという問題がある．優良品種を反復戻し交雑することにより，A と B の連鎖を切って A のみを導入することは可能と思われるが，連鎖の強さとそれを切るための戻し交雑の回数には関係がある．

いま，A と B が組換え価 r で連鎖しているとしよう．この場合に，反復親を一回交雑して組換えの起こる確率は r であり，起こらない確率は $1-r$ である．n 回の反復戻し交雑でも，全く組換の起こらない確率は，$(1-r)^n$ である．したがって，n 回の戻し交雑の過程で，1 回でも組換の起こる確率，$P(n,r)$ は $1-(1-r)^n$ である．表 12.4 には $P(n,r)$ の数値例を示した．

これと同じような問題を，視点を変えて組換えに必要な平均の交雑回数 t により検討してみよう[12-8]．補注 6 に示したような計算によって，

$\qquad t=1/r$

結論として，組換え価の逆数によって組換えに必要な平均戻し交雑回数が与えられる．組換え価が 0.2 であれば，平均して 5 回の戻し交雑で組換えが

表 12.4 戻し交雑回数と組換えの確率（%）

戻し交雑回数	組換え率 (r)				
	0.5	0.2	0.1	0.02	0.01
1	50	20	10	2	1
2	75	36	19	4	2
3	87.5	48.8	27.1	5.9	3
4	93.8	59	34.4	7.8	3.9
5	97.5	67.2	40.9	9.2	4.9

12-7) による

起こることになる．

　この検討から，目的形質と不良形質との連鎖があれば，それを断ち切るのにかなりの回数の戻し交雑が必要であることになる．しかし，この検討には，組換個体の選抜が考慮されていない．たとえば，一回親の遺伝子型が $AABB$ で，反復親の遺伝子型が $aabb$ であるとし，A と B の座の組換え価が r であるとしよう．この F_1 の配偶子の中で，Ab, aB の配偶子の出現率は，それぞれ $r/2$ である．この F_1 に $aabb$ を戻し交雑して得られた B_1F_1 では，組換型 Ab/ab の個体は，$r/2$ の割合で出現するはずである．$r=0.2$ とすれば，その出現率は $1/10$ である．先の計算によると平均5回の戻し交雑を必要とする組換の実現が，その出現個体の割合でみると，B_1F_1 で $1/10$ は現れることになる．したがって，望ましくない連鎖がみられたら，集団を大きくして，組換個体の選抜を行う必要がある．それによって戻し交雑の回数が節減される．

d．育種法の実際

　戻し交雑の育種は，一般に目的とする形質が，単一の主動遺伝子に支配されている場合に行う．またその形質の正確な検定法が必要である．一回親が遠縁品種や野生種である場合に，それに由来する細胞質の遺伝子が望ましくない効果を与えることが予想される．細胞質雄性不稔系統の育成では，不稔細胞質に伴う不良形質の発現が報告されている．したがって，普通の戻し交

雑育種では，優良栽培種を母本とし，一回親を花粉親として利用する．

戻し交雑の回数は，対象とする形質よって異なる．細胞質雄性不稔の導入では，核置換のために5〜6回以上の交雑を行っている．この間に戻し交雑に使う個体の選抜がきわめて重要であるといわれている．一回親が戻し交雑の目標とする形質の他にも何らかの寄与をすることが期待される場合には，戻し交雑の回数は2〜3回でよい．

戻し交雑終了後の雑種集団は，普通の系統育種の後期世代の材料と同様に，目的とする形質以外の諸特性の調査を行った上で，系統名をつける．戻し交雑によって育成された系統は，さらに実用品種としての改良を要するのが普通である．その場合育成された系統は，「中間母本」として，その後の育種試験に利用される場合が多い．

e．戻し交雑による育種の例

① 耐病虫性の育種：外国のイネ品種の中にいもち病に対して高度の抵抗性の品種があることは1920年代から知られていた．外国稲と日本稲の交雑では雑種不稔がみられ，また極長稈，晩熟などの不良形質が伴うため，抵抗性の遺伝子の導入は困難であった．しかし組織的に戻し交雑を応用すれば，日本稲と同様の特性をもち，外国稲の高度抵抗性遺伝子をもつ系統が育成できることが示され（繁村，1954），1940年代から多数の抵抗性系統が育成された．たとえば，インド型稲のTadukanの抵抗性をもつ品種として，シモキタ（1962），サトミノリ（1968），アソミノリ（1973）などがある．アメリカ稲のZenith由来の品種としてフクニシキ（1964），フクヒカリ（1977），フジヒカリ（1977）などがある．

トビイロウンカやツマグロウンカに対する耐虫性は主動遺伝子に支配されているので，戻し交雑による耐虫性の育種が成功している．

② 核置換による細胞質雄性不稔：細胞質雄性不稔系統の育成は，ハイブリッド品種の育種の基本の一つある．多くの場合不稔を起こす細胞質は野生型あるいは極遠縁の品種から導入される．具体的には不稔細胞質の供与型を母方の一回親とし，これに稔性回復遺伝子をもたない栽培種を6回から10回も反復戻し交雑して，細胞質供与親の核を，反復親の核で置換することによ

り育成する．育成された細胞質不稔系統は，核内遺伝子については反復親と同じ構成をもつと考えられる．しかし，なお一回親からの形質を示すことがある（第8章および14.3.3）．

③ 同質遺伝子系統（Isogenic line）：ひとつの遺伝子については差があるが，それ以外の全ての特性が等しい系統群を同質遺伝子系統と呼ぶ．これは，複雑な遺伝子の作用を同じ遺伝的背景で研究する上で貴重な材料である．これを育成する場合には，主動遺伝子を異にするいくつかの一回親に対して，共通の反復親を戻し交雑し，反復親と同じ遺伝的な背景の中に異なる遺伝子を取り入れた一組の系統を作成する．たとえば，水稲「ササニシキ」を反復親として，いもち病に対するいくつかの真性抵抗性遺伝子を導入して同質遺伝子系統が育成された（20.1.3）．

④ 少数回の戻し交雑による育種：イネの半矮性は単一の劣性遺伝子，$sd-1$によるが，この遺伝子の利用によって多くの多収性の品種が育成された（19.2.2）．国際稲研究所の初期の系統の中には，半矮性系統を一回親として，当時の優良品種 Peta などを2-3回戻し交雑して半矮性系統が育成された．Taichung Native 1/3 ＊ Peta に由来する IR 262 の諸系統，Taichung Native 1/4 ＊ Peta に由来する IR 400 の諸系統などは大面積に普及し，また育種の基幹系統として利用された．

12.2.6 多系交雑育種

選抜個体同士の相互交雑と再選抜は，他殖性の作物の育種では普通に行われるが，自殖性作物では手数がかかり，現実的でない．これを行う方法として，単一の劣性雄性不稔遺伝子 ms を利用することが考えられている．

ms/ms の系統があると，これと正常個体の F_2 では，雄性不稔 ms/ms は 1/4 の割合で分離する．これらの個体に稔った種子は，1/3 の Ms/Ms か，2/3 の Ms/ms の花粉の授精でできたものである．これを播種すると，F_3 世代では，1/3 の割合で ms/ms 個体が分離する．これについた種子は，すべて Ms/ms により授粉されたものであるから，F_4 世代以降では，ms/ms は 1/2 の割合で分離する．この仕組みを利用して，自殖性作物でも，選抜個

体間の相互交雑を繰り返しながら、世代を進めることができる。ある世代以降は、Ms/ms 個体を採って、ms を除いて普通の系統選抜を行うことができる。もし、不稔遺伝子を組み込んだ2組の雑種集団を混合すれば、4個の親からなる「多系混合集団」ができる。さらに、ms/ms を分離する集団に別の親品種を加えて、それを受粉させることができよう[12-9,10,11]。

図 12.6 1993 年の大冷害における新品種「ひとめぼれ」
1993 年の大冷害では、岩手、宮城および福島の 3 県で普及率が 20 % 程度であった「ひとめぼれ」が被害軽減に貢献した。右は被害の軽微な「ひとめぼれ」。左は壊滅的打撃を受け、穂が垂れない「ササニシキ」（宮城県岩沼市）。佐々木武彦による。
（育種の成果の例。p.218 も見よ）

第13章　他殖性植物の育種法

他殖性の植物集団では，自家受精を避けるための様々な機構がある．その機構が育種の方法に大きく関係する．他殖性作物において，主としてハイブリッド品種（F_1）を利用するものについては，次の章で述べる．

13.1　他殖性作物の育種の基礎

13.1.1　他家受精（他殖）の機構

自家受精を避けるための機構は，自家不和合性を別として，以下のように分類されている．

a. 雌雄異株

動物と同じように，雌雄で個体が違う場合である．著名なものでは，イチョウ，アオキおよびヤマモモなどの街路樹あるいは庭園樹がある．雌雄異株の植物では，性染色体に差のあるものが知られている．たとえば，カラスウリ（*Trichosanthes japonica*），ホウレンソウおよびヤマノイモ（*Dioscorea* spp.）では，雌株は$2A+2x$，雄株は$2A+x$または$2A+XY$の染色体構成である．アスパラガスでは性決定の遺伝子座が知られており，Mmが雄で，mmが雌である．MMは超雄として知られている．

b. 雌雄異花

トウモロコシ，カボチャおよびウリ類などにみられるように，同じ個体上で，雌花と雄花が異なる場合である．

c. 雌雄異熟

同じ花の中に雌雄の器官をもつ両性花でも，雄性器官と雌性器官とでは性成熟期に差があるため，同じ花の中での受精が回避される．雄ずい先熟のネギ，雌ずい先熟のイチゴなどがこれに属する．

13.1.2 自家不和合性

自家不和合性は，同じ親に由来する花粉と卵細胞の間の受精を妨げる機構である．最近研究が進んでいるので項をわけて述べる．自家不和合性には次の三つのタイプがある（図 13.1，13.2）．

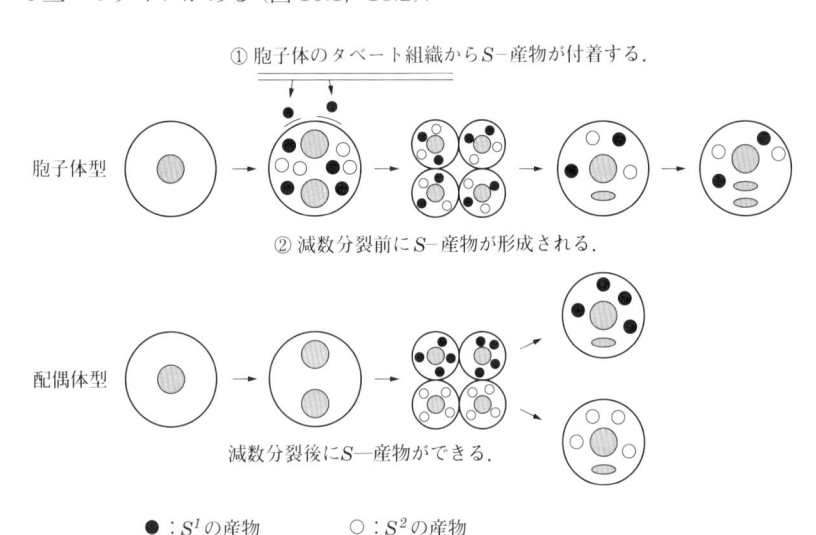

① 胞子体のタペート組織から S-産物が付着する．

胞子体型

② 減数分裂前に S-産物が形成される．

配偶体型

減数分裂後に S-産物ができる．

● : S^1 の産物　　○ : S^2 の産物

図 13.1　自家不和合性の胞子体型と配偶体型の花粉形成
胞子体 ($2n$) の遺伝子型が，花粉の自家不和合性を決める場合，自家不和合性遺伝子 (S) の産物が，減数分裂以前に形成されるか，あるいは，母体の組織（タペート）から不和合性に関係する物質が花粉に分泌されることが考えられる（文献 13-1 を参考に改訂）．

a. 異型花不和合性

同じ種の中に短花柱花 (thrum) と長花柱花 (pin) が混在していて，同型の花の間では不和合である．花の型は胞子体の遺伝子型によって決まり，短花柱花 (thrum) は ss，長花柱花 (pin) は Ss の対立遺伝子をもつ．成熟花粉は 3 核性である．ソバ，プリムラ，レンギョウ，カタバミ，エゾミゾハギなどがこれに属する．

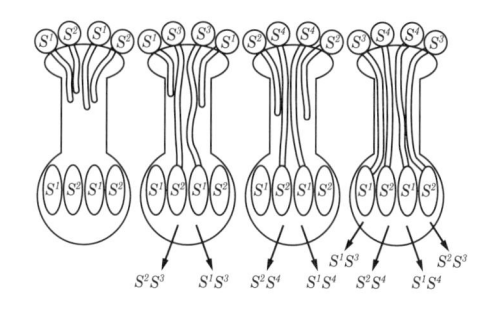

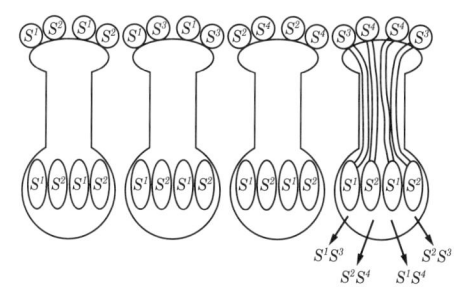

図 13.2 自家不和合性の二つの型
配偶体型(上)では，S^1 か S^2 をもつ花粉は同じ遺伝子をもつ胚珠の中へ入ることができないが，遺伝子型の違う花粉と胚珠は，その花粉親の遺伝子型にかかわりなく，合体する．胞子体型(下)では，S^1 と S^2 が優性であると，S^1 か S^2 をもつ親からできた花粉は，S^1 か S^2 をもつ柱頭では発芽できない(13-2 による).

b. 胞子体型の自家不和合性

 胞子体の遺伝子型，すなわち親の遺伝子型により，花粉ができるまでに和合性が決まり，不和合の花粉は柱頭で拒否される．親植物が決める和合性の型は，自家不和合性遺伝子の間の優性あるいは共優性によって決まる．成熟花粉は3核性である．これにはキク科のコスモス，ヒルガオ科のサツマイモ，アブラナ科のキャベツおよびハクサイなどがある．

c. 配偶体型の自家不和合性

 自家不和合性が配偶体の遺伝子型によって支配されている．和合性は，花柱の中で花粉管が正常に伸長するか，停止するかで判定される．成熟花粉は

2核性である．これにはバラ科のナシ，リンゴ，ナス科のペチュニアやタバコの野生種，マメ科のアカクローバなどがある．バラ科とナス科の花柱の自家不和合性遺伝子に対応しているタンパク質は RNA 分解酵素（RNase）である（4.3.3）．

自家不和合性遺伝子は，多くの場合に一つの遺伝子座に在る．ただしイネ科植物では2座の遺伝子が関与するという報告がある．もし突然変異により新しい対立遺伝子ができると，それは他のどの対立遺伝子にも阻害されずに受精に参加するので，集団の中での頻度が高まる筈である．逆に，最も頻度の高い対立遺伝子は，受精に参加する機会が少なくなる．こうして自家不和合性遺伝子の対立遺伝子の多型性は助長される．また，各対立遺伝子は集団の中で等頻度で存在するものと考えられる（S. Wright, 1939）．

d. 自家不和合性の打破

自家不和合性の遺伝子が働くのは，開花後受精が行われる期間である．このため，蕾の時期や老花では自家不和合性が働かないので，蕾授粉や老花授粉により，自家受精種子を得ることができる．また，環境条件によっては自家不和合性が働かないことがある．たとえば，植物体の齢（開花末期），生育虚弱，温度ストレス，栄養系間交雑，柱頭切除，混合授粉および二酸化炭素処理などがある．自家不和合性の自殖系統を維持するにはこのような条件が利用される．

13.1.3　隔離栽培

他殖性または部分他殖性の植物は，虫媒あるいは風媒によって交雑するので，選抜や採種栽培においては，隔離が必要である．これには，林地内の隔離圃場，袋かけ，網枠かけおよび網室採種の他，遠距離の隔離栽培も行われる．隔離に要する距離は，地形などによっても異なるが，トウモロコシでは 200〜500 m，タマネギおよびネギでは 100〜800 m，ハクサイやカブでは 1,000 m 程度が必要とされている[13-6]．採種などにおいて品種を維持するときの集団の大きさも重要な問題である．集団の縮小によって，集団に保有される対立遺伝子が失われる（10.5.3）．

13.1.4 雑種強勢と自殖弱勢

二つの親品種を交雑したとき，F_1 植物が両親より強い生活力を示すことを雑種強勢（hybrid vigor あるいは heterosis）という．雑種強勢の理由については，次の2通りの説明がある[13-3]．

第一は，対立遺伝子の相互作用による超優性効果によるとする説で，対立遺伝子 A と a がある場合に，AA および aa のホモ接合体よりヘテロ接合体 Aa の生活力が高いとする．

第二は，雑種第一代では，多くの座でヘテロ接合となり，各座位の優性遺伝子の効果により強勢となるが，これらの優性遺伝子はそれぞれが近傍の劣性遺伝子と連鎖しているため，一つの個体に集積されないとする考え方である．これを優性遺伝子連鎖説という（図 13.3）．

超優性説の根拠はあまり知られていない．一方，ある座位において $AA \times aa$ の交雑から生ずるヘテロの遺伝子型が，aa に対して優れていることは，多くの致死遺伝子あるいは半致死遺伝子の事例をみれば理解できる（図 13.4）．このような座位が2座位あれば，$AAbb \times aaBB$ の交

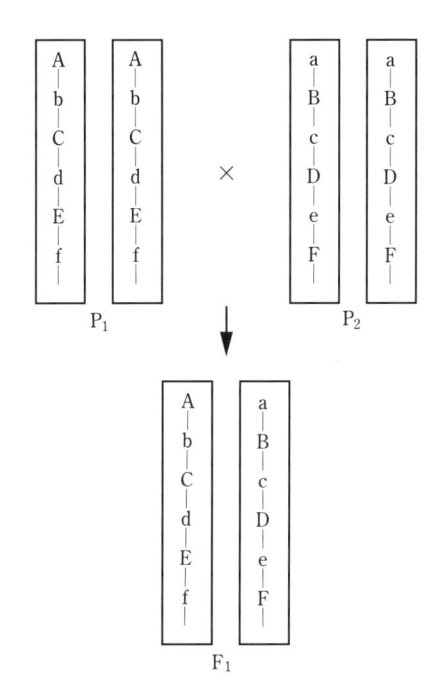

図13.3 優性遺伝子連鎖説による雑種強勢の説明

仮に A から F まで6個の連鎖する遺伝子座があり，一つの固定系統では，b, d および f に，他方の固定系統では a, c および e に劣性対立遺伝子があるとすると，これらの交雑による F_1 では，全ての座で優性対立遺伝子があり，両親より強勢となる．しかし，F_2 以降では，A-b，C-d，D-e などの連鎖のために，優性対立遺伝子が集積される確率はきわめて小さい．

図13.4 イネの IR34 と E425 およびその F_1 の亜鉛欠乏土壌での生育状況
F_1 は耐性のある親品種 IR34 と同じかそれ以上の生育を示す.

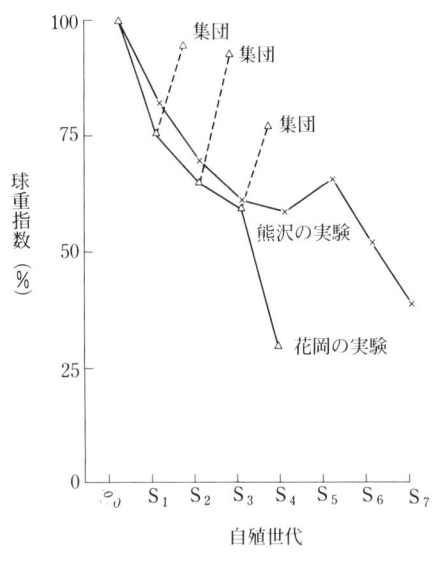

図13.5 タマネギにおける自殖弱勢の進行（文献 13-5）による.

雑の F_1 個体は，両親より優れることは推察できる．その場合これが1座の効果か2座のそれかの判定は，A と b に連鎖があれば容易でない．なお，超優性説も優性遺伝子連鎖説もヘテロシスの固定ができないことには合理的な説明を与えている.

生物集団では，突然変異によって DNA 配列での変異が起こり，それらの一部はタンパク質の多型性として保存される．多型性を示す酵素タンパク質の対立遺伝子では機能上優劣の差のあるものが保存されると考えてよい．こうした遺伝子座において，遺伝的荷重の概念の示唆するように，ある小集団あるいは品種が，機能上最上

の対立遺伝子を集積している筈はない．したがってもしこれらの小集団あるいは品種を選んで互いに交雑すれば，多くの座位において，機能上優越した対立遺伝子が働き，"強勢"現象が現れると考えてよい（詳しくは文献 13-4 参照）．これらの遺伝子群は発芽から全生育期間にわたり基本的な代謝に係るものと考えられる．その効果を外部形態で測定するのは便宜的といえる．

自殖弱勢現象（inbreeding depression）は自家受精を継続すると，次第に生活力が衰える現象である（図 13.5）．これは，第 10 章で述べたように，多くの座位においてヘテロ接合で保存されてきた機能上劣る対立遺伝子が，近交によりホモ接合となり，致死あるいは半致死の効果を現わすためであると考えられる（補注 7）．

13.1.5 組合せ能力の検定

他殖性の品種あるいは系統の間で，どのような交雑組合せが高い能力を示すかを検定することが必要である．この場合に，特定の一種類の検定系統を，多くの系統に交雑して，得られた F_1 の能力を比較する方法がある．また，検定すべき系統間の総当たり交雑により，F_1 種子を得て，これらを親品種とともに栽植して，生産力を検定する場合もある．これを2面交雑法（diallele cross）と称している．ここで，正逆交雑の差は普通ないので省略する場合もある．このような交雑から得られるデータは，ダイアレル（diallele）表と呼ぶ分散分析表を適用して分析する（表 13.1）．

この場合にある系統が他の系統との交雑において平均的に高い能力を示すときには，一般組合せ能力（general combining ability, GCA）が高いと判定する．このような平均的な能力とは関係なく特定の2系統の F_1 が高い能力を示す場合には，これを特定組合せ能力（specific, SCA）が高いという．

13.2 他殖性植物の育種法

他殖性植物の集団は，相互に交雑する個体群から構成されている．普通には個体群が選抜の単位であるから，基本的に集団改良である．このため，集団選抜法あるいは系統選抜法でも，選抜精度の向上のために種々の工夫がな

表 13.1　組合せ能力の検定

a. 二面交雑表

♂	♀					
	1	2	3	⋯	n	合計
1	X_{11}	X_{12}	X_{13}	⋯	X_{1n}	$X_{1.}$
2	X_{21}	X_{22}	X_{23}	⋯	X_{2n}	$X_{2.}$
3	X_{31}	X_{32}	X_{33}	⋯	X_{3n}	$X_{3.}$
n	X_{n1}	X_{n2}	X_{n3}	⋯	X_{nn}	$X_{n.}$
合計	$X_{.1}$	$X_{.2}$	$X_{.3}$	⋯	$X_{.n}$	$X_{..}$

b. 分散分析表

要因	平方和	自由度
一般組合せ能力	$S=(1/2n)\Sigma(Xr.+X.r)^2-(1/n)^2 X..$	$n-1$
特定組合せ能力	$(1/4)\Sigma(Xrs+Xsr)^2-S$	$(1/2)n(n-1)$
一般正逆交雑効果	$(1/2n)\Sigma(Xr.-X.r)^2$	$n-1$
特定正逆交雑効果：	$(1/4)\Sigma(Xrs-Xsr)^2-(1/2n)\Sigma(Xr.-X.r)^2$	$(1/2)(n-1)(n-2)$
合　計	$\Sigma X^2 rs-(1/n^2)X^2..$	n^2-1

r, s はそれぞれ r 番目および s 番目の系統を示す.

されている．また集団の中で絶えず交雑による遺伝子型の再構成が行われるから，循環的な選抜と改良が可能である．ただ他殖性の植物でも，ハイブリッド品種育成のための自殖系統の育種は行われる．また，自殖の程度の高いもの，あるいは自家不和合性のない作物に対しては，自殖性作物と同じ育種方法が適用できる．

13.2.1 他殖性作物の選抜法

a. 集団選抜法（mass selection）

図 13.6 のように，在来種から他家受精によってできた優良個体を選抜し，選抜個体の種子を混合して，再び集団とする．こうして，極端な近交を避けながら，原集団よりも優れた集団を分離することができる．この方法は現在でもチモシーなど牧草の育種に適用されている．

ニンジンやネギなどの他殖性の野菜の在来種の採種においても，採種栽培圃場から異型を除去し，次に個体を抜き取って目的とする根部を鑑定してから，優良株を採種圃に移して集団採種することが行われる．

b. 成群集団選抜法（group mass selection）

この方法では，形質の似た系統を混合して隔離採種し，これらの群間の比較選抜を行い，群内でも集団選抜を行いながら，優良群の選抜を重ねる．最後に選抜された優良群を混合して新品種とする．

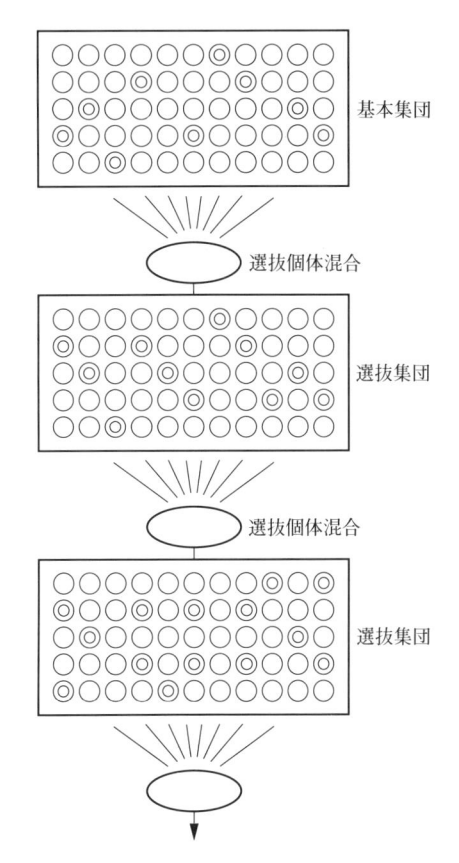

図 13.6 集団選抜の方法
　近交を避けるため優良個体を選抜しては混合採種する．

c. 系統集団選抜法（pedigree mass selection）

前述のような，個体単位の表現型による選抜では，遺伝的特性の評価の精

度が低く，収量などの的確な選抜ができない．系統集団選抜法では，集団の中から優良個体を選抜し，それから次のような方法で系統を育成して，その特性を評価して選抜を行う．

　c.1　後代検定による半兄妹系統の選抜（half-sib selection with progeny test）

　この方法は，一穂一列法（ear-to-row）とも呼ばれ，トウモロコシで広く行われた．本質的に母系（maternal line）選抜であり，個体の表現型上の能力

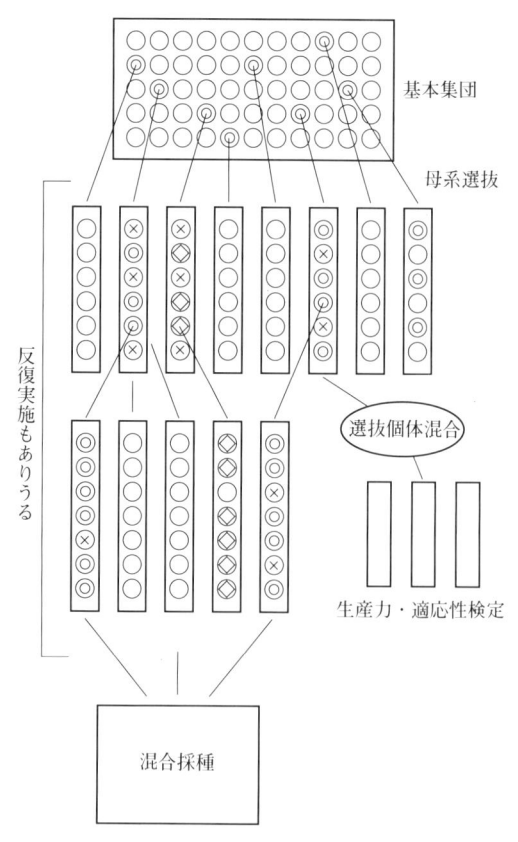

図13.7　系統－集団選抜の方法
　母系選抜を行い，その後代系統の性能により選抜する．花粉親の性能については選抜できない．

だけではなく，後代の性能を評価して選抜を行う．原集団から任意交雑された50～100個体を選抜し，各個体別の種子（半兄妹系統）を保管しておく．各系統の一部の種子により収量検定を行う．その評価に基づいて，選抜系統の種子を混合するか，あるいは収量検定圃場から良系統群の種子を混合して改良集団を得る．この場合，半分の遺伝子は選抜系統から導入されるが，残りの半分の遺伝子は，原集団から花粉親を通じてランダムに抽出されたことになる．

このような系統選抜を2-3回続けた後は，選抜系統を混合して，更新された集団とし，隔離採種する．最終的に（早いときは第3年目に）得られた集団は新しい品種あるいは合成品種（後述）の材料とする．あるいはさらに選抜を続ける材料とし，または自殖系統を得る材料として利用する（図13.7）．

c.2 検定交雑による半兄妹系統の選抜 (half-sib selection with test cross)

この方法では，選抜個体を検定用の系統に交雑して，その後代系統の性能を評価して選抜する．

① 任意交雑された集団から50～100個体の開花前の選抜．一つの方法として (a)，検定親に交雑して得られた種子と，選抜個体の任意受粉による種子をとる．この種子を個体別に保管する．あるいは (b)，検定親に交雑して得られた種子と，選抜個体の自殖による種子を得て，それぞれ個体別に保管する（図13.8）．

② 検定交雑後代の収量検定．

③ 集団の再構成．(a) 良系統群のもとの種子，あるいは収量検定に供試された良系統そのものを混合する．あるいは (b) 収量検定の結果，良系統と判明した自殖系統の混合をする．(a) では半分の遺伝子は，選抜されない任意抽出の花粉であり，精度は下がる．ここで検定親の選び方が問題となるが，一般には広く利用されているハイブリッド品種の自殖系統が使われる．

c.3 完全兄妹系統の選抜 (paired cross line)

母系選抜の代わりに，個体の対を選んで，検定選抜を行う．

① 150～200対の個体を選抜し，それらの対の間で交雑を行う．

② 得られた種子の一部により系統の収量を検定し，残りの種子を保存して

第13章 他殖性植物の育種法

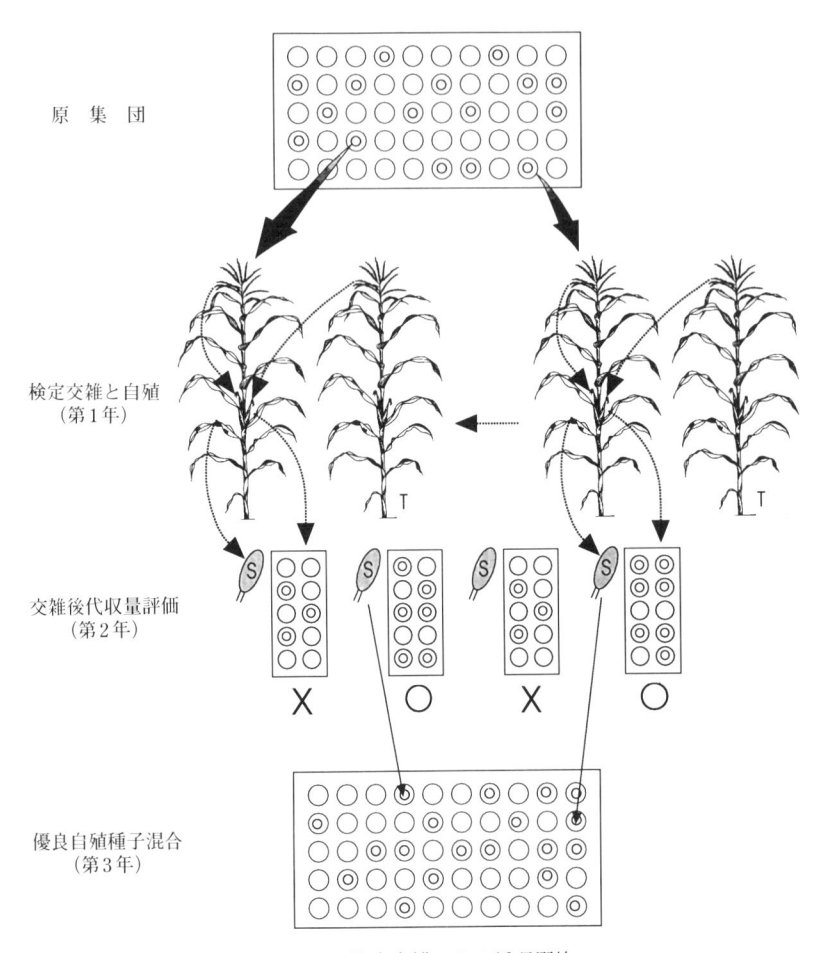

原集団

検定交雑と自殖
（第1年）

交雑後代収量評価
（第2年）

× ○ × ○

優良自殖種子混合
（第3年）

図13.8 検定交雑による循環選抜
　原集団から優良個体を選抜する．自殖種子（S）と検定交雑による種子を得る（1年目）．自殖種子は保留し，交雑による種子を系統として養成し，多くの系統から優良親を選抜する（2年目）．その自殖種子を混合して改良集団を得る（3年目）．

おく．
　③ 収量検定の結果により良系統を選抜して集団の再構成を行う．

c. 4 自殖系統検定による選抜 (selection from S_1 progeny test)

この方法は，収量検定に十分な自殖種子が得られる場合に可能である．自殖による種子を得て，収量検定の結果，良系統と判明した自殖系統を混合をする．ここでは花粉の側の遺伝子も評価されるから選抜精度は高い．

13.2.2 循環選抜法

他殖性植物の集団では集団の成員間での交雑が容易である．したがって，選抜個体または系統を混合して相互の交雑により，集団としての改良を図ることができる．この操作を体系的に反復することが，循環選抜法 (recurrent selection) である．

a. 単純循環選抜法

系統選抜の手順はすでに述べた通りで，① 基本集団よりの個体選抜とその検定交雑 F_1 を得る．② 検定交雑 F_1 の生産力を調べ，優良自殖個体を選ぶ．③ 優良個体の自殖種子を混合集団として栽培し，相互交雑を行う（図 13.8）．ここから ① を反復することになる．検定系統の性格により，一般組合せ能力の改良を図るかあるいは特定組合せ能力を考慮するかの違いがでてくる．こうして得られた改良集団は，ハイブリッド品種用の自殖系統の育成に，あるいは，合成品種の素材に使われる．

b. 相反循環選抜法

二つの基礎集団 A および B から出発する．A から選抜した個体を自殖し，同時に B と検定交雑する．得られた系統の収量検定を行う．成績のよいものの自殖種子を集めて，A' の集団をつくる．同様に B についても A 集団に属する個体との検定交雑と収量検定により選抜し，それらの自殖種子の混合により B' を得て改良を進める．細胞質雄性不稔を利用したハイブリッド品種のための自殖系統の養成においては，稔性回復遺伝子をもつ集団（稔性回復系統育成用）と細胞質雄性不稔系統用の集団が養成される．これらの集団から自殖系統を分離してハイブリッド品種の素材とする．この方法は重点を組合せ能力の改良においている．

13.2.3 合成品種育種法

これは，いくつかの基本集団を養成して，これらが集団の中で交雑することによって生ずる雑種強勢効果を利用した育種手法である．

a. 種子系統による方法

① 基本集団あるいは基本系統は再生産可能であり，維持され，定期的に混合・再構成されること．

② 合成される系統は組合せ能力の検定済みのものであること．

③ 合成集団は任意交雑により構成されること．

先に述べたような方法で優良集団を分離育成し，これらを系統として隔離・増殖しておく．これらの系統から，組合せ能力の高いものをいくつか選んで，混合して一つの合成品種にする．採種量の多いトウモロコシのときは自殖系統を混合して合成品種とすることができる．

b. 栄養系を利用した合成品種

1個体からの種子量が少ない，自家不和合のため自殖種子がとれない，あるいは交雑の管理ができないといった場合には，栄養系の選抜を含めた育種体系が必要となる．オーチャードグラスやイタリアンライグラスなどでは，次のように栄養系の評価により合成品種が育成されている．

第一に，基礎集団として遺伝的に多様な材料の収集をする．これから観察により，優良個体を選抜する．選抜個体の栄養系を株分して，収量性および特性の検定を行い，これらから20～25系統の栄養系を選抜する．これらの優良系統は隔離圃場で育成し，一方これらの栄養系と他の全ての栄養系の交雑を行い，組合せ能力を検定し，優良組合せを選抜する．組合せ能力の高い5～15からなる栄養系から得られた種子の混合集団 (Syn 0) を得る．これから得た種子を合成第一代 (Syn 1) とする．全体の種子量が不足のときはこれをさらに一世代増殖してから，合成品種とする．種子更新は，再びもとの各系統を混合して行う．

第14章　雑種第一代品種の育種

　雑種第一代に現れる雑種強勢を利用した品種，すなわちハイブリッド品種は，もともと人工交雑により大量の種子が得られる作物において始まった．その後交雑種子を容易に得るための各種の遺伝学的機構が応用されて，ハイブリッド品種は多くの作物で利用されるようになった（図14.1）．

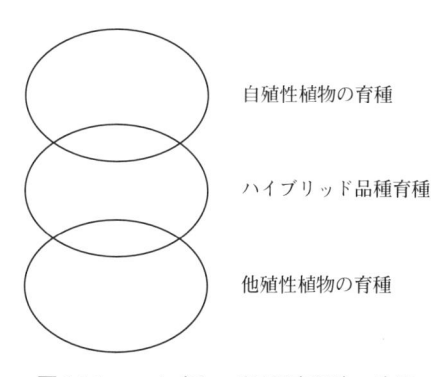

図14.1　ハイブリッド品種育種法の位置

（楕円：自殖性植物の育種／ハイブリッド品種育種／他殖性植物の育種）

14.1　ハイブリッド品種

　栽培の規模が小さく，種子量が少ない野菜栽培では，ハイブリッド品種が広く栽培されている．ハイブリッド品種の次代（F_2）は分離するため，栽培者はハイブリッド品種の種子を毎年購入する必要がある．このため育種・採種業が発展し，さらにハイブリッド品種の普及が助長されたといえる．

　表14.1には，野菜類におけるハイブリッド品種の利用状況を示した．現在チシャ，セルリー，シュンギクおよびゴボウなど少数の野菜で固定種が利用されているが，主要野菜の多くでは，ハイブリッド品種が利用されている．ハイブリッド品種を利用するには，大量の交雑種子を省力的に得る必要がある．このため，ハイブリッド品種の適用は，自殖性穀物には最も困難とみられていたが，イネなどにも適用が可能となった．

第14章 雑種第一代品種の育種

表14.1 野菜における F_1 育種（採種法）

科	野菜名	交雑－採種方法
ウリ	キュウリ	ほとんど全部は人工除雄による交雑
	スイカ	同上
	カボチャ	同上
	メロン	同上
	マクワウリ	同上
ナス	トマト	同上
	ナス	同上
	ピーマン	大部分は人工除雄による交雑
マメ	エンドウ	固定種による自殖種子
	ソラマメ	同上
	インゲン	同上
	エダマメ	同上
アブラナ	ダイコン	自家不和合性利用による交雑
	キャベツ	同上
	ハナヤサイ, ブロッコリー	同上
	メキャベツ	同上
	ハクサイ	同上
	カブ	自家不和合性利用による交雑と一部固定種
	ツケナ	固定種と一部自家不和合性利用による交雑
セリ	ニンジン	大部分は細胞質雄性不稔利用による交雑と一部固定種
	セルリー	固定種による自殖種子
キク	チシャ	同上
	ゴボウ	同上
	シュンギク	同上
ユリ	ネギ	固定種による集団採種種子と一部細胞質雄性不稔利用
	タマネギ	大部分は細胞質雄性不稔利用による交雑と一部固定種
アカザ	ホウレンソウ	雄株抜き取りによる交雑種子
イネ	スィートコーン	同上

文献 (14-1) による.

ハイブリッド品種を広くみれば，品種間交雑による場合と自殖系の交雑による場合がある．この場合，単交配，三系交配，複交配，多系交配などもあるが，以下では主として雑種第一代のハイブリッド品種について述べる．

14.2 品種間交雑と自殖系統の育成

雑種第一代品種の育成に当たって重要な問題は，親となる系統の導入あるいは育成である．親となる品種は自殖系統（inbred line）でなくてもよいが，雑種第一代植物の性能の安定と均質性を実現するには，自殖系統間の交雑が望ましい．もともと他殖性である作物の場合には，能力の安定した自殖系統を得ることは容易ではない．アブラナ科野菜やネギ類では，自家受精による後代の生活力が著しく低下する．ときには自殖系統の維持が困難となる場合もある．トウモロコシでも同様の現象がみられる．さらに，自殖系統には良好な品質および耐病虫性の遺伝子をもつことが要求される．このため近縁野生種からの耐病性遺伝子などの導入が広く行われている．なお自殖系統の育成には花粉培養による複半数体の利用も行われている．細胞質雄性不稔の利用の場合には，後述のように特別の育種法が採用される．

安定した自殖系統を得た後の問題は，高い組合せ能力を示す自殖系統の育成の問題がある．組合せ能力の検定と，高い組合せ能力を示す自殖系統の育成のための循環選抜については前章で述べた．

14.3 雑種第一代種子の採種法

自家受精を避けて確実に雑種種子を得る方法は次のように分類される．

14.3.1 人工交雑

ウリ類では，雌雄異花のものが多いので，あらかじめ雄花を除去して人工交雑ができる．長日条件でほとんど雌花のみを着生するキュウリの節成り品種は雄性不稔系統として利用される．トウモロコシでも雌親とする植物の先端の雄穂を摘除して，花粉親品種の穂からのみ花粉が飛散するようにすれば，交雑種子が得られる．トマトやピーマンのような両性花の作物でも，除雄が比較的簡単で，一果当たりの種子数の多いものでは，人工的に除雄して交雑種子が得られる．

14.3.2 自家不和合性の利用

自家不和合性の植物では，除雄をしなくても自家受精が阻止されているので，交雑種子を得ることができる．アブラナ科野菜の大部分では，雌親に自家不和合性の植物体を利用し，ハチやアブなど授粉昆虫によって花粉親の花粉を交雑している．この場合には自家不和合性がきわめて安定していることが必要である．

自家不和合性の自殖系統は，蕾受粉あるいは二酸化炭素ガス処理によって自家不和合性の機能を阻止して，自家受粉を行って増殖する．

14.3.3 細胞質雄性不稔の利用

特定の細胞質と核内遺伝子の組合せでは，雄性不稔が現れる．この細胞質

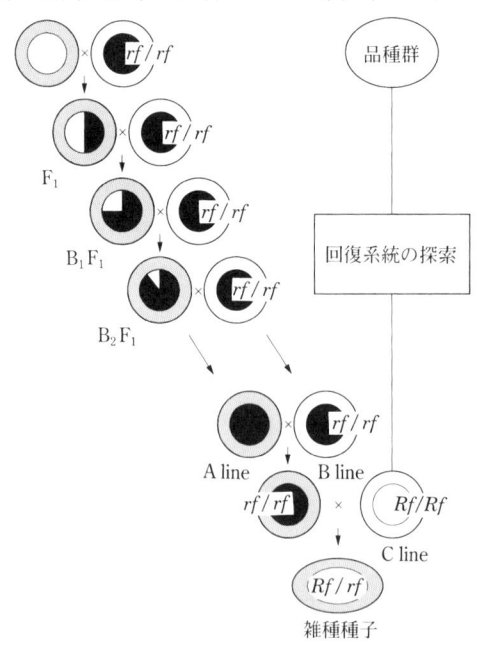

図14.2 細胞質雄性不稔系統の育成と利用
核置換により細胞質雄性不稔系統（A）を育成し，維持系統（B）を交雑して不稔系統を維持・増殖する．これに回復系統（C）を交雑しハイブリッド種子を得る．

をS細胞質としたとき,核内の稔性回復遺伝子($Rr-rf$)が劣性でrf/rfの場合には,雄性不稔となる.もとのS細胞質をもった稔性の品種の核内遺伝子はRf/Rfであったといえる.この場合,タマネギの場合のように,栽培品種群の中に不稔細胞質が発見される場合と,イネのように遠縁品種の不稔細胞質を戻し交雑によって導入する場合がある.細胞質雄性不稔は,ヒマワリ,ソルガムおよびテンサイなどでも利用されている.

遠縁品種間の正逆交雑間で稔性に差がある場合には,細胞質雄性不稔の存在が示唆されるので,図14.2に示したように,不稔細胞質の供与品種に優良種を反復して戻し交雑し,核置換を行う.こうして得られる雄性不稔系統をA系統という.雄性不稔であるA系統はそれだけでは維持できないから,A系統に戻し交雑に使った品種を花粉親として授粉して,A系統の種子を再生産する.この花粉親を維持系統(maintainer)あるいはB系統という.A系統に花粉親として交雑して,稔性のある雑種第一代を得るための系統を回復系統(restorer)あるいはC系統という.雑種種子の生産では,A系統とC系統を混植して,両者の交雑により交雑種子を得る(図14.4).回復系統の核内遺伝子はRf/Rfでなければならない.A系統/C系統の雑種第一代の核内遺伝子はRf/rfとなり種子稔性が正常に回復する.この場合に花粉全部の稔性が回復される場合(胞子体型)とRfをもつ花粉のみが稔性となる場合(配偶体型)がある.タマネギやニンジンのように栄養体を利用する作物では,必ずしも回復遺伝子は必要でない.

14.3.4 複交雑種子の利用

二つの自殖系統間の交雑によっては十分な量の種子が生産されないときには,自殖系統のF_1同士でさらに交雑して,複交雑種子を得て栽培する.この場合は種子の均一性(uniformity)は低下する.しかし茎葉を利用するトウモロコシなどの飼料作物では,ある程度の均一性の低下は許容される.

14.3.5 そのほかの方法

アポミキシスによってヘテロ接合体の種子の増殖が可能な品種が,キャッ

サバやギニアグラスで見出され,「ハイブリッド品種」として利用されている.またイネでは日長や温度などの環境に依存して雄性不稔性となる変異体の利用も試みられている[14-2](図14.3).また,葯で特異的に発現するプロモーターとリボヌクレアーゼ(RNase)などを遺伝子組換えで導入した雄性不稔も試みられている[14-3].

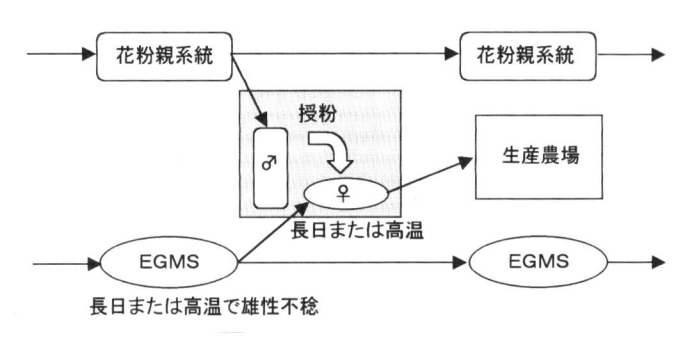

図14.3 二系法によるハイブリッド種子生産
EGMS (Environment-dependent genic male sterility) 系統は,長日または高温で雄性不稔になるので,その条件で花粉親系統により授粉してハイブリッド種子を得る.

図14.4 ハイブリッド種子の生産(国際稲研究所で著者撮影)
　　　　左:Aライン種子の生産(維持系統による授粉)
　　　　右:ハイブリッド種子生産(回復系統による授粉)

第15章 栄養繁殖植物の育種法

栄養繁殖性の作物では，塊茎繁殖，挿木あるいは接木などによって，体細胞の遺伝学的構成がそのまま複製・増殖される．このため，栄養繁殖植物に固有の育種方法が適用される．これには農業あるいは園芸上重要な多くの作物が含まれている．

15.1 栄養繁殖性の栽培植物

表15.1に示したように，食用作物の中では，サツマイモおよびバレイショがよく知られている．熱帯作物としては，キャッサバおよびヤムなどがある．芝草や飼料作物では種子繁殖が可能であるが，栽培上は栄養繁殖によっ

表15.1 主要な栄養繁殖性の栽培植物の染色体数

食用・園芸作物		
サツマイモ	*Ipomea batatas* (L.) Lam.	$6x = 90$
バレイショ	*Solanum tuberosum* L.	$4x = 48$
サトイモ	*Colocasia esculenta* Schott	$2x = 28, 3x = 42$
Cassava	*Manihot esculenta* Crantz	$2n = 36$ (Amphidiploid)
ヤマノイモ (Yam)	*Dioscorea opposita* Thunb.	$40, 60, 80, 100$ ($x = 10$)
ウコン	*Curcuma longa* L.	$62, 64$
ショウガ	*Zingiber officinale* Rosc.	$22, 24$
イチゴ	*Fragaria* × *ananasa* Duchesne	$8x = 56$ (AAA'A' BBBB)
工芸作物		
チャ	*Camellia sinensis* (L.) O. Kuntze	$2x = 30, 3x = 45,$
サトウキビ	*Saccharum* spp.	$2n = 60 - 128$ ($x = 8, 10$)
ハッカ	*Mentha arvensis* var.	$2n = 96$ ($x = 12$) RRSSJJAA
果樹類		
カキ	*Diospyros kaki* Thunb.	$2n = 6x = 90, 9x = 135$
リンゴ	*Malus* × *domestica*	$2n = 2x = 34, 3x = 51$
ナシ	*Pyrus serotina* L.	$2n = 2x = 34, 3x = 51$
ブドウ	*Vitis vinifera* L.	$2n = 2x = 38, 40, 2n = 4x = 76$
パイナップル	*Ananas cosmos* (L.) Merr.	$2n = 2x = 50, 3x = 75, 4x = 100$
バナナ	*Musa cavendishii* Lamb.	$3n = 3x = 33$

て維持されているものが多い．花では球根で栽培されるものが多い．工芸作物では，チャ，クワ，サトウキビなどがある．果樹および花木の品種はほとんど栄養繁殖によって増殖されている．栄養繁殖によって増殖される系統は栄養系（clone）と呼ばれる．

15.2 栄養繁殖性植物の遺伝学的特徴

栄養繁殖されることから必然的にいくつかの特徴が導き出され，それを理解すれば育種方式の基礎も理解される．

15.2.1 高次倍数性

一般に高次の倍数性植物は，二倍性植物に比べ植物体の各器官が大きくなり，栽培植物として優れている．しかし，減数分裂のときに相同染色体が一対以上あると，その対合が撹乱され，安定したゲノムをもつ配偶子が形成されず，結局種子の稔性が劣るか，あるいは次代に異常型が分離してくる．体細胞分裂を通じて増殖される栄養系はこの制約を受けないため，高次倍数性の利点が発揮される．したがって栄養繁殖性の植物では高次倍数体となる傾向がある（表15.1）．逆に栄養繁殖性の植物で種子を利用するものはほとんどない．栄養繁殖植物の特性から，交雑により種子を得ることは必ずしも容易でなく，交雑育種には困難が伴う．

15.2.2 ヘテロ接合性

栄養系は，その成立過程で自殖を経過していないため，多くの遺伝子座でヘテロ接合となっている．したがって，栄養系を自家受精させて繁殖すると，次代で遺伝的分離がみられる（図15.1）．ただし一般の栄養系の種子繁殖（実生繁殖）では，不和合性などのため，自殖種子でない可能性がある．いずれにしても，種子繁殖では栄養系の特性が維持されない．

異なる栄養系の品種を交雑した場合に，F_1 の世代で遺伝的分離が認められる．一例として，A から F までの6座位について異なる次の2系統の交雑を取り上げてみよう．

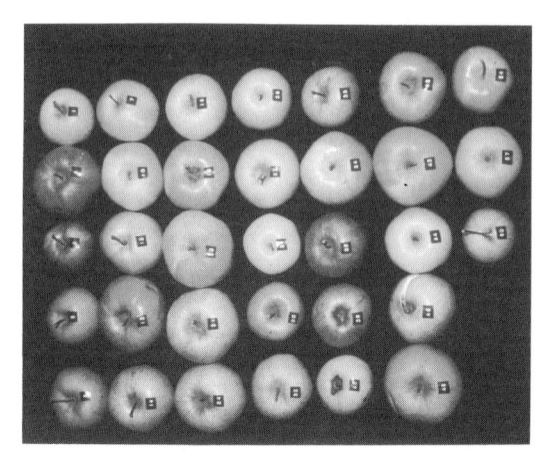

図15.1 リンゴの「ゴールデン・デリシャス」の実生における果実の諸形質の分離
原品種の外観は黄金色であるが，実生個体では原品種同様のものから赤色，錆色などの果実が分離する（農林水産省果樹試験場　盛岡支場）．

$AaBbCCDdEeFf \times AaBBccDdeeFf$.

F_1 世代では，A 座から F 座で，それぞれ，3, 2, 1, 3, 2, 3 通りの遺伝子型が分離するので，全体では，$3 \times 2 \times 1 \times 3 \times 2 \times 3 = 108$ 通りの遺伝子型が分離する．ただし，完全優性のときは16通りの表現型が分離する．

実際には多数の遺伝子座が関与するので，栄養系の交雑では F_1 で多様な遺伝子型が分離してくる．したがって，F_1 の世代で選抜を開始することが多い．この F_1 世代の分離集団から選抜された栄養系は，雑種第一代の遺伝子型を維持したまま栄養繁殖によって増殖されるので，雑種強勢を示しているものと考えられる．

15.2.3　交雑不和合群

クリやバラ科の果樹，サツマイモ，チャ樹などでは自家不和合性がみられる．バレイショの近縁種の中でも自家不和合性がみられる．同じ自家不和合性遺伝子型をもつ品種・栄養系の間では交雑種子が得られない．このため交

第15章 栄養繁殖植物の育種法

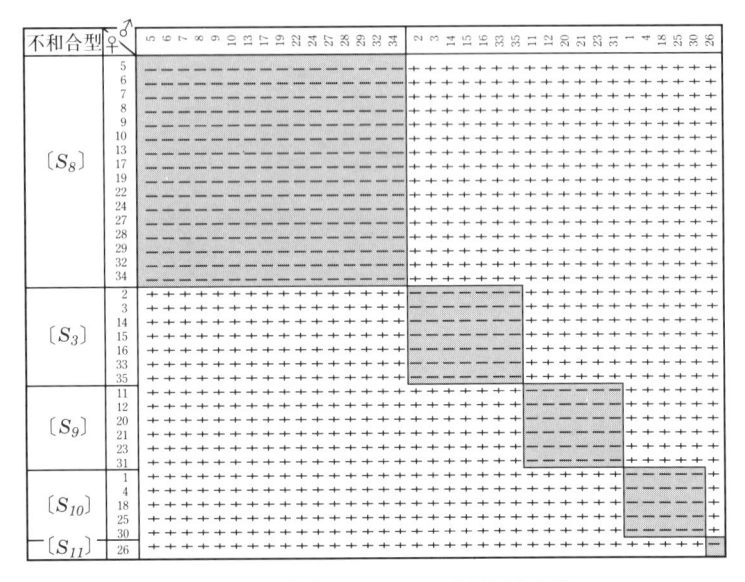

図15.2 二倍体サツマイモの自家不和合群
メキシコの1地点で採種された35個体の総当たり交雑により，五つの不和合群が分類された．不和合群は網目で示した（文献15-1）．

雑の可否によって「交雑不和合群」が識別される．交雑不和合群がすべて自家不和合性によるとはいえないが，これを克服して交雑範囲を拡大することが試みられている．図15.2にサツマイモの野生種の自家不和合群を示した．

15.3 栄養繁殖植物の育種法

はじめに交雑などにより変異を獲得した後は，栄養系を選抜・増殖する点に特徴がある．

15.3.1 栄養系分離法

栄養繁殖作物の在来品種の中に多様な遺伝的変異がある場合，優良系統を分離することが考えられる．その際選抜法によって次の二通りにわける．

a. 栄養系選抜（clone selection）

同じ品種群に属する多数の栄養系を収集し，同じ条件で，各栄養系をある

程度増殖して，栄養系集団として比較・選抜する．林木あるいはカキなどの在来果樹に適用される．

b. 実生選抜 (seedling selection)

普通は栄養繁殖される植物でも，種子から得られた植物体を，特に区別して「実生（みしょう）」と呼ぶ．収集された栄養系から実生の集団を養成して，その集団間の比較を行うとともに，集団内の優良個体を選抜・増殖する方法である．自家不和合性の栄養繁殖作物では，母系選抜を行うことになる．また，母本は一般に遺伝学的にヘテロであるから，それから実生集団を育成して選抜することは，事実上は交雑育種に近い操作といえる．

15.3.2 栄養繁殖作物における交雑育種法

栄養繁殖される作物，すなわちイモ類あるいは果樹などにも，基本的には交雑育種が適用される．

a. 交雑種子の獲得

高次倍数性の栄養繁殖植物では有用遺伝子を導入するために，二倍体の近縁野生種などが利用される．その場合，現存の品種の倍数性を下げる特別の方法が適用されることがある．この他にも栄養繁殖性植物で交雑種子を得る場合の問題は多い．たとえばカンキツ類では交雑種子と珠心胚実生を区別する問題がある．サトウキビでは交雑のための開花期の調節が困難で，国外に交雑を委託する場合もある．

b. 実生選抜

前述のように，二つの親品種が交雑されるとすでに雑種第一代（F_1）で遺伝的に異なる多様な植物体を生ずる．F_1 においては，数百から場合によっては1万にも達する実生個体を養成して選抜する（図15.3）．球根植物や果樹では，実生が生長し，開花・結実して選抜の対象となるまでに数年を要する．したがって標識形質を利用した早期選抜，あるいは「高接ぎ」による結果促進などの効率向上が必要である．

特殊な場合として，品質など劣性遺伝子に支配される有用形質を育種目標とする場合には，交雑後の F_1 における選抜では目的とする実生が少ない可

(172)　第15章　栄養繁殖植物の育種法

○ × ○　　　交　雑

実生(雑種第一代)集団養成と選抜

栄養系育成と選抜

栄養系の増殖と選抜

特性検定

優良栄養系の種苗生産

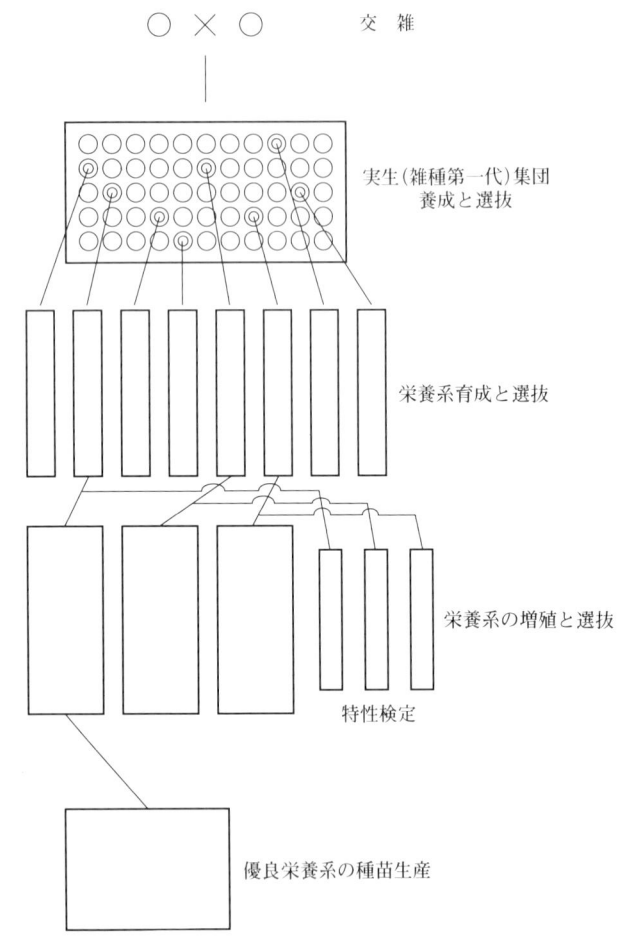

図15.3　栄養繁殖作物の交雑育種
多数の実生個体を得た後，優良栄養系の選抜とその増殖が主な仕事である．

能性があるから，実生間の交雑を行い，F_2集団での選抜を行う．
　c．**栄養系の増殖と選抜**
　実生集団から選抜された個体は栄養繁殖により直ちに均質な集団として増殖できる．しかし，実生個体の選抜では，環境変動の影響で正確な評価は困

難であるから，選抜された実生から栄養繁殖により栄養系を増殖し，栄養系（clone）を栽培しながら，評価・選抜を数年反復し，次第に少数の優良な栄養系を残し，最終的には，品種となる栄養系を種苗生産に進める（図15.3）．図15.3において，特性検定，系統適応性試験および現地試験については「系統育種法」で説明したので省略した．

15.3.3 栄養繁殖作物の育種の特徴と成果

自殖性や他殖性の植物の交雑育種では，遺伝子の組換え（gene recombination）と選抜を通じて望ましい遺伝子を集積することができる．これに対して実生集団からの栄養系選抜では，基本的には優良なヘテロ接合体を選抜してそのまま増殖するため，多収性に関しては雑種強勢を利用しているといえる．したがって，育種の効果は交雑親の多様性に依存する．育種の初期に利用できる親品種群の交雑から優良な栄養系が得られれば，その後は親品種の範囲を拡大しなければ，より以上の改良は期待できない．

日本におけるサツマイモの育種では，長らく少数の日本在来の品種の組合せが利用されてきた．1960年代から九州農業試験場では，京都大学の育種学研究室との共同で多収高デンプン含量品種の育成の研究が行われ，デンプン含量は遺伝子の集積効果に依存するが，収量はヘテロシス効果によることが明らかにされた．そして，育種材料の範囲を拡大し，インドネシアの品種「T.No 3」と高デンプン含量のアメリカ品種「L-4-5・Pelican Processor」が交雑母本として取り挙げられた．まず「T. No 3」と「九州12号」の交雑から「鹿系7-120」が育成された．これに「L-4-5・Pelican Processor」を交雑し

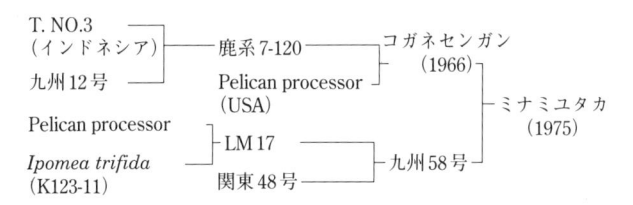

図15.4　サツマイモの育種における遠縁遺伝資源の利用
サツマイモの育種では，遠縁の材料利用により育種の効果が顕著になった．

て，高デンプン多収品種「コガネセンガン」が育成された[15-2]．この品種は，対象品種の農林2号より3％高いデンプン歩留（23-27％）を示し，いも収量は150-180％と極多収であった．

さらにサツマイモの育種においては，栽培種と交雑親和性のある *Ipomea trifida* が六倍体野生種として見出された．これがサツマイモの直接の祖先種と考えられている．これを利用して，センチュウ抵抗性および貯蔵病害抵抗性に対して改良されたミナミユタカが育成された（図15.4）．

15.4　栄養繁殖植物の原種の増殖

栄養繁殖性植物は多くの遺伝子座でヘテロ接合であるから，種子繁殖をすると遺伝的分離が生じて，もとの特性が維持されない．果樹などでは，優良品種になったもとの栄養系を原木として保存する（図15.5）．在来果樹でも，増殖のもとになった変異体は原木として保存されることが多い．

一般に増殖率が低いことも栄養繁殖作物の特徴である．栄養系を急速に増殖するために，組織培養による大量増殖も利用される．栄養体にウイルスが感染すると，そのまま罹病個体が増殖されて，生産力の低下をもたらす．このため無病苗の増殖が組織的に行われている．バレイショやチャ，およびサ

図15.5　茶の品種「やぶきた」の原木（静岡県草薙）
杉山彦三郎により選抜された．1937年より静岡県の奨励品種とされた．
全国の「やぶきた」は，すべてこの木から栄養系として増殖された．

15.4 栄養繁殖植物の原種の増殖

トウキビなどでは国立の原原種農場が設立されていて，無毒苗の配布が行われている．果樹などでは，新たにウイルス除去を行った系統では，著しく樹勢が改善されることがある．これは従来ウイルス罹病苗木が普及していたためである[15-3]．

図 15.6 バレイショ育種における倍数性操作とその収量性への効果
高次倍数性の栄養繁殖作物に2倍性種(2X)の優良遺伝子を導入するには倍数性の操作を要する．倍数性操作と選抜により顕著な育種効果が得られる（渡邊和男による）．
　左より　4X/4Xの交雑後代（4X対照）
　　　　　4X/2Xの交雑後代（4X）で，2X種の抵抗性形質をもつ．
　　　　　2X/2Xの優良交雑後代（2X）で，4X系統と同等の収量性を示す．
　　　　　2X種の親
　　　　　2X種の親

第16章 遠縁交雑と倍数性育種法

遠縁交雑（distant cross, wide cross）による変異の拡大は育種上きわめて重要な分野である．遠縁雑種を獲得する手段は，体細胞融合法や雑種胚の培養などによって拡大されたが，遠縁交雑の可否は依然複雑な問題である．なお，同質倍数体の育種は遠縁交雑と直接関係ないが，染色体の操作の一場面としてここで取り上げる．

16.1 遠縁交雑の問題

交雑の可否を示す概念として不和合性（incompatibility）がある．これには自家不和合性と種間の交雑不和合性がある．自家不和合性についてはすでに述べた（第13章）．自家不和合性が同型間の交雑を妨げる機構であるのと対照的に，種間の交雑不和合性は，分類学的距離に関係した様々の問題を含んでいて，交雑能力として区別される．

16.1.1 交雑能力（cross-ability）

二つの植物群の間の交雑能力は，種レベルでの分類の重要な基準である．したがって，異種間あるいは異属間の交雑は通常困難である．しかし，ムギ類ではパンコムギ（*Triticum aestivum*, AABBDD）とライムギ（*Secale cereale*, RR），あるいはコムギとオオムギ（*Hordeum vulgare*, HH）との間の属間の交雑が可能である．この場合に，コムギの雌しべの中をライムギの花粉が伸長して胚に至る過程に，コムギの遺伝子，*Kr1*（Bゲノム），*Kr2*（Aゲノム）および *Kr3*（Dゲノム）が関与している．これらの遺伝子座は5番目の同祖染色体にあり，特に5Bにある *Kr1* が大きな役割をはたしている．小麦品種 Chinese Spring はここに劣性の *kr1* 遺伝子をもっており，この遺伝子型の花柱では，ライムギの花粉管が伸長し，コムギの胚珠に入って雑種を形成しやすい[16-1]．この遺伝子はコムギとオオムギの属間交雑の成否にも関係している．花柱の遺伝子型が，進入してくる花粉の受容の可否を決めるこ

とは配偶子型の自家不和合性の場合に似ている.

　遠縁交雑の可否にはその他多くの要因が関係している. 倍数体と基本種の交雑では, 複二倍体を母本にする方が成功する率が高い. ユリでは花柱の切除・短縮が種間交雑に有効である[16-2].

16.1.2　雑種胚の培養 (rescue culture of embryo)

　遠縁交雑で受精が成功しても, 雑種胚の生育が胚乳の発育不全のため不可能となることが多い. これに対し, 雑種の幼胚を無菌的に摘出し, 人工培地で培養して雑種植物を得ることができる. この場合培地には生長調節物質などを添加しないのが普通である. ハクサイ/キャベツでは胚培養により多くの雑種が得られ, 遠縁交雑育種が進展した. 胚乳の発育不全の他にも幼胚の座止の要因はあると考えられるが, なお不明の点が多い. 胚培養の他, 子房培養, 胚珠培養, 試験管内受精なども試みられている.

16.1.3　染色体の脱落 (elimination of chromosome)

　遠縁交雑ではしばしば, 片方のゲノムに属する染色体が, 一部分または全部脱落することがある. パンコムギとオオムギの野生種 (*Hordeum bulbosum*) の雑種では, *H. bulbosum* の染色体が脱落する. これは, bulbosam 法と呼ばれ, パンコムギの複半数体を得るのに利用される[16-3]. 栽培バレイショ *Solanum tuberosum* (四倍体) に *S. phureja* (二倍体) の花粉を授粉すると, 後者の染色体が脱落することがある. この現象は栽培種の半数体の育成に利用される[16-4].

16.1.4　異種ゲノムの染色体の対合 (pairng of chromosome)

　異種ゲノムに属する染色体の半数 (n) ずつが参加した雑種の F_1 では, 減数分裂の際の染色体の対合が不能あるいは不完全である. これからできた配偶子は, 親の完全なゲノムを保有しないために, 正常に生育しないことが多い. ゲノムの異なる植物間の雑種が得られない理由の大半はこのことにより説明されてきた. このような雑種植物体でも栄養系として繁殖される場合が

ある．そのゲノムの倍加によってできた複二倍体は稔性を回復することがある（第2章 2.5）．

16.1.5 配偶子致死（gamete abortion）

親品種では正常に機能していても，遠縁雑種でヘテロ状態になると，配偶子致死をもたらす配偶子致死遺伝子系が知られている．イネやトマトでは，その遺伝子座が分析されてきた．すなわち，SS と S^aS^a は正常であるが，S/S^a のヘテロ接合体では，S^a をもつ配偶子が致死する．これが雑種不稔のひとつの原因である．イネの S-S^a の遺伝子座には中立の S^n という対立遺伝子があり，S^n/S^a の遺伝子型は配偶子致死を示さないので，ハイブリッド品種に利用されている[16-5]．ムギ類でも異種の染色体断片の導入により，相手の染色体の切断と配偶体の致死が起こる[16-6]．

16.1.6 雑種弱勢（hybrid weakness）

種内で隔離されてきた品種群の間で，交雑したときに F_1 植物体が著しい弱勢を示す現象が知られている．イネでは雑種弱勢に働く独立な2座の遺伝子があり，*Hwc-1* と *Hwc-2* と命名されている．これらが共存するときには，幼苗が半致死となる．*Hwc-1* はペルーのジャマイカという品種に見出され，*Hwc-2* は日本型のイネに広く見出される．*hwc-2* はインド型品種に広く分布している[16-7]．インゲンマメ（*Phaseolus vulgaris*）のアンデス産品種の一部のものと中米産の品種の間の雑種では，二つの補足遺伝子，すなわち *DI1*（中米起源）と *DI2*（アンデス起源）という半優性補足遺伝子の共存により，弱勢が現れる[16-8]．

16.1.7 細胞質の関与（cytoplasmic effect）

遠縁交雑において正逆交雑における花粉稔性の差異は，細胞質雄性不稔によるものである．これを利用したハイブリッド品種の育成についてはすでに述べた（第14章）．遠縁品種間の細胞質の効果は，花粉不稔以外にもみられる．トウガラシ属では顕著な正逆交雑間の差異がみられる．*Capsicum* chinense / *C. annuum* の交雑の F_1 個体は座止するが，その逆交雑の雑種は正常に発育する（図 8.2）．*C. chinense* の細胞質の遺伝子との相互作用で座止を起こす *C. annuum* の核内遺伝子の存在が推定されている[8-3]．

16.2 染色体の操作と育種

遠縁交雑とコルヒチンの適用により今日では植物の染色体の様々な操作が可能になった．細胞・組織培養の利用により染色体操作の可能性はさらに拡大された．

16.2.1 倍数体の作成方法

染色体の倍加にはコルヒチン（colchicine）が利用される．コルヒチンはイヌサフラン（*Colchicum autumnale*）から抽出されるアルカロイドで，水，アルコールなどに溶ける結晶または粉末であり，低濃度で紡錘体の形成・動原体の分割および紡錘糸の発達を阻害するが，染色分体の縦列には影響しない．コルヒチンを 0.01 から 0.2％ に希釈して，細胞分裂の盛んな種子，芽生えあるいは腋芽を直接浸漬するか，あるいはそこにコルヒチンを滴下処理すると染色体の倍加した組織が得られる．倍数体となった部分は，短く肥大し，生長遅延を示す．別の方法として，コルヒチンを含む寒天あるいはラノリン軟膏の小片を，生育中の茎や蕾，頂芽，発芽中の種子などの先端に 2-3 日接触させて倍数体を得ることもできる．

組織培養においてカルス（callus）の培養の過程では，体細胞の染色体に様々な変異がみられるが，正常の $2n$ の他には $4x$ の組織ができる．この部分を再分化させると倍数体が得られる．

16.2.2 半数体と半数体育種法

半数体の作成は，葯あるいは花粉の培養により，様々な植物で可能となった．普通には，葯を無菌的に取り出し，オーキシン（auxin）類を含む培地におくと，カルス（callus）が発達してくる．これを，オーキシン類のレベルを下げて，サイトカイニン（cytokinin）レベルの比較的高い再分化培地に移す

と，半数性の植物体ができる．これらの半数体は，自然倍加されて，倍加半数体（doubled haploid）になることが多い．培養の成功には葯の前処理や培地の組成など様々な要素が関係し，それらの改良が進められている．前述したように，半数体は遠縁交雑におけるゲノムの脱落を利用しても得られる．

半数体の染色体を倍加して得られた倍加半数体は，その全遺伝子座で対立遺伝子がホモ接合となって，遺伝的に固定する．自殖性植物が交雑後ほぼ固定するまでには7～8世代を要することを考慮すれば，F_1植物体の葯培養により固定系統を得るには，2～3年を要するのみである．ここに半数体育種法の利点がある．しかし，実際に葯培養により大量の倍加半数体を得るには相当の労力がかかり，また得られた系統は，高い頻度で色素体異常や不稔性を示す．したがって，早期に育種目標を達成する必要のある場合の他は，半数体育種法の利点は必ずしも大きくない．

16.2.3 三倍体の作成法

三倍体は，$2n$個体と$4x$個体との交雑により得られる．人工的に育成された三倍体としては，タネナシスイカが有名である．古くからの栽培植物であるバナナの栽培種は三倍体で種がない．果樹では自然に得られた三倍体の品種は，強健性，大果性および豊産性であることが認められている．リンゴのJonagold，陸奥および北斗などの品種は三倍体である．

16.2.4 同質四倍体の作成と倍数性の作物の育種

先述のように二倍体にコルヒチンを処理して四倍体を得ることができる．この場合に処理された植物の一部のみが倍数性キメラとなることがあるので，その採取・増殖に注意を要する．得られた同質四倍体は，当然相同染色体の対合の異常のため，様々な程度の不稔を示す．またその特性の維持は容易ではない．倍数性の植物が一般に生育量の増大を示すことから，四倍体化は各種の作物に試みられたが，種子繁殖の作物では成功している事例は少ない．ソバでは，$2n = 4x = 32$の人為四倍体である「みやざきおおつぶ」(1982) および「信州大ソバ」(1985) などの成功例がある．

栄養繁殖性の果樹では三倍体とともに四倍体も育成されている．特にブドウの四倍体は花，種子，果粒などが大きい．ブドウは $2n=38$ であるが，$2x$ から $4x$ の周縁キメラが見出され，これの相互の交雑から完全な四倍体が得られる．またコルヒチンによる四倍体も得られ，交雑に利用されている．カキの栽培品種は $2n=6x=90$ の六倍体であるが，平核無など一部の品種は，$2n=9x=135$ の九倍体であることが判明した[16-9]．種子繁殖という制約のない作物の育種では，依然として倍数化の効果があると考えられる．

16.2.5 異数体の作成法

異数体は，その染色体数が安定せず，直接品種にはならないが，異種ゲノムからの遺伝子導入に利用され，また連鎖群の研究にも有効である．

a. 染色体削除

二倍性種では，モノソミック植物（monosomics）は次代に伝わらないが，異質六倍体のコムギでは，半数体に正常の $2n$ 花粉を授粉して，モノソミックのシリーズが育成された．

b. 染色体の添加

染色体を添加した系統を得るにはコルヒチンを利用して四倍体をつくり，これと二倍体を交雑して同質三倍体を得る．これの減数分裂により染色体数が n から $2n$ までの様々な雌性配偶子ができる．これに正常花粉を交雑すれば，$2n$ から $3n$ まで異なる染色体数をもつ後代植物ができるので，これらを検鏡して n 通りのトリソミック植物（trisomics）を決定する．

トリソミック植物は，付加された染色体によりそれぞれの特徴を示す．その維持は容易でないが，連鎖群の同定のためよく利用されている．

トリソミック植物体を自殖してもその後代への伝達率は低い．特に過剰染色体は花粉によっては伝達されにくい．イネでは trisomics × disomics の F_1 から推定した卵による過剰染色体の子孫への伝達率は 30〜40% であり，trisomics の自殖次代の trisomics の出現率もまた同様の値を示した[16-10]．インド型イネのトリソミックにおいて雌親を通じての伝達率は，15.5 から 43.9% であった[16-11]．

16.3 複二倍体の育種への利用

　複二倍体は,種子繁殖により比較的安定して伝えられるので,多くの作物で試みられている.複二倍体の育成には,ゲノムを異にする近縁種間の交雑が出発点となる.交雑の方向を検討し,あるいは雑種胚の培養を利用して雑種植物を得る必要がある.雑種個体を得ると,その染色体を倍加して異質倍数体を得る.あるいはあらかじめ染色体を倍加した後雑種を得ることも行われている.さらに体細胞の細胞融合も利用されている(図16.1).

　ライコムギ (*Triticale*) は人為的に育成された新作物である.ライムギ (RR) とコムギ (AABBDD) の染色体をもった八倍体のライコムギ (AABBDDRR) は自家和合性であるが,異数体の出現により不安定で,諸形質も栽培コムギに劣る.六倍体のライコムギ (AABBRR) の方は実用的に優れ,広く栽培さている.特に八倍体 (AABBDDRR) を母本として,六倍体 (AABBRR) を交雑し,選抜によって育成されたライコムギの農業形質は優れている[16-12].

　ブラシカ属 (*Brassica*) の植物では,ハクサイ (AA) ×キャベツ (CC) の雑種から,複二倍体 AACC が得られた.これから,自家和合性のハクランが育成された.「春宝菜」もコマツナ×キャベツから得られた自家不和合性複二倍体である.

　タマネギ (*Allium cepa*, $2n = 16$) とネギ (*A. fistilosum*, $2n = 16$) の雑種

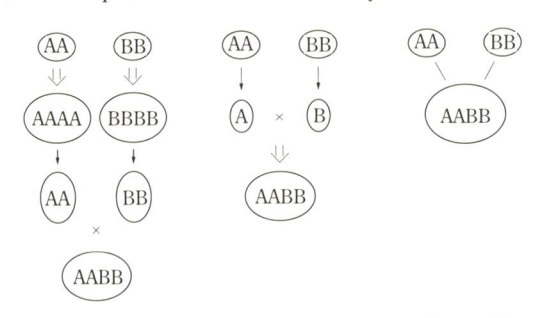

図 16.1　複二倍体の作出法

セイタカネギ ($2n = 32$) も知られている．これは，両種の特徴をもつが，そのアイソザイム遺伝子型が均一であったので，種間雑種の1個体の染色体が倍加されて成立したものと考えられる[2-4]．

16.4 種属間交雑による有用遺伝子の導入

複二倍体の育成では異種ゲノム全体を利用するのに対して，異種ゲノムから特定の染色体を導入し，この染色体にある有用遺伝子を導入することが可能である．一方，異種染色体の添加系統を作成せずに，直接野生種などから有用遺伝子を導入することも行われている．

16.4.1 異種染色体の添加系統の育成

a. 異種染色体添加系統

以下，n'' は，n 個の二価染色体を，n' は n 個の一価染色体を表すものとすると，異種染色体添加系統（alien chromosome addition line）には，monosomic addition（$n'' + 1'$）と disomic addition $n'' + 1'' = (n + 1)''$ がある．これを得るには，AA × BB により AB を得て，さらに AB に AA を交雑すると，AAB ができる．または，AA，および BB をそれぞれ倍加して交雑し，AABB を得て，これに AA を掛けても AAB ができる．得られた AAB にさらに AA をかけると，B ゲノムの染色体が 0 から n 個まで含まれる後代ができる．その中から $n'' + 1'$ が得られる．さらにこれを自殖して，$2n + 2$ でかつ $(n + 1)''$ を形成するものを選抜する．

オオムギの早熟性をコムギに導入する目的で，オオムギの染色体を添加したコムギの系統も育成されている（図16.2）．

b. 染色体転座

コムギでは，パンコムギの1Bとライムギの1Rの間の転座をもつ系統が有名である．ライムギの1R染色体は，黄さび病，赤さび病，黒さび病およびうどんこ病などに対する抵抗性遺伝子をもっているので，ライムギを利用したコムギ育種の中で，1Bの短腕と1Rの短腕が置換された系統が無意識的に選抜され，利用されてきた[16-12]．

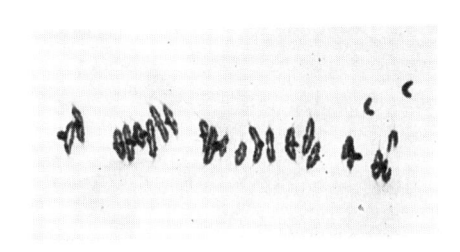

A) 21''+2': 2本の異なるオオムギの染色体（1価）と残りはすべて2価のコムギの染色体

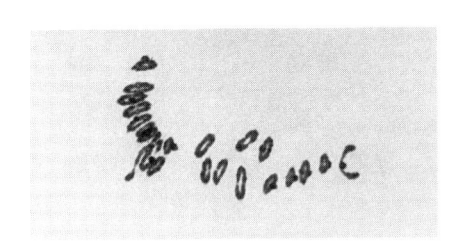

B) 22'': 一対のオオムギ染色体がコムギの染色体に添加されている．

図16.2 オオムギ染色体のコムギへの添加（木庭卓人による）

東北農業試験場では，コムギの赤さび病抵抗性の育種において八倍性ライコムギ（AABBDDRR）にコムギを戻し交雑し，赤さび病菌の接種検定と染色体選抜によって，異種染色体付加系統が育成された．すなわち，21''+1'が得られた．これから，22''なども得られた．次に，これらの植物体の幼穂分化期にX線を照射して転座の誘発が行われた．その後代から，赤さび病に抵抗性でかつ20''+1'''の系統が選抜された．これを利用して接種検定と染色体選抜により，抵抗性の21''系統が育成された[16-13]．

16.4.2 種間交雑による有用遺伝子の導入

種間交雑による有用遺伝子の導入には，異種ゲノム間のF_1を経過して，異種ゲノムに属する染色体間の対合による部分的組換えと，これによる遺伝子交換を図ることが必要である．

アブラナ科においては，異種からの有用遺伝子の導入の例として，洋種ナ

タネ（*B. napus*）の育成および耐病性白菜の育成がある．洋種ナタネ（AACC）×和種ナタネ（*B.campestris*, AA）は，N×C交雑として知られる．これから得られた AAC に 洋種ナタネを戻し交雑して，両種間の A ゲノムの遺伝子交換により洋種ナタネが改良された．

ハクサイの耐病性を改良するのにキャベツの CC ゲノムが利用された．人為合成ナタネ「CO」は，数多くの交雑から稀に得られたハクサイとキャベツ雑種である．これとハクサイの「松島新 2 号」の数千に及ぶ交雑から得られた数粒の種子にハクサイを戻し交雑し，軟腐病抵抗性のハクサイ「平塚 1 号」が育成された．これはハクサイの改良に広く利用された．

トマトの耐病性の育種において，トマトの野生種 *Lycopersicon peruvianum* は TMV，CMV，葉かび病，萎凋病，根腐れ萎凋病，かいよう病の抵抗性の供与種として知られている．山川ら (1987) によると，これに γ-線を照射して，その花粉を栽培トマト *L. esculentum* に授粉して，両種間の交雑が成功した．この F_1 に栽培トマトを母として戻し交雑して得られた 84 個体のうち 53 個体が自家和合性であった．これらを基礎として，TMV，葉かび病および根腐れ萎凋病に対して抵抗性のトマトが育成された[16-14]（図 16.3）．

図 16.3　トマトの野生種 *L. peruvianum* を利用した耐性病育種
写真左：耐病性野生種（左上）と栽培種「珠玉」（右上），F_1（中央）および栽培トマトへの戻し交雑 B_1F_1（下段）．
写真右：根腐萎凋病接種試験における抵抗性育成系統（左）および罹病性品種（右）．
　　　（山川邦夫による．文献 16-14）

第17章　突然変異育種法

突然変異の機構については第7章で述べた．ここでは突然変異の育種への応用について述べる．突然変異育種の成果については参考文献にゆずる．

17.1　自然突然変異の利用

DNAの配列の変化の結果として，生物には低率であるが絶えず突然変異が起こる．その大部分は自然環境では消失するが，栽培植物では多くの突然変異体が保存されてきた．特に永年性の植物では自然突然変異は「枝変わり」として知られている．

果樹の枝変わりの例は非常に多いが，次に一，二の事例を挙げる．リンゴではデリシャスからスターキングが見出された．ナシでは，赤ナシの新水から青ナシの清澄が見出され，自家不和合性の「二十世紀」から，自家和合性の「おさ二十世紀」が発見された．ウンシュウミカンはもともと中国大陸から鹿児島に導入された1本の樹に由来し，江戸時代を通じて暖地に伝播したものと推察されている．現在では数十の品種となっている．静岡県でウンシュウミカンの晩生種や中生種から早生品種が生じる割合は，4万本に1本 (2.5×10^{-5}) と推定された[17-1]．佐賀県と福岡県で2,949戸の農家の協力を得て，早生ウンシュウの中から極早生の変異体が探索された．その結果，1,648,686の樹から，35の極早生の変異体が発見された．その変異体の頻度は，2×10^{-5} である．この場合極早生変異の発生は樹齢が増すにつれて高くなった[17-2]．

17.2　突然変異の誘発

突然変異の誘発には，X線や γ 線などの電離放射線のほか化学物質も用いられる．紫外線も突然変異誘発能があるが，透過力が低いので，培養細胞，菌糸および花粉粒など以外には適用できない（第7章）．

17.2.1 突然変異誘発原

a. 電離放射線

電離放射線としては,X-線とγ-線が普通に用いられている.γ-線を利用する施設にはガンマーフィルードがあり,線源に^{60}Coを使い,それを取り囲む圃場に植物が栽植される.中性子線などその他の放射線では,照射された種子あるいは植物体を特別の施設で扱わねばならず,日本では普通には使用されない.

b. 化学変異原

アルキル化剤は自身のもつアルキル基を相手の分子に付与する反応性をもち,これによって高率で突然変異を誘発する.アルキル化剤には次のものがある.すなわち,ethyl methanesulfonate (EMS), ethylene imine (EI), diethyl sulfate (DES), nitroso methylurea (NMU).これらの化学変異剤は,危険な発ガン剤である.また揮発性のものもあるので,取り扱いには十分注意が必要であり,使用が制限されている.ニトロソ化合物は爆発の危険がある.しかし,EMSなど一部の化学変異原は,電離放射線と違って,特殊な施設を必要とせず,使用後の薬剤をアルカリ処理などで分解すれば無毒化できるため広く使われている.

アルキル化物質以外にも高い変異原性をもつものがある.ソジウムアザイド (sodium azide, NaN_3) などが利用されている.

c. 突然変異誘発原によって誘発される変異の種類(スペクトラム)

電離放射線および化学物質による変異誘起効果は,葉緑素変異,形態的諸形質の変化については概して差が少ないが,染色体異常および分子構造の変化などについては異なっている.一般に放射線では染色体変異が多く,化学物質ではそれが少ない.

17.2.2 処理の方法と処理当代植物(M_1)の扱い

植物の種類および組織などによって突然変異原に対する感受性は異なる.また品種によっても異なる.変異の頻度は,対象とする形質によって異な

表 17.1 各種の誘発原によるオオムギの早生突然変異の頻度

誘発源	M_2 おける栽植規模		変異した M_2			
	系統数	個体数	系統数	頻度 ($\times 10^{-3}$)	個体数	頻度 ($\times 10^{-4}$)
γ-線	6152	61906	22	3.6	37	6.0
熱中性子	768	4640	5	6.5	7	15.1
EI	3142	36060	18	5.8	25	6.9
ES	1050	10748	3	2.9	4	3.7
NMU	1076	11380	4	3.7	4	3.5

EI (ethylene imine), ES (ethylmethane sulfonate), NMU (N-nitroso-N-methylurea). (文献 17-3 による).

る．それは関係する遺伝子座の数の違いにもよると考えられる．たとえば花粉の稔性や葉緑体変異には多くの遺伝子座が関係しているので，個々の遺伝子座での突然変異率は低くても，どれかが変異すれば，その変異の出現率は高くなるだろう．同様に雄性不稔や矮性あるいは早生といった形質の突然変異の総合的な頻度は高く，10^{-2} 程度に達することがある．また半数体レベルの致死的変異が多いことは，高頻度の不稔発生などからも推定される．

表 17.1 には，電離放射線および化学物質によるオオムギの早生突然変異の誘起効果を示した．これから普通に扱われる変異原による早生突然変異の誘発率は，$3 \sim 7 \times 10^{-3}$ 程度と理解される．

照射法については，変異率の増大と傷害のバランスを考慮する必要がある．種子繁殖植物では，照射後の移送の便から種子照射が便利である．栄養体に対しては，照射による植物体の衰弱・致死を避けるために，低線量の長期照射，いわゆる緩照射がよく利用されている．最近では組織培養によってバナナのような大型作物でも培養容器内で，大きな集団として照射できるようになった[17-4]．

17.3 自殖性植物に対する突然変異育種法

自殖性植物に対する突然変異育種法は長期にわたり研究され，次に述べる

ような標準的方法が適用されている.

a. 処理当代（M_1）

適当な処理の強度は，生育の抑制，発芽率および種子稔性などによって判定される．経験的に，イネの種子に対する放射線の線量は，200 Gy（20 Krad）から300 Gyがよいとされている．化学変異原としてEMSを例に取ると，イネではあらかじめ一晩浸漬しておいた種子を，1％に希釈した新鮮な液に，25℃で5時間浸漬処理する．処理後は3回位水洗いして播種する．これらの操作は，ポリ手袋などで薬液に触れないように注意しながら行う．

一般に変異原に対する感受性には，同じ作物でも品種その他によって2-3倍の幅がある．したがって，処理は強さを5段階位変えて行われる．処理当代の植物は，アルビノ斑などの体細胞葉緑体突然変異および種子不稔など様々の変異を示す．これらの突然変異は，生殖細胞に移行しないもの，半数の配偶子で発現し，淘汰されてしまうもの，あるいは減数分裂で淘汰される染色体異常などが多く，次世代に伝達にされないものが多い．50％の個体が致死となる処理のレベルを，LD_{50}と呼んでいる．また，永年作物などで生体照射を行うとき生育が半減する処理のレベルをRD_{50}と呼んでいる．このレベルは処理の強さの指数としては明確でよいが，一般の育種目的には強すぎる．生育抑制は処理強度の指標として優れており，無処理区の70～80％の生育を示した処理区から，穂を無作為に取り，次世代に供試する．

図17.1に示したように，処理当代では，未分化の生長点にあって以後の組織を形成する始原細胞（initial cell）に変異原が有効に働くと変異が得られる．始原細胞の数は，イネ種子では5-6個，低位一次分けつで2-6個である．この中で1個の細胞が変異すると，変異細胞では原品種のAAという優性ホモの遺伝子座で，一つの遺伝子が$A \to a$の変化をして，Aaというヘテロ接合に変化する．そして，変異細胞由来（Aa）と非変異細胞由来の組織（AA）にわかれて，区分キメラ（sectorial chimera）ができる．$A \to a$の確率は非常に低く，AAの双方が同時に変異してaaとなることは実際上期待できない．

この突然変異によりAaとなった始原細胞のみからできた穂では，雌雄両配偶子の受精により，次代種子の遺伝子型は，$(1/4)AA + (2/4)Aa + (1/4)$

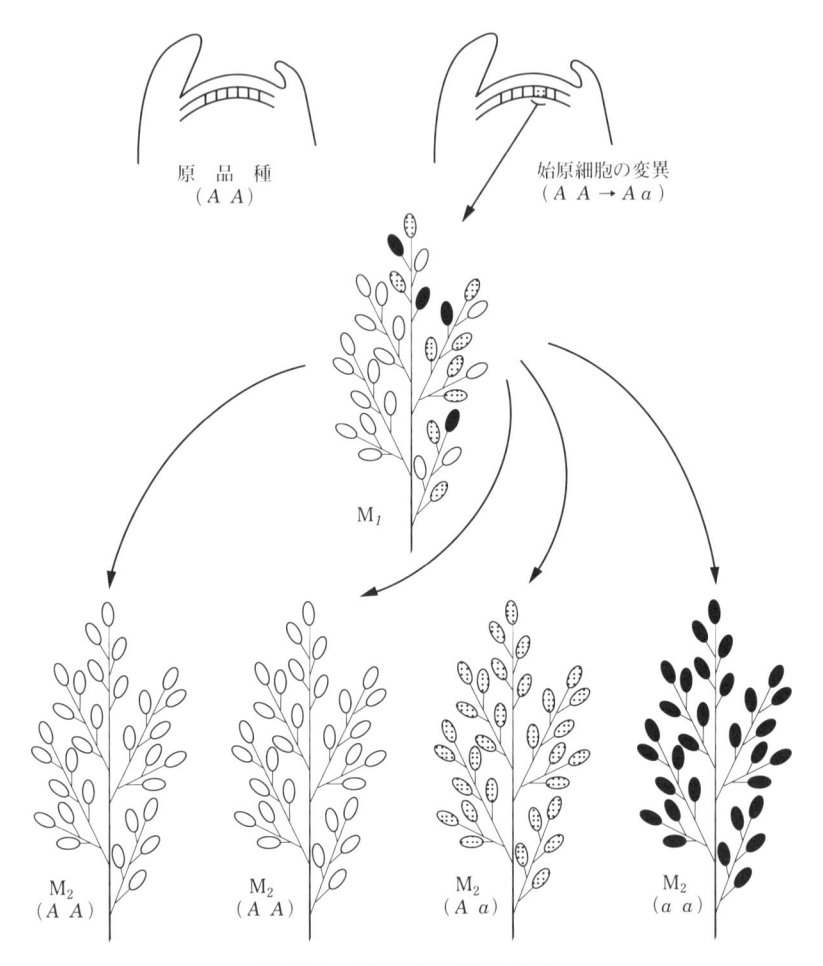

図17.1 突然変異の誘起と検出
原品種の始原細胞の一つで非常に低い確率で $A \to a$ の変異が誘発される．Aa となった細胞と AA のままの細胞から，キメラの M_1 の穂が形成される．Aa の組織からできた種子は，M_2 で，$AA : Aa : aa = 1 : 2 : 1$ の分離を示す．M_2 では変異系統 aa が識別される．

aa と分離する．すなわち変異体 aa の分離比は25％となる．しかし変異した始原細胞と変異しない細胞からできた穂から次世代種子を得ると，変異個

体の分離率は 25 % より少ない（図 17.1）．始原細胞数を k とし，一つの始原細胞の形成する部分の大きさが同じであるとして，一つの変異した始原細胞と $k-1$ 個の変異しない始原細胞からできた穂では，変異体の分離比は 25 %/k となる．この考え方から，逆にある穂からの次代の変異体の分離比を求めて，この穂の形成に参加した始原細胞の数を推定できる．

b. 処理次代（M_2）およびそれ以後の扱い

変異原処理を受け，生育が無処理区の 80 % 程度まで低下した M_1 世代の処理区から，できるだけ多くの穂を取って，M_2 穂別系統をつくる（図 17.2）．このとき穂別系統内にもし変異があれば，それは系統内の 1/4 の程度あるいはそれ以下の割合で出現するはずである．変異個体を見出すのに適当な系統内の個体数は，次のように決める．n 個体を供試して aa が 1 個体も出現しない確率は $(3/4)^n$ であり，逆に 1 個体は出現する確率は，$1-(3/4)^n$ である．$n=16$ でこの値はおよそ 0.99 となる．したがって M_2 の系統内個体

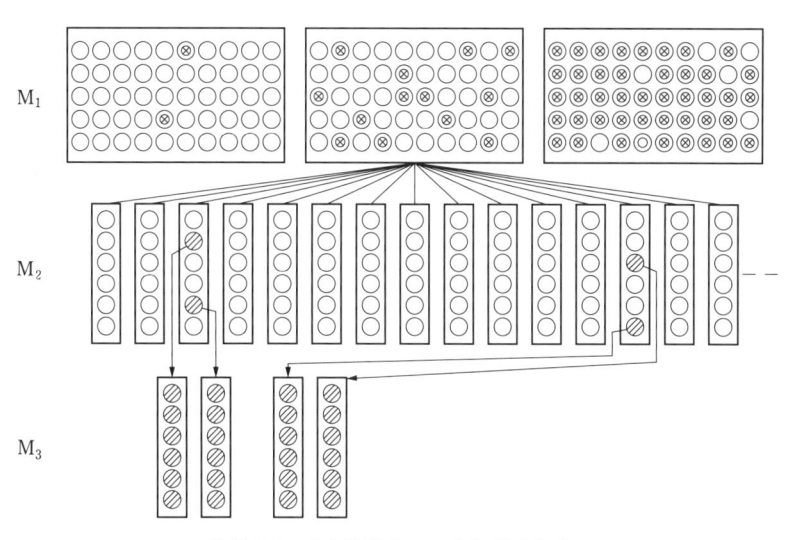

図 17.2　自殖性植物への突然変異育種
　M_1：障害中程度の誘発処理区より全穂を取る．
　M_2：数千の穂系統から変異体を探す．
　M_3：変異体の固定を確認．

数は10～20個体位でよい．M_1での栽培では一穂20粒程度の小さい穂が得られる程度に密播してよい．

一般には，細胞当たり突然変異率をP_1，突然変異体の分離比をp_2，系統数をM（処理当代の個体数によって決まる），その次代の系統内個体数をnとすると，M_2世代全体での突然変異期待率は，$P_1 p_2 M n$である．突然変異の出現率はMによって決まり，nはその確認に関係する数である．したがって，理論的にはMを多くし，$n=1$とするのがよい．しかし実際選抜にあたっては系統内での分離個体の確認のため，M_2では穂系統とすることが多い．

M_2では，問題とする形質の変異の出現率によって異なるが，数千から数万個体が栽植される．イネでは，短稈の突然変異体の出現率は，M_1の1/100穂以上[17-5]，早生突然変異を得るには，1/1000穂[17-6]とされている．

イネの短強稈突然変異の「レイメイ」は，1,476のM_1穂から，約50,000個体のM_2個体を栽植して選抜された[17-7]．ダイズの早生の突然変異による二つの新品種，「ライデン」と「ライコー」は，44,200のM_2植物体から選抜された[17-8]．

c. M_3系統における選抜

M_2で得られた変異体はその次代（M_3）では，変異した形質については固定しているはずである．しかし一遺伝子座当たり突然変異率が小さくても，10,000個以上もあると推定される遺伝子座を考慮すれば，目的以外の変異の併発が予想されるので，原品種と比較して変異体の系統栽培を行い，目標以外の形質を観察し，不良形質を含むものを除く（図17.2）．

17.4 他殖性植物に対する突然変異育種法

他殖性作物では，ひとつの遺伝子座を考えると，AA，Aaおよびaaの遺伝子型の頻度が平衡状態にある．Aあるいはaの対立遺伝子が突然変異により，a'になったとすると，非常に低い頻度で新型の対立遺伝子が追加されたことになる．a'のホモ接合体を得る確率は，その頻度の2乗であるから，きわめて低い．そこで$a'a'$を見出すための対策が提唱されている．第一に変異誘発原で累代処理をして，変異した対立遺伝子の頻度を高めておくことであ

る．第二に1個体の次代個体間の交雑（Sib 交雑）など近交係数を高める処置を行う．具体的には，M_2 穂別系統を1株（ヒル）として，それに袋かけをしてそれの近交を図ることが効果的である[17-9]．

以上のような他殖性であることによる困難を考慮すれば，自殖系を利用できるものについては，それを利用し，あるいは積極的に自殖系を育成して，突然変異育種に利用することは有効であろう．

17.5 栄養繁殖植物に対する突然変異育種法

組織の一部，すなわち始原細胞（initial cell）に生じた変異は，細胞分裂が

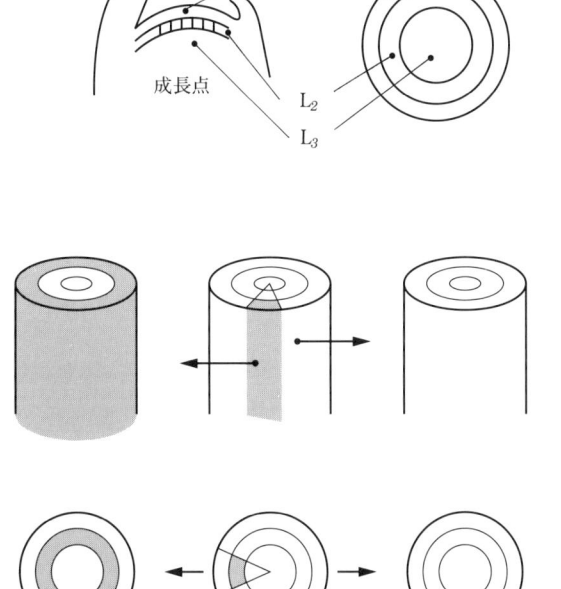

図17.3 変異キメラの消失あるいは保存
組織の三層構造でどの部分が変異したかによって異なる変異体が得られる．またどの部分を増殖するかによって，変異の保存か消失が決まる（(17-10) を参考にした）．

あれば増殖し，区分キメラとなる可能性がある（図17.3）．また，変異した部分が，生長につれて変異しない組織に圧迫されて検出されないことがある．この場合に「切戻し」によって基部の組織から再生させた部分から変異体を見出すことができる．一般には，高次倍数性の植物では，劣性突然変異は発現し難いものと考えられるが，遺伝子型がヘテロであれば，誘発された劣性突然変異も発現する．

　変異した組織を確認して，それを培養によって増殖すれば，変異の選抜と増殖は容易となる．実際にキクの育種では，γ-線を照射して色の変化した花弁を培養し，それから個体を再生することにより，多様な花色の変異体が得られている．花色の場合，変異体として安定するのは周辺キメラ（periclinal chimera）であり，組織の第一層から第二層に及ぶいくつかの花色変異が色素体変異で複合すると，多彩な花色の変異が得られる[17-11]（図17.4）．

　ナシの黒斑病耐病性は一遺伝子座の主働遺伝子に支配され，劣性ホモで耐病性，ヘテロで罹病性となる．罹病性の「二十世紀」などの品種が1962年以来放射線育種場のガンマフィールドに栽植されてきた．1981年に殺菌剤の散布を控えたところ，二十世紀に黒斑病の病斑の出ていない一枝が発見された．これをもとに増殖と検定を繰り返して，1990年に「ゴールド二十世紀」が命名・登録された．その後照射法や検定法の確立により，さらに多数の耐病性変異体が得られている[17-12]．

17.6 突然変異育種の特徴

　突然変異育種は，フジミノリからレイメイが，トヨニシキからみゆきもちが誘発・育成されたように，特定の形質のみ変える場合に有効である．また，キクの花色の変異を得る場合，あるいは「ゴールド二十世紀」の場合のように，交雑育種の困難な材料に適用できる．しかし，変異率が小さいこと，劣性方向への突然変異に限られること，一般には高次倍数性では変異が得がたいこと，および誘発座位を制御できないことなどが不利な点とされる．

　通常の育種における人為突然変異の目標としては，変異の誘発率が比較的高く，しかも実際上有利な特性である形態的特性および出穂特性が挙げられ

る．具体的には短稈の草型および早生変異である．一方，耐病性変異の誘起率は高くはないが，オオムギのうどん粉病，ナシの黒斑病，およびイネのしらはがれ病などで耐病性変異が誘発できることが知られている．一方，大量検定が可能になるにつれて，品質成分の変異も育種の目標となっている．これとは別に，雄性不稔変異を誘起して，これを利用した育種方法も試みられている[12-10,11]．

以上に劣らず重要であるのは，突然変異による遺伝資源の拡大であり，得られた変異体は育種計画の中で広く利用されている．また，特異な突然変異体を得て，これを遺伝や生理の研究に応用する試みも盛んになっている．

図17.4 キクの放射線照射と花弁培養による変異体
放射線を緩照射されたキクの株から花弁を採って組織培養し，得られた再分化個体に多様な変異が見られた．原品種は淡紅色の大平（右上）で，あとは変異体で黄色および白色（左上下）のものがある（永冨成紀による）．

第18章　培養技術と遺伝子組換え

「バイオテクノロジー」とは，広義には生物を扱う技術すべてを指す．その中には，微生物学の応用場面，酵素の研究およびタンパク質の改良（タンパク質工学）があり，さらに医薬品の研究開発がある．また生物の機能を利用あるいは模倣して機器開発を図る分野，すなわち，バイオリアクターおよびバイオセンサーなどの工学的技術が含まれている．ここでは，植物の培養技術と遺伝子操作の育種への応用を取り上げる．

植物の生長・分化に関係する物質の長い地味な研究の積み重ねによって，植物の組織培養が容易に行われるようになった．特にオーキシン類とカイネチン類に関する知識は，組織培養の基礎となった．しかしこれらの作用機構には未解明のところが多い．

培養技術の場面にはすでに1960年前後に実験的には成功したものが多い．茎頂培養によるウイルス・フリー化も，1960年代から広く試みられ，成功していた．ニンジンの培養組織から幼胚を分化させることは1958年に報告されている．

1970年代における分子遺伝学の進歩はめざましく，生物の遺伝の基礎であるDNAの分析とその操作が可能となった．原理的には，生物改良に対して無限の可能性が開かれ，遺伝子工学という新しい分野が開拓された．

18.1　増殖の分野における培養技術

培養技術は，植物の増殖に関する場面と育種技術に関連する場面とに大別される（表18.1）．

18.1.1　茎頂培養による増殖

栄養繁殖植物の増殖には幼芽に生長する「茎頂培養」が盛んに利用されるようになった．茎頂組織を無菌的に培養し，多数の幼芽を得て，ある程度大きくしてから，それを外気に順化して大量の苗が得られる．この技術は栄養

表 18.1　植物バイオテクノロジーの概観

組織培養による大量増殖	
茎頂培養	増殖・ウイルスフリー種苗の育成
苗条原基形成	増殖・保存
単細胞培養	人工苗，人工種子の開発
組織培養	F_1 種苗の増殖
培養の育種的利用	
葯・花粉培養	半数体の育成，育種年限の短縮
細胞選抜・組織培養	ストレス培地による耐性個体の作成，変異体の作出
胚培養	遠縁雑種の育成
プロトプラスト培養	細胞融合による遠縁雑種の育成，細胞質不稔系統育成 遺伝子導入
遺伝子組換	
有用遺伝子の導入法	アグロバクテリウムの利用，直接導入，植物体再分化法
有用遺伝子の解析	有用遺伝子の探索，単離，調節機構の解明

繁殖性の花や野菜で実験的に成功し，特にランの茎頂培養苗（メリクロン，meristem clone）は商業的に成功している．回転培養を行うと，重力の方向が一定しないので頂芽優勢（terminal dominance）が現れず，数多くの幼芽が得られる．

18.1.2　栄養繁殖作物の「ウイルスフリー化」技術

ウイルス病にかかった植物でも生長点に近いところではウイルスがほとんどない．そこから組織の小片をとり，ウイルスフリーの植物を得ることは，1952 年に Morel によって示された．ウイルスフリー苗の養成は，1970 年代から広く行われ，現在サトイモ，イチゴ，ニンニク，ヤマノイモなど多くの作物で成功している．大量増殖技術により，付加価値の高い種苗が生産できれば，これが在来の種苗生産より優位に立つことが予想される．

ウイルスフリー苗の場合には，再感染と変異体の発生が常に問題である．再感染に対しては，弱毒ウイルスの接種が試みられている．すなわち，あらかじめ弱毒ウイルスに感染させておいて，その干渉作用により，強毒ウイルスの感染を避けようという対策である．変異体の発生については，カルス経

由の培養など変異体の発生頻度の高い方法を避けて，苗条原基など変異体発生の頻度の低い方法が採用される．

イチゴのウイルスフリー苗は，増収効果 30 % に及ぶといわれ，広く普及してきた．再感染は，3 年おきに種苗更新をすることにより，経営上問題はないとされている．また，変異体の発生頻度が 1-2 % に及ぶことも問題であるが，増殖過程での検査により解決されている．ジャガイモでもウイルスフリーの種イモ生産のために組織培養による小塊茎（micro tuber）の生産が検討されている．

果樹の大部分のウイルスは接木感染によるといわれている．したがって一度ウイルスフリーにされた樹は再感染の恐れがない．すでに各県において，ブドウなど果樹のウイルスフリー苗の供給事業が開始されている．ウイルスフリー果樹は，樹勢がよく，成熟が早く，しかも優良果をつける．カンキツでは CTV などアブラムシで伝染するウイルスがあるため，弱毒ウイルスの干渉作用により強毒ウイルスの発病を抑制することが考えられている[15-3]．

果樹のウイルスフリー化には，熱処理法（昼 40 ℃，夜間 30 ℃ で 20〜30日）と生長点培養がある．現在後者が主流である．ウイルスの検定には指標植物への接種あるいは血清学的検出方法，特に ELISA (enzyme linked immuno specific assay) 法が用いられる．無毒化された種苗の大量増殖は，主として腋芽の培養によって行われている．

18.1.3 組織培養による体細胞胚の誘導と人工種子

人工種子の着想は，1958 年の Stewart によるニンジンのカルスからの胚の誘導に溯る．1978 年に提唱された人工種子のアイデアは大きな反響を呼んだ．同調培養によりカルスから大量の胚様体（embryoroid）を得て（図 18.1），これを 1 個ずつアルギン酸ナトリウム液で被覆して，塩化カルシウム液に滴下するとアルギン酸ナトリウムがゲル化して，胚様体を包み込んだ人工種子となる．これに生長促進物質および殺菌剤などを加えて付加価値を高める工夫がされている．しかし人工種子は，なお多くの技術的問題を抱えている．変異の発生はもちろんであるが，生育ステージの不揃い，培養された胚

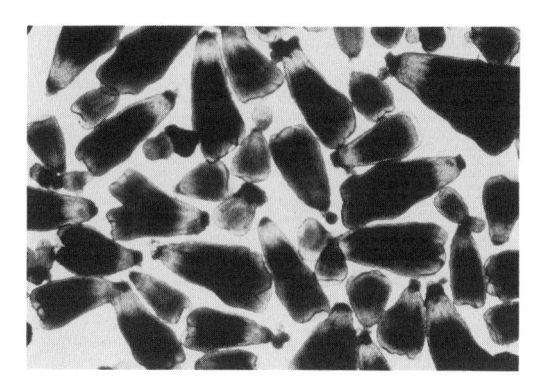

図18.1 ニンジンの体細胞培養による不定胚の同調培養（大山勝男による）

を包む皮，つまりカプセルの安定性など多くの問題がある．

18.2 細胞培養の育種的利用

育種に応用される培養技術としては，胚培養，葯培養およびプロトプラスト培養などがある．その応用は増殖場面よりやや遅れて進展した．

18.2.1 胚培養

遠縁交雑では受精して胚ができても，胚乳が形成されず，幼胚が生長しない場合がある．この場合に幼胚を摘出し，人工培地で培養して雑種植物体を得ることができる．胚培養の育種的利用は日本でも1950年代から試みられた．雑種胚の培養は，1950年代に白菜とカンランで試みられて成功し，耐病性白菜や「ハクラン」の育種に活用された（第16章）．現在雑種胚の培養は遠縁交雑育種で広く利用されている．

18.2.2 葯培養・花粉培養

インドのGuhaらは，1964年チョウセンアサガオで，はじめて葯培養から半数体植物の育成に成功した．その育種への応用は1970年代初期から行われた．葯培養は葯の中の花粉から直接半数性の植物体を得るのに利用され

る．葯培養あるいは bulbosam 法（16.2.2）による半数体の作成とその倍化による早期固定技術は，従来の技術，たとえば世代促進と競合関係にあり，イネ・ムギでは部分的に利用されている．1978 年にインドの Bajaj らは，タバコの花粉培養に成功した．これは花粉粒を単独に培養して胚様体を誘導し，半数体を育成したものである．その後，ナタネおよびハクサイなどでも花粉培養が成功し，自殖系統の育種に利用されている．

18.2.3 プロトプラスト培養と細胞融合

植物の組織から酵素の働きにより細胞壁を除いて，裸の細胞，すなわちプロトプラスト（protoplast）を得て，これから植物体を再分化させることが多くの植物で可能となった．プロトプラストの表面はプラスに帯電しているので，互いに反撥するが，電気的処理や界面活性剤のポリエチレングリコール（PEG）により電気的反撥を抑えて融合させることができる（図 18.2）．

この応用として異種の植物の体細胞からプロトプラストを得て互いに融合させて体細胞雑種をつくることが可能となった．細胞融合による雑種は，1978 年のトマトとバレイショの雑種の育成以来注目を浴びた．これまでに，柑橘のオレンジとカラタチの雑種（オレタチ）をはじめ，バレイショや花卉の場合など成功例はかなりある．しかし，遠縁の植物間の細胞融合による雑種組織からの再生の困難性，再生個体の不稔などまだ未解決の問題がある．

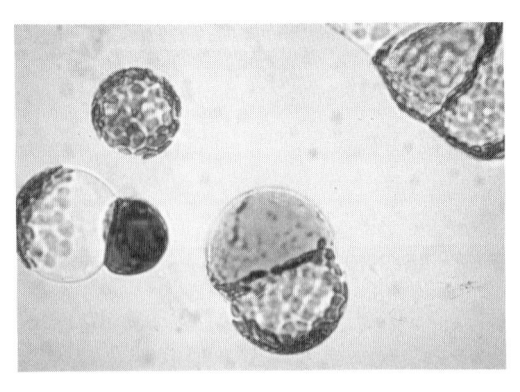

図 18.2　花弁と葉の組織からのプロトプラストの融合（三位正洋・中野　優による）

遠縁種から望ましい一部の形質を導入するため，細胞融合の前に片方の種のプロトプラストに放射線を照射し，ゲノムの相当の部分を不活性化してから，融合すること，すなわち非対称融合も研究されている．片方の植物の核を放射線などにより不活性化してから細胞融合することにより，その細胞質のみを導入した細胞質雑種（Cybrid）は，イネなどの細胞質雄性不稔系統の育成に利用されている．

18.2.4 細胞培養と細胞選抜

微少な未分化の細胞塊（callus）を培地で養成して，これから植物体を再生することは比較的容易になった．その応用場面として，培地に病原菌の生産する毒素あるいは塩分を加えて，それらに対して耐性のあるカルスのみを増殖させ，それを植物体に再生させれば，与えられた毒素あるいは塩分に耐性のある植物の育成が可能と考えられた．微生物学の分野では，このような方法は早くから発達していた．たとえば突然変異の章（7.1.2）では，Lederbergの実験を紹介した．この細胞選抜の分野は，微生物学の技術の植物育種への応用であり，1980年前後から大きく期待された分野である．しかし多くの場合に耐性のあるカルスが得られてもそれを植物体に再分化することが困難である．また再分化した植物体では耐性が失われる場合がある．これはカルス段階のみの適応現象（epigenetic variation の一種）である．

国際イネ研究所では，細胞選抜による耐塩性のイネ品種の育成が大規模に試みられ，いくつかの系統は得られたが，その耐塩性は既存の耐塩品種と比べて大きな差がなかった．

18.3 遺伝子の単離

有用な形質の遺伝子を植物に導入しようとするときには，その遺伝子のDNAの配列を同定しなければならない．これを遺伝子の単離（isolation）という．微生物では，代謝突然変異の誘起と，その後の不完全培地での変異体の培養，あるいは代謝経路の分析などを通じて，遺伝形質がタンパク質のレベルで分析されてきた．したがって，遺伝形質に対応するDNA配列の単離

は比較的容易であった考えられる．しかし，植物の場合には対立形質に着目し，交雑実験から対立遺伝子が認識された．このような遺伝形質がどのようなタンパク質を基礎として発現するかを辿るのは容易ではない．

18.3.1 遺伝子特異的タンパク質の同定

同質遺伝子系統（isogenic line）間の比較や突然変異系統と原品種の比較では，特定の遺伝形質以外の遺伝的背景が同じものと考えられる．これらの系統を比較して，その差異に関する遺伝子が発現する部位の多数のタンパク質を抽出し，二次元電気泳動を行って，問題とする遺伝子型の差異に対応するタンパク質を検出することが可能な場合がある．検出されたタンパク質を泳動によって精製して，そのアミノ酸配列を部分的にでも決定することができる．このアミノ酸配列に対応するDNA配列を合成して，これをプローブ（探り針）とする．一方，その遺伝子が発現する部位からmRNAをとり，その逆転写によって，cDNAライブラリーを得る．これは，問題とするタンパク質の遺伝子を含む多くのタンパク質に対応するDNA配列の断片をプラスミドあるいはファージに組み込んで，それを大腸菌を利用して増殖したものである．これにコロニーハイブリダイゼーションまたはプラークハイブリダイゼーションという方法で，先のプローブと部分的に相同の配列をもつプラスミドを含む大腸菌またはファージを特定し，それを増殖することにより，目的とする遺伝子の DNA 配列を決定する（図 18.3）．

同じような考え方で，既知の遺伝子型をもつ数種類の系統からタンパク質を抽出し，遺伝子型に対応するタンパク質を決定することができる．佐々らは，自家不和合性のナシの「二十世紀」と和合性の突然変異体の「おさ二十世紀」の花柱から抽出したタンパク質の二次元泳動像を比較し，また自家不和合性の既知の遺伝子型をもつナシ品種も同様に比較して，この遺伝子に対応するタンパク質が RNA 分解酵素であることを確認した（図 18.4）．さらにこれらに対応する塩基配列を示すことができた（図 4.7）．

18.3 遺伝子の単離

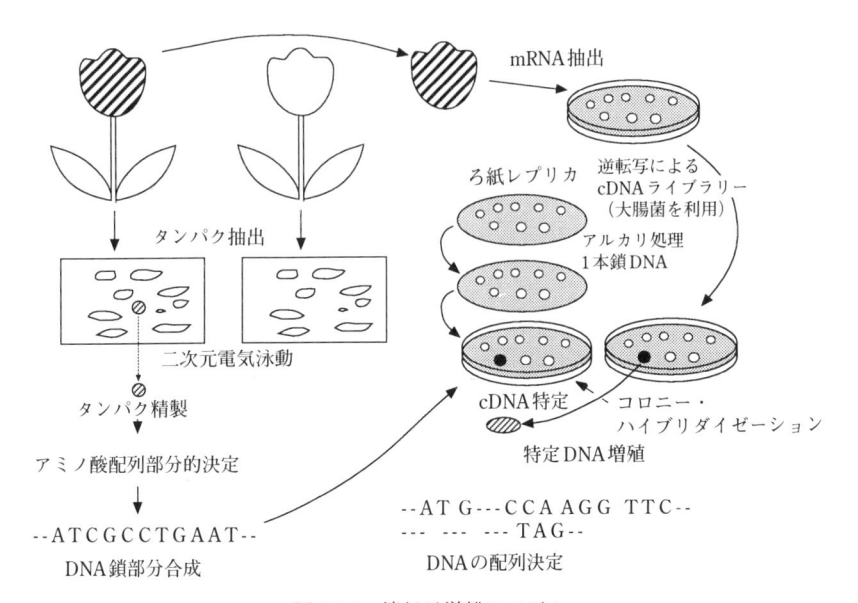

図18.3 遺伝子単離のモデル

　遺伝的背景は同じであるが，ある形質について差異のある材料から，それぞれタンパク質を抽出し，電気泳動で比較し，形質の差に対応するタンパク質を分離する．それの N-末端のアミノ酸配列を決定し，対応する DNA 鎖を合成し，プローブとする．

　一方，組織から cDNA のライブラリーを作製し，大腸菌のコロニーとして増殖する．これからレプリカを得てアルカリ処理で1本鎖 DNA の集団を得る．これに先に得たプローブを処理して，これと反応するコロニーをもとの大腸菌群から分離・増殖して，全 DNA の配列を決定する．

18.3.2 連鎖地図による遺伝子単離（map-based cloning）

　制限酵素断片長多型（RFLP）による連鎖地図により，もし目的とする遺伝子に組換え価0.5％程度で連鎖しているような DNA 標識が得られたならば，これを利用してさらに問題とする遺伝子に接近し，最終的には問題とする遺伝子の DNA を捕捉することが可能である．これを染色体歩行という．

　この場合に，8塩基を認識する制限酵素などの切断点の少ない制限酵素

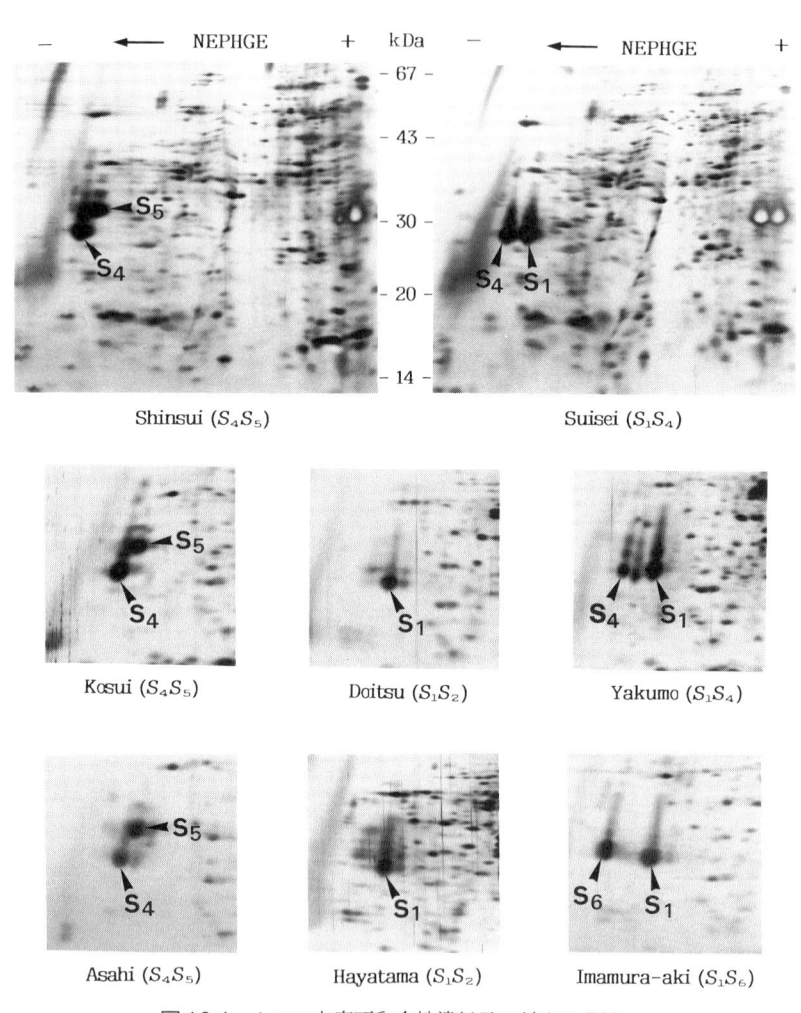

Shinsui (S_4S_5)　　　　Suisei (S_1S_4)

Kosui (S_4S_5)　　Doitsu (S_1S_2)　　Yakumo (S_1S_4)

Asahi (S_4S_5)　　Hayatama (S_1S_2)　　Imamura-aki (S_1S_6)

図18.4　ナシの自家不和合性遺伝子に対するRNase
二次元電気泳動によりタンパク質を分離し，銀染色を行って，遺伝子型に対応するタンパク質を見出すことができた[18-5]．

(rare cutter)によりゲノムから多数の長大なDNA断片を得ることができる.また長大なDNA断片を扱うシステムとして,BACやYAC(bacterial or yeast artificial chromosome)ベクターなどが知られている.前者は大腸菌で,後者は酵母細胞中で数百 Kb 以上の外来 DNA を人工染色体として維持するシステムである.この長大な断片のいずれかに,目的の遺伝子と密接に連鎖する標識のDNA断片と相同の部分があれば,その長大DNAからさらにDNA断片を得,目的遺伝子を含むDNA断片を得ることができる.そのDNA断片をプローブとしてcDNAライブラリーから候補となるcDNAを選抜することができる.さらに,形質転換により目的のcDNAの同定が行われる.

イネでは,1 cM 当たりのDNAはおよそ 265 kbp と推定されている.したがって,目的とする遺伝子に0.5～1.0 cM で連鎖しているDNA標識があれば,一つのYACクローンの中に,目的遺伝子のDNAと密接に連鎖するDNA標識が見出される可能性がある.

マーチンらは(Matin *et al*., 1993),トマトの *Pseudomonas* 菌に対する寄主抵抗性の遺伝子を標識 DNA との連鎖を利用して単離し,それがプロテインキナーゼの一種であることを証明した[18-1].その過程で,遺伝的分離のある約 1,300 個体について耐病性と特定のDNA標識との組換えの有無を調査した.この場合には単離されたDNA配列を実際にTiプラスミドを利用して植物に導入して,耐病性が発現しているかどうかが確認された.イネのシラハガレ病耐病性遺伝子 *Xa-21* のDNA配列も似た手法で単離され,罹病性系統にそれを導入して確認された[18-2].

18.3.3 既知の遺伝子のDNA情報の利用

遠縁の植物の遺伝子でもDNAレベルでは相同性の高い配列がみられる.特にタンパク質の活性部分は相同性が高い.その配列を利用してPCRのプライマーを作製し,ゲノムのDNAあるいはcDNAを鋳型として関係する遺伝子のDNA配列を得ることができる.タバコ属の野生種(*Nicotiana alata*)で自家不和合性遺伝子に対応するDNA配列(RNase)が発表されると,この

RNase の活性部位の相同性はきわめて高いので,その配列を利用した PCR により他のナス科植物の自家不和合性の遺伝子の DNA 配列が単離された.今後単離された遺伝子の情報が利用できれば,それを利用した研究が広く可能となるであろう.

18.3.4 その他の遺伝子単離の方法

特定形質の発現にのみ差があるような系統あるいは組織の一方から,cDNA を得る.他方の系統から mRNA を大量に得て,先に得た cDNA を 1 本鎖としたものとハイブリダイズさせ,二重鎖となったものを除去し,過剰な RNA を酵素で分解する.その結果,形質の差異に関与する遺伝子の cDNA は残るので,プラスミドに入れて増殖し,クローニングすることが考えられている.この方法は DNA のサブトラクション (substraction) 法と呼ばれている.(211 ページの注).

トランスポゾンは,異なる染色体の遺伝子座に移行することが知られている.その特徴的な DNA 配列は分析されている.これが挿入されるとその部分の遺伝子は正常に発現しなくなる.そのような個体から,トランスポゾンの DNA 配列をプローブとして,発現しなくなった遺伝子と密接に関連した DNA 配列が得られる.これはトランスポゾン・タッギング (transposon tagging) と呼ばれている.後に述べるように,アグロバクテリウムにより Ti プラスミドの T-DNA が植物体ゲノムに挿入される場合にも,挿入部位の遺伝子の機能が改変されて,一種の「突然変異」が起こる.この場合にも T-DNA の配列をプローブとして変異遺伝子が単離されている.

18.4 遺伝子組換

外来遺伝子の DNA を様々な方法で植物のゲノム中に導入し,形質転換された植物を得る試みが急速に発展している.形質転換には,アグロバクテリウムが保有している Ti もしくは Ri プラスミドの機能を利用して植物の核の中に外来遺伝子を送り込む方法と,外来遺伝子そのもの,または外来遺伝子を含む小型のプラスミドを,直接植物細胞の核に導入する方法がある.

18.4.1 遺伝子の構築

単離された遺伝子を植物に導入するには，その遺伝子の DNA 配列とともにその確認のための標識遺伝子を付加しておかねばならない．広く利用されているのは抗生物質であるカナマイシンに耐性を示す NPTII 遺伝子あるいはハイグロマイシン耐性遺伝子 HPT である．また組織の染色により検出できる GUS 遺伝子もレポーター遺伝子として用いられる．次に遺伝子の上流にプロモーターを組み込んでおく必要がある．現在カリフラワーモザイクウイルスの 35 S プロモータが普通に使われている．プロモーターとしては，葯など器官特異的に働くものも利用されている．さらに mRNA への転写を終了させるための DNA 配列 (terminator) も必要である．

18.4.2 アグロバクテリウム感染法

根頭癌腫病菌のプラスミドの特異な働きは外来遺伝子の導入に利用されている．単子葉植物にこの菌が感染しないため，本法は利用できなかったが，最近はイネなどにも適用されるようになった．

a. 原 理

根頭癌腫病菌 (*Agrobacterium tumefaciens*) と毛根病菌 (*A. rizogenesis*) は，環状の巨大なプラスミド (180-250 Kb) をもっている．それぞれ Ti プラスミド，および Ri プラスミドと呼んでいる．両プラスミドともプラスミドが自立していくために必要な機能の他，病原性に関する特殊な遺伝子をもっている．その一つは vir 領域 (約 35 kb)，別のひとつは T-DNA (約 13 kb) 領域である．以下は主に Ti プラスミドについて述べる．

アグロバクテリウムが植物組織の傷口に付着すると，植物の傷口からでてくる二次代謝産物に感応して vir 領域上の遺伝子群の発現誘導が起きる．vir 領域上の遺伝子群の情報を受けて，T-DNA が Ti プラスミドから切り出される (T-DNA の両端にこれに対応して認識される部位がある)．切り出された T-DNA は転移し，核内の染色体 DNA に挿入される．染色体に挿入された T-DNA 上の遺伝子群は直ちに発現する．この中にはサイトカイニンや

オーキシンの生産を触媒する酵素の遺伝子が存在し，それが発現して細胞が異常に分裂して腫瘍が形成される．またオパインと総称される特殊なアミノ酸の生産を触媒する酵素の遺伝子も存在し，これらの物質が生産されて腫瘍の外に滲みだして，外部にいるアグロバクテリウムの栄養源となる．

b．プラスミドの改変

Ti プラスミドは，約 180 kb の巨大な DNA 分子である．したがって in vitro での組換え操作によって外来遺伝子を直接 T-DNA へ導入し，その Ti プラスミドを再びバクテリア中に戻すことは困難である．外来遺伝子を Ti プラスミドに入れるためには，種々の改良が試みられている．一例として，vir 領域は，これをもたないプラスミドの T-DNA に対しても，T-DNA の両端にある DNA 部位を認識して働く．したがって vir 領域をもたないプラス

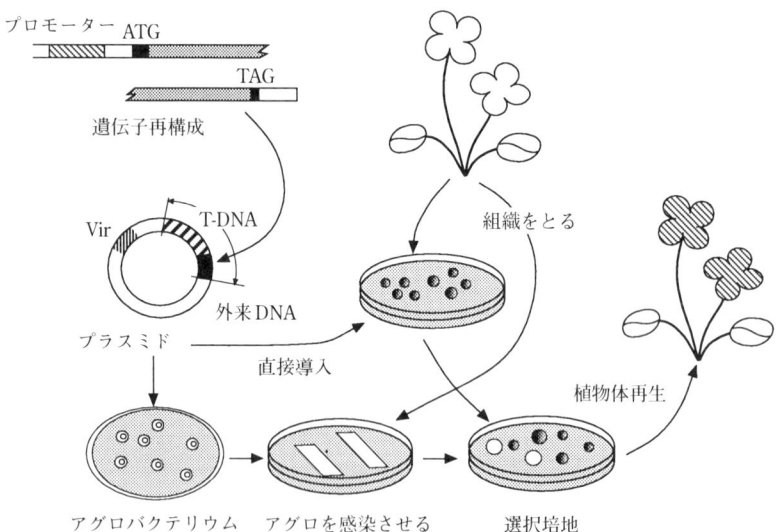

図 18.5　遺伝子導入のモデル

単離された DNA をプラスミドに入れる．プラスミドには抗生物質耐性遺伝子などを標識として入れておく．これをアグロバクテリウムにいれ，それを植物に感染させる．あるいはこのプラスミドを爆撃法などで直接植物組織に導入する．増殖する多くの植物組織を，抗生物質を加えた選抜培地に移して，耐性のものを植物体に再生する．得られた植物は外来遺伝子をもつことが期待される．

ミドの T-DNA に外来遺伝子を入れ，一方 vir 領域をもつが T-DNA の欠失したプラスミドを用意し，両者をアグロバクテリウムの中に入れて，T-DNA の植物ゲノムへの導入を図る工夫がされている．

c．アグロバクテリウムの植物への感染と植物体再生

植物の葉の切片，あるいは培養細胞に，アグロバクテリウムの培養液を接種して感染させた後，抗生物質を含んだ除菌培地でアグロバクテリウムを除去する．この組織から植物体を再生させ，抗生物質耐性のマーカーを利用して形質転換体を選抜し，植物体に再生する．Ri-プラスミドの場合には，若い無菌植物に傷をつけて菌を直接接種する方法や葉の円盤状切片に接種する．感染した組織は毛状根を生ずる．これを除菌した後，毛状根あるいはそれから得られたカルスから植物体を再生させる（図 18.5）．外来遺伝子はメンデルの法則に従って分離することが確認されている．

18.4.3 遺伝子の直接導入

植物に直接 DNA を導入する方法として，エレクトロポレーション法，PEG 法あるいは爆撃法 (particle gun) がある．

低温下で短時間の電気パルスを与えてプロトプラストに穴をあけ，この穴を通じて懸濁培養中の DNA を導入することができる．界面活性剤を利用して DNA とプロトプラストを付着させる方法もある（PEG 法）．これらはプロトプラストの誘導と再分化系が前提となる．

DNA を付着させたタングステンの微粒子を，高圧空気とか爆薬を利用して植物組織に高速で直接打ち込み，外来遺伝子を導入することが可能となった．この方法はプロトプラストからの植物体の再細分化も，またアグロバクテリウムの培養も必要としない．

18.5 接木による変異

接木による変異は古くから知られ，その大部分は，キメラであると考えられる．しかし，トウガラシ，トマトおよびナスなどでは，生育した台木に幼芽状態の接き穂を接いで，接き穂から得られた種子（G1）を通じて台木の形

質が伝えられる．このことは，頻度は高くないが確認されている．この変異は台木の染色体断片が接ぎ穂に転流するためであり，一種の形質転換である[18-3,4]．

18.6 遺伝子組換による育種

遺伝子組換えによる育種は急速に展開している．従来の育種では，種・属内にある遺伝子のみが利用された．一方，突然変異の誘起でも合目的に遺伝子を改変することができなかった．今後は，酵素タンパク質などの機能を人工的に改良して，その遺伝子を植物に導入することにより，生物改良が発展すると期待される．

a. 植物ウイルス遺伝子を利用したウイルス抵抗性形質転換植物

植物ウイルスがある寄主に侵入・増殖すると，二次的に侵入するウイルスの増殖やそれによる病徴の誘発を抑制する．この現象を干渉と呼ぶ．干渉が起こる機構のひとつは最初に侵入したウイルスが寄主細胞内に過剰に生産する遊離の外皮タンパク質によるとされている．この技術を応用するには，植物に侵入するウイルス（その大部分はRNAウイルス）のRNAを逆転写酵素によりDNAの配列として解析し，その外皮タンパクに相当する部分を寄主植物に導入する．

b. そのほかの有用遺伝子を導入した形質転換植物

Bacillus turingensis は，カイコの病原菌として恐れられてきた．それはBTトキシンと呼ばれる毒素の働きによる．これは比較的アミノ酸残基の多いタンパク質である．この遺伝子を植物体に導入すると，蛾が食害しなくなる．これの応用は1980年代の後半から盛んに試みられている．

非選択性の除草剤「ラウンドアップ」の有効成分はグリホサートである．これは芳香族アミノ酸の合成に関与するシキミ酸経路中のEPSP合成酵素を阻害する．微生物からグリホサート耐性のEPSP合成酵素が単離され，これをダイズに導入して，除草剤耐性のダイズが育成された（図18.6）．

植物体のある機能を制限するには，その機能を発現するタンパクの基になっているmRNAの働きを妨害することが考えられる．あるRNAに対して，

18.6 遺伝子組換による育種

それと相補的な配列をもつRNAをアンチセンス（antisense）RNAと呼ぶ．これに対応するDNAを植物体に導入するとアンチセンスRNAが生産され，もとからあるmRNAに二重鎖として結合してそのタンパク合成機能を阻害することができる．たとえば，トマトのポリガラクツロナーゼ遺伝子（細胞壁分解酵素のひとつ）のアンチセンスDNAをいれて，過熟を防止しようとするアイデアがあり，形質転換植物が得られた．

c. 遺伝子組換の今後の課題

遺伝子組換え技術，特に，形質転換系の改良は，世界の大学や研究機関で争って取り組まれている．しかし個々の植物の有用遺伝子の単離，その遺伝子の構造および機能解析は，今後に残された課題である．

遺伝子組換によって新しい生物体ができたとき，それが予期しない災害をもたらすかも知れない．こうした事態を避けるために，世界中で遺伝子組換え体の実験については厳しい安全性評価の体制がとられている．

注）上述のような対照的な系統あるいは組織の，それぞれから得られたmRNA群から，cDNAを調整し，それを鋳型として多数のRAPD（p.64）を得る．その中に目的とする形質の差異に対応する増幅産物があれば，それから塩基配列を求め，それをプローブとしてcDNAライブラリーから関連する遺伝子をきめることができる（Differential display）．

図18.6 除草剤耐性のダイズ「ラウンドアップ・レデイー大豆」による不耕起栽培
左は不耕起栽培栽培にラウンドアップを散布したところ．右は対照区．
（日本モンサント株式会社の提供による）

第19章 収量,環境要因への耐性および品質の育種

育種の目標は植物のあらゆる形質に及んでいる.目的とする形質によって,育種の方法およびその効果は多様である.この章と次の章ではイネを中心に,主要な育種目標について,その育種方法および成果を取り上げる.

育種目標となる重要な形質について,初めは大きな環境誤差のため,連続的あるいは量的形質とみられても,正確な検定方法が考案され,遺伝分析が行われると,一,二の明確な遺伝子の効果に帰着される場合がある.

19.1 生産力検定と圃場試験

従来の育種の本では,育成系統の収量の評価の問題はかなり詳しく扱われてきた.しかし,この問題は生物統計学の参考書でとり挙げられているので,ここでは収量性の評価に関係する2,3の点を述べる.

19.1.1 圃場試験の考え方

圃場試験の誤差をもたらす要因は,土壌の肥沃度などの不均一性である.それは,圃場造成以前の地形,地下水の動向,周辺の地形,施肥のムラおよび前作の状況などによるものである.また,圃場の周縁(あぜぎわ)では陽光や通風がよく,競合が少ないために生育がよくなる.これは周辺効果と呼ばれる.灌漑水の動向も無視できない.水口では水温が低く冷害が発生するとか,灌漑水からの養分が供給される場合もある.したがって,圃場試験を正確に行うには,前作で均一栽培を行うとか,水口から離して試験区を設置するとか,様々な配慮が必要である.

圃場試験における誤差の問題を解決するため,1930年代に当時の農事試験場では「精密栽培法」が試みられた.この方法は,あらかじめ土壌を集積して均質化した後に各試験区に再配分するなど,誤差の原因を取り除くため

の最大限の手段をつくすものであった.

これに対し,R.A. Fisherが1920年代から,イギリスのローザムステッド (Rothamsted) 農業試験場において創始した実験計画法は,圃場試験において避けることのできない誤差を評価すると同時に,誤差の程度を尺度として,対象の真の差を評価しようとするものである.実験計画法は現在広く採用されている.

なお,実験計画法に基礎を置いた圃場試験は,収量の測定にはよいが,反復の設定やランダム配置などの手数を要し,観察に不便になる.最終的な収量検定以前に観察によって評価すべき重要形質は多いから,予備試験の段階では,系統番号や成熟期の順序に従って系統を配置し,一定間隔で比較品種を挿入して,重要形質の観察・評価に便宜を図ることが多い.

19.1.2 遺伝子型と環境の相互作用

遺伝的変異の発現は,環境との関係で異なる.特に新系統や新品種の収量を評価する場合には,地域や年次によって性能がどのように変動するかを検

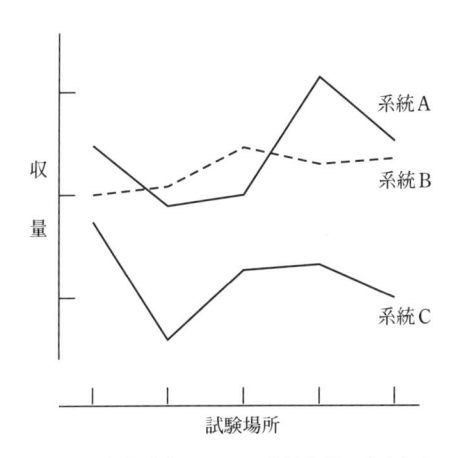

図19.1 多地域試験における系統収量の評価(モデル)
いくつかの供試系統を異なる地域で評価すると,系統AとBは平均的には同じ能力であるが,Aは環境の差によく反応し,Bは安定である.

定する必要がある．一般的には，いくつかの供試系統を異なる地域あるいは年次で評価すると図19.1のような結果が得られる．系統AとBは平均的には同じ能力であるが，Aは環境の差によく反応し，Bは安定である．このような結果に分散分析を適用すると，品種による分散，地域による分散の他に，品種と地域の相互作用による分散も評価される．

　肥沃度や気候の異なる多くの地点で，それぞれの地域に適する品種を選定するため，多数の系統の評価が行われる．この場合に好適な条件ではよい収量を挙げる系統も，別の不良な条件では性能を発揮しないことがある．このような場合には，各系統の栽培環境の良否に対する反応を評価することが望ましい．Finlay-Wilkinsonの回帰分析は多地域での系統の評価のデータから，品種のこのような特性を判別するために提案された[19-1]．これは各地域の環境の指標として供試した全品種の平均をとり，これと特定の品種の収量の回帰係数をもとめて，それを品種の安定性の指標とする方法である．この回帰係数が1であれば，平均的な安定性を示す．

19.1.3　ノン・パラメトリック検定法

　前項で述べたような分散分析からは正確な情報が得られる．しかし，一般には多地域で数年にわたって同じ品種群の収量調査を行うことは稀である．多くの場合に，ある供試系統の評価は，広い地域で，地域ごとに異なる比較品種と対比して行われる．また年次および地域により比較品種も異なる．このようなデータに分散分析を適用することはできない．しかし，供試系統と比較品種という「対応」が多数あることに注目してみると，供試系統が比較品種に対して＋となる場合が，有意に多いか否かが問題となる．このような場合には「符号検定」が適用される．

　多年次および多地域にわたる適応性検定試験のデータに符号検定を適用した例を，新品種の報告書から引用し，図19.2に示した．ノン・パラメトリック検定法は，品質や食味など，優劣の符号あるいは順位でしか得られないデータに対しても適用されている．

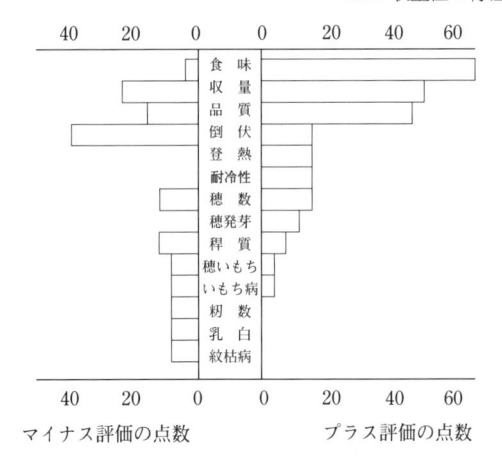

図19.2 標準品種と試作系統の対照表の一例
供試全地域における標準品種と試作系統の全評点の対照による評価

19.2 収量性の育種

19.2.1 長期的にみた収量水準の向上

栽培の第一の目標は収量である．普通作物（field crops）の収量に関する育種の長い歴史をみると，改良にはほとんど上限がないことがわかる．一例と

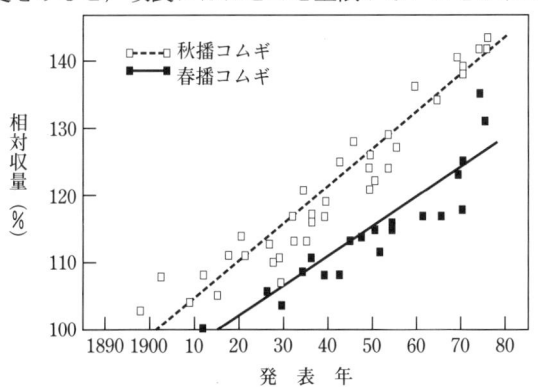

図19.3 スウェーデンにおけるコムギの育成種の相対収量
秋播在来種 Sammet および春播在来種 Halland を100としてすべての発表された品種の収量を示す（文献19-2による）．

して，図19.3にスウェーデンにおけるほぼ百年間の秋播コムギおよび春播コムギの相対収量の向上が示されている[19-2]．

一般に，連続的形質に対する遺伝変異については，一定の強度で選抜すれば，遺伝率に応じた遺伝的進歩が得られるはずである．しかし同じ条件での選抜では選抜効果は停滞する．それを打開する新しい考え方が導入されて進歩が続いてきた．また土壌改良や耐病虫性などの総合的改善も収量向上に寄与してきた．

19.2.2 多収に関係する形質を通じての育種

今日の熱帯での半矮性多収稲の源となった「低脚烏尖」(Dee Geo Woo Gen, DGWG) は，古く福建省より台湾に導入され，栽培されていた．この品種は，1961年から国際的な共同研究に供試されて注目された．国際稲研究所 (IRRI) は1960年に創設され，1962年の最初の38組合せの中の11は台湾からのDGWGなど半矮性型3品種を親としたものであった．8番目の組合せがPeta/DGWGで，これから緑の革命で有名なIR8が1966年に育成された（図19.4）．熱帯地方の在来種の栽培ではイネの籾収量はha当たり2〜3t程度であったが，半矮性の多収品種によって，条件のよいところでは，5t位の収量を上げることができた[19-3]．

一般に矮性型のほとんどは，節間と穂の短縮を示すものである．この中

図19.4 半矮性多収品種のIR8とその両親品種低脚烏尖およびPeta

で，半矮性多収品種は，「稈長は短縮するが穂長は短縮しない」という特異なタイプである．これは「低脚烏尖」に由来する劣性の一遺伝子（$sd-1$）によるもので，その座位は染色体1にある．その後の研究によって，同じ遺伝子座にある半矮性の遺伝子が，わが国の西南暖地で収量の向上に寄与した，「十石」由来の短稈品種であるホウヨク，コクマサリおよびアリアケなどにも存在し，また寒冷地で収量水準の向上に寄与した，放射線突然変異による短稈種「レイメイ」にも存在することが認められた．同じ遺伝子座の半矮性の対立遺伝子は，その他の多収品種の系譜の中にも確認されている[19-4]．

コムギでも，半矮性のメキシコ小麦の普及により，インド亜大陸を始めとして小麦生産量が飛躍的に向上した[19-5]．これに貢献したN. E. Borlaug博士に1970年度のノーベル平和賞が与えられた．メキシコ小麦の半矮性遺伝子は，日本の「小麦農林10号」に由来している．その来歴を辿ると，1918年にわが国の農事試験場において，関東地方の在来品種として収集された短稈短穂の「達摩」にアメリカ品種「Fults」から分離した「硝子状フルツ」が交雑されて「フルツ達摩」が育成され，さらに1925年にこれがアメリカ品種「Turkey red」と交雑され，これから小麦農林10号が育成された．

1960年代から70年代にかけては，半矮性の穀類品種の育成により，農業の生産性が飛躍的に向上した．しかし，その後収量の向上を直接目的とする育種よりも，多収品種の耐病性や耐虫性に力点がおかれた．次の段階では収量向上に対してどのような育種的手段が可能であろうか．

19.3 気象および土壌条件に対する耐性

19.3.1 耐冷性の育種

イネの冷害は，酒井寛一（1944）によって，遅延型と障害型に区別された．この他，熱帯のインド型品種には，低温で幼苗の黄化（chlorosis）を示すものがある[19-6]．

遅延型冷害は，低温のために出穂が遅れて，気温の低下した秋期に開花・登熟するために起こる登熟障害である．したがって早生品種を栽培すれば，出

穂が遅延しても秋冷の前に登熟し，遅延型冷害を回避できる．実際に「藤坂5号」のような早生の多収品種が育成されたため，遅延型冷害の被害は軽減されてきた．

障害型の冷害は，穂ばらみ期の低温によって発生する．より正確には，減数分裂の直後の小胞子初期の低温により，正常な花粉が形成されず，雌しべの発育は正常であるが，不稔になる．

障害型冷害に対しては，品種による耐性の差が認められた．さらに，制御の困難な冷気温の代わりに，冷水潅漑によって耐冷性が検定できることが明らかにされ，耐冷性品種の育種は大きく前進した．しかし，その後冷水潅漑においても，検定の正確度は不十分であることが判明し，正確に制御された冷水槽にイネ株を浸漬して，耐冷性を検定する方法が考案された．これは水温19℃，水深20cmによる恒温深水法である．このような正確な検定によって，耐冷性の品種の系譜が明らかにされた[19-7,8]．また障害型冷害の常発地以外の地域にも，「コシヒカリ」などに耐冷性強の遺伝子が一種の中立的変異として保存されていることがわかった．そして耐冷性の異なる品種間の交雑から，両親を超える系統が育成された（図12.6）．

耐冷性の品種は寒冷地の在来種からだけではなく，スマトラの標高1,300mの高地から導入されたシレワ（Silewah）にも見出された．これはIRRIで行われた耐冷性品種の検索から見出された材料で，それはさらに北海道農業試験場で確認された．この遺伝資源から耐冷性系統が育成された．

19.3.2 不良土壌に対する耐性

作物の種類に応じて，それぞれに適した土壌があることは古くから知られている．一方同じ作物の中でも，土壌条件が違えば適品種が異なることも稀ではない．イネでは肥沃地で多収の品種が，秋落地には必ずしも適しないことが知られていた．ムギ類では酸性土壌に対する耐性の品種間差異が研究されてきた．さらに，塩害地でのイネの耐塩性の品種間差と選抜については内外に多数の報告がある（図19.7）．

a. 土壌ストレスの概観

土壌ストレスを,生理作用の面から分類すると,有害物質の過剰と鉱質栄養の欠乏とにわかれる.前者には,アルミニウム,還元鉄,塩類および有機物の分解産物などがある.後者としては,亜鉛や鉄などの微量要素からリン酸のような多量要素がある.

このような化学物質による分類とは別に,いくつかのストレス要因を含む不良な土壌類型(adverse soil)の分布に注目する必要がある.まず酸性硫酸土壌は,汽水の影響下で生成した土壌で,熱帯の低湿地に広く分布する.ここではpHが低く,リン酸は鉄などと結合して土壌に固定され,また溶出するFe^{++}の過剰による生理障害がみられる.同じく低湿地に広く分布する有機質土壌では,鉱質栄養の全般的不足のほか,特に銅やコバルトなどの欠乏が生育抑制の要因となる.一方熱帯地方の台地に広く分布する,いわゆるラテライト土壌ではpHが低く,溶出するFe^{++}による生育障害がみられる.他方乾燥地帯のアルカリ土壌では塩類の蓄積のほか,リン酸はカルシウムと結合して土壌中に固定されやすい.

上に列挙した土壌ストレスのうち,有毒な要素に対する作物の耐性については,耐性による減収防止の程度が問題となるが,その意義は明かである.しかし必須栄養の欠乏に対する作物の耐性の意義については論議が多い.

b. 土壌ストレスに対する耐性の利用

土壌ストレスに対する耐性の遺伝の研究の歴史は浅く,一般的結論をだすほど報告は多くない.オオムギのアルミニウム耐性や酸性土壌に対する耐酸性については,単一の主働遺伝子が想定されているが,概して耐性の遺伝的変異は連続的である.亜鉛欠乏に対する耐性に関して,F_1では耐性強が優性であり(図13.4),F_3系統では連続的分離を示すが,耐性強の親より耐性の強いものが出現するとの報告がある.塩害に対する耐性について,耐性の強いF_1は両親より耐性に優れ,耐性の強い両親よりさらに耐性の強いF_3系統が出現するとの報告がある.

水素イオン濃度(pH)の高い土壌が畑状態になると鉄が不溶性となり,イネは鉄欠乏による葉の黄化症状を示す.これには顕著な品種間差があり,耐

性の強い品種は黄化せず，鉄含量が高い．リン酸欠乏耐性の品種間差に関する研究によると，耐性の品種間差は水耕栽培では判然とせず，リン酸欠乏土壌では検出される．

19.4 品　質

収穫物はそのままでは利用されず，乾燥や脱穀の後，ふすまあるいは籾がらを除き，製粉あるいは精白などの一次的加工にまわされる．一次加工に関係する特性として，コムギでは粒色，製粉性などが，コメでは精白歩留りに関係する玄米の諸形質，すなわち腹白，心白および変色米の割合などがある．外観品質の良否は市場価格に直結する問題である．

二次加工は食品に変える際の加工である．これに対する適性の評価法は，高度に加工される原料と，直接調理される食品とでは異なる．コメの場合には，炊飯米の試食，すなわち官能検査で判定される．製パンや醸造原料など加工度の大きな原料に対しては高度の分析が行われている．

19.4.1 含有成分に対する育種

糖，デンプンおよび油脂などを目的に生産される多くの作物は，育種による含有量の向上によって，経済栽培が可能になった．

テンサイでは，18世紀末までドイツで飼料用ビートから製糖用に向く選抜が行われ，5-7％の糖分をもつWhite Silesiaが育成された．これがヨーロッパ各国に広がり，さらに改良されて，19世紀中頃糖分が11〜13％の品種が育成された．ヒマワリも含油率の向上によって重要な経済作物になった．ヒマワリの油脂含有量の育種は20世紀初めにソ連で着手され，長期にわたり年率1％で含有率が向上したといわれる．トウモロコシでも，含油量向上の育種はきわめて効果的である．このことを実験的に示したのは，アイオワ州におけるトウモロコシの長期にわたる選抜実験である．70世代にわたり含油量とタンパク質含有量の選抜が行われたが，選抜に対する反応にほとんど限界がみられなかった[10-3]．以上の作物はいずれも他殖性であるため，選抜系統間の相互交雑と選抜が反復され，多数の遺伝子座の効果が集積され

たと考えられる．

一方栄養繁殖作物の育種では，一般にヘテロ性の高い母本間の交雑の雑種第一代の実生集団から選抜される．したがって，選抜の反復による遺伝子効果の集積よりも，両親の組合せ能力が育種の効果に大きく影響する．

19.4.2 物理化学的分析による品質の育種

作物の育種において，原料の外観品質の評価や製品の官能検査，あるいは食味試験は今後とも重要であろう．これに加えて，品質あるいは嗜好を支配する成分の特定とその遺伝分析がますます重要になっている．

コムギの二次加工適性で重要なものはタンパク質であり，タンパク質の組成をサブユニットとして識別できるようになった (4.3.2)．

ビール麦は工業原料であり，高エキス，高ジアスターゼおよび適度のタンパク溶解性など一定の規格が要求される．その育種では，オオムギから麦芽を製造して，麦芽についての品質分析を行い，個体あるいは系統選抜が行われる．この場合エキス含量，エキス収量，麦芽全窒素含量，および糖化時間などを分析し，これらの内7項目から，品質評点が算出される．

コメのデンプンはグルコース（ブドウ糖）が直鎖状に連なったアミロースと，それが分岐して構成されるアミロペクチンからなっている．日本型のコ

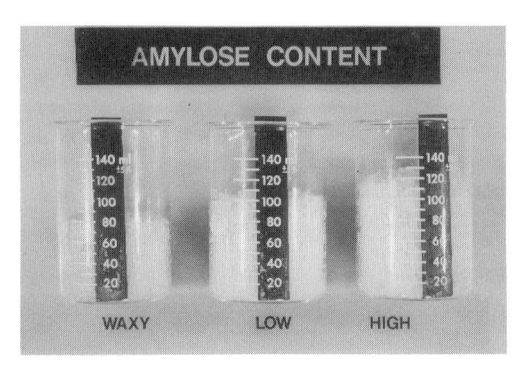

図19.5 コメのアミロース含量と炊飯特性（国際イネ研究所）
アミロース含量は，主として Wx 座の複対立遺伝子によって決定され，炊飯特性および嗜好性に大きな影響を与える．

メのアミロース含量は15〜20％で，インド型のコメのそれは，25-30％である．アミロースを含まないものがモチ品種のコメであり，その遺伝子型は wx/wx である（図19.5）．アミロース含量は気象条件によっても大きく変動するが，高アミロースと低アミロース含量には，それぞれ対立遺伝子 Wx^a と Wx^b が対応している．コメの食味を大きく左右する「ねばり」は，基本的にはアミロース含有率によって決まるから，アミロース含有率を測定して選抜できる．このほか，Wx 座の発現に関与してアミロース含量を減少させる「半モチ」遺伝子（du）があり，これはいくつかの異なる遺伝子座にある．半モチ遺伝子をもつ品種も育成されている．

19.4.3　油脂およびタンパク質の特性に関する育種

育種の対象となるのは単に目的とする成分の量だけでなく，栄養価や加工特性と関係する品質も問題になる．油脂を構成する脂肪酸の種類やタンパク質のアミノ酸組成は，基本的には主動遺伝子の直接の産物であり，電気泳動技術などによって，遺伝子分析や選抜が可能である．

普通のダイズ品種は，ダイズの青臭み発生に関与する3種類のリポキシゲナーゼ（lipoxigenase）を含有している．それぞれ単一遺伝子座に支配される L-1，L-2 および L-3 がある．L-1 と L-2 は強く連鎖している．L-1 と L-3 あるいは L-2 と L-3 の同時欠失型でもほとんど青臭みが抑えられる．またこれらの欠失型は，栽培上の問題がなく，マメの青臭みがないので，加熱処理をしない飲用豆乳や植物性タンパク質製品などへの利用が期待される[19-9,10]．農林水産省農業研究センターでは，リポキシゲナーゼ欠失型の多収品種が育成された（図19.6）．

このような品質に関係する遺伝的変異は，多様な遺伝資源のなかに，必ずしも適応的な変異とは関係なく蓄積されている．検定技術の進歩によって，さらに有用な化学的特性が見出されるであろう．

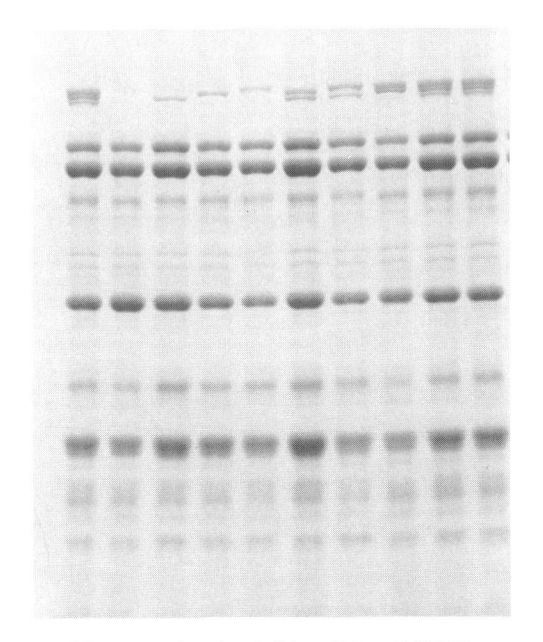

図 19.6　ダイズのリポキシゲナーゼ多型性
マメの青臭みは，3座位にあるリポキシゲナーゼ遺伝子によって発現する（SDS泳動の最上端の三バンド）．その欠失型は，青臭みがないので，熱処理を経ないで，各種の加工に共することができる（文献 19-9, 10；喜多村啓介による）．
左より1：エンレイ，2：全欠（九州111号），3：L-2.3欠（ユメユタカ），4：L-1.3欠（関東102号），5：L-1.2欠，6：L-3欠（早生夏），7：L-2欠（PI86023），8：L-1欠（PI40825），9, 10：スズユタカ．

図 19.7　塩害田における耐性イネの選抜　（フィリピン南部ルソンにて著者）

第20章　耐病性および耐虫性の育種

作物の病害および虫害に対する抵抗性の育種は，育種の分野でも最も重要な分野である．めざましい成功が得られている反面，病原菌あるいは昆虫の侵害力の変化により，新しい課題が提起されている．

20.1 病害抵抗性

多くの病原生物に対して寄主植物の遺伝的抵抗性が知られており，抵抗性の遺伝子が同定されている．薬剤散布によらず，抵抗性遺伝子によって病害を防止することは育種の中心的課題である．

20.1.1 病害抵抗性の分類

a. 非寄主抵抗性

ある病原菌に対して絶対的な抵抗性を示す品種や寄主になり得ない植物が示す抵抗性を免疫性または非寄主抵抗性という．非寄主抵抗性の機構としては，栄養とか毒性あるいは誘引物質欠如のため，病原菌との接触が阻害される場合，寄主の表面の物理的あるいは化学的な性質による侵入防止，寄主体内の抗病原菌物質，あるいは菌の侵入後の形態的あるいは化学的変化などが指摘されている[20-1]．遠縁の植物から，非寄主抵抗性を支配する遺伝子が導入されれば，非寄主抵抗性の一部分は，育種的に利用されるだろう．

b. 病害抵抗性の種類

第1は真性抵抗性（true resistance）である．これによって病原菌に対してほとんど病斑が認められない程度の高度の寄主の抵抗性が観察される．真性抵抗性を微視的に見ると，最初に侵入した病原微生物に対し，寄主細胞が敏感に反応して壊死するため，その後病原微生物による病斑拡大が阻害されることが知られている．この現象は菌のエリシターを寄主の受容体が認識し，過敏感反応（hyper-sensitivity）を示した結果である（図6.1参照）．

第2は圃場抵抗性（field resistance）である．これによって，病原微生物に

侵入されて病斑が形成されても，その拡大が阻止されるような抵抗性，すなわち中程度の抵抗性が見られる．この術語は，もともとバレイショの疫病抵抗性の研究で使われ，圃場で現れる抵抗性を意味するものではない．別に partial resistance という術語も使われている．

第3は病原菌の生産する毒素に対する抵抗性である．トウモロコシのごま葉枯病菌やナシの黒斑病菌は寄主特異的な毒素を分泌して，それに感受性のある寄主を犯す．毒素に対する受容体を欠く寄主は抵抗性を示す．

c. ウイルス病および細菌病に対する抵抗性

細菌病に対しても，圃場抵抗性と考えてもよいような抵抗性が知られている．イネ品種「日本晴」のしらはがれ病菌に対する抵抗性はその例といえる[20-2]．

植物ウイルスの中で最もよく研究されているタバコ・モザイクウイルス (TMV) に対して，3つの型の抵抗性遺伝子が知られている．すなわち TMV の外皮タンパクを認識して壊死斑形成に関係するもの，TMV の増殖を抑えるもの，およびウイルスの細胞間移行を妨げるものが知られている[20-3]．

非病原性ウイルス株や弱毒ウイルス株が感染した植物体は，毒性の強い株による感染や発病を示さないことが，タバコ・モザイクウイルス (TMV) やキュウリ・モザイクウイルス (CMV) などで知られている．これらのウイルスの外皮タンパクの DNA を植物体に導入して発現させると（ウイルス自体の外皮タンパクの形成が阻害されるためか），ウイルス抵抗性が発現することが確認されている．

昆虫によって媒介されるウイルス病では，ウイルス病に対する抵抗性のようにみえても，実際には媒介昆虫に対する抵抗性が効いていることがある．イネツングロウイルスの場合はその例である．

20.1.2 抵抗性の発現と遺伝

a. 寄生菌と寄主の関係 (gene for gene theory)

糸状菌による病害のうち，麦類のうどんこ病，さび病およびリンゴ黒星病などにおいて，寄主と寄生菌の関係についての遺伝分析が行われた．なかで

表 20.1　寄主遺伝子と菌の病原性の関係

菌の病原性遺伝子	寄主の抵抗性遺伝子型		
	R_aR_a	R_ar_a	r_ar_a
V_a	S	S	S
Av_a	R	R	S

R：抵抗性反応　　S：感受性反応
V_a は，病原性，Av_a は非病原性の遺伝子である．
寄主の抵抗性遺伝子と菌の非病原性の遺伝子の組合せでのみ抵抗性が発現する．

もアマのさび病の遺伝研究から遺伝子対遺伝子説が提唱され[19-4]，その後の研究に大きい影響を与えた．この考え方によると，一般に寄主の側に優性の抵抗性遺伝子があり，他方病原菌の側には非病原性遺伝子（avirulence gene）があって，1:1 の対応関係にある．抵抗性遺伝子 R_a をもつ宿主が，非病原性遺伝 Av_a をもつ菌糸の侵入を受けると他の遺伝子が何であれ，必ず抵抗性を示す（表 20.1）．

この特異的対応では，R_a と Av_a，R_b と Av_b，R_c と Av_c が組合わさった場合にのみ抵抗性が現れる．R_a 遺伝子をもつ品種と非病原性遺伝子 Av_b をもつ菌系とが組合わさっても抵抗性は現れない．この場合，寄主の抵抗性遺伝子は受容体で，それが菌の非病原遺伝子の産物（タンパク質の分解による

表 20.2　判別品種による菌型の分類

菌型の病原遺伝子	寄主の抵抗性遺伝子			
	$r_ar_ar_br_b$	$R_aR_ar_br_b$	$r_ar_aR_bR_b$	$R_aR_aR_bR_b$
V_aV_b	S	S	S	S
Av_aV_b	S	R	S	R
V_aAv_b	S	S	R	R
Av_aAv_b	S	R	R	R

R：抵抗性反応　　S：感受性反応
寄主の遺伝子型は固定したホモ接合体として表した．
Av_a は R_a と，Av_b は R_b とそれぞれ特異的に抵抗性を発現する．

ペプチドなど）に特異的に反応して過敏感細胞死を導く．

最も単純な場合を取ってみると，表20.2 の通りである．菌型「$Av_a \cdot V_b$」は，R_a をもつ寄主ともたない寄主を判別し，「$V_a \cdot Av_b$」は，R_b をもつものともたないものを判別する．この二つを用いて，4種類の寄主の抵抗性遺伝子型を判別できる．このような原理で主要病害については判別品種あるいは判別菌型の体系が構築されている[20-5]．

b．圃場抵抗性の遺伝

葉いもち病に対する陸稲品種「戦捷」の圃場抵抗性の分析によると，6つの染色体に圃場抵抗性遺伝子が認められた[20-6]．同じく戦捷に由来する陸稲農林糯4号の高度の圃場抵抗性の遺伝子が，染色体4の *Ph* 座の近傍に認められた[20-7]．このように圃場抵抗性には複数の抵抗性遺伝子座がある．

c．寄主特異的毒素への抵抗性の遺伝

寄主には何らかの物質を取込む受容体があり，それを通じて菌の毒素が寄主細胞に取込まれる．受容体が機能を失うと抵抗性を示す（ナシ，p.194）．

20.1.3 病害抵抗性の育種

a．抵抗性の崩壊

地理的に離れた場所から導入された品種には，在来の品種にはみられない真性抵抗性を示すものがある．外来品種の抵抗性をみて，育種家は外来の抵抗性遺伝子を戻し交雑によって導入し，実際に高度の抵抗性をもつ品種を育成してきた．しかし育成された品種が広く栽培されてから3-4年経つと，抵抗性の新品種が激しい被害を示すようになる．これを抵抗性の崩壊（breakdown）と呼んでいる．

抵抗性の崩壊は，寄主の抵抗性遺伝子に対して病原性を示す新しい菌型の突然変異による出現と増殖によるものである[7-5]．新しい抵抗性遺伝子をもつ品種が，新しく出現した菌型に激しく犯されるのは，主動遺伝子抵抗性の効果によって，その圃場抵抗性の程度を確かめることができないまま，普及したためである．

イネ品種「クサブエ」は，1960年に当時の関東東山農業試験場で育成され

た中晩生の良質・多収品種であり，さらに中国のイネ「レイ支江」のいもち病抵抗性遺伝子（$Pi-k$）による高度のいもち病抵抗性をもっていたため，急速に普及した．ところが1963年北関東一円でいもち病の大発生に見舞われ，1964年には富山，山梨，愛知など全国各地でいもち病の激発に見舞われた．このことはわが国の育種家にとって大きな衝撃となり，これを契機に抵抗性遺伝子や菌型の分析が進展した．

b. 抵抗性の崩壊に対する対策

抵抗性の崩壊が一般的であることがわかって，耐病性育種の戦略が反省され，以下に述べるような提案が行われている．

① 品種交替：ある抵抗性の品種に対して病原性を示す菌型が出現し，その抵抗性の崩壊が予想される場合，新菌型に対して抵抗性を示す代替品種を栽培する．しかし代替品種の選定と普及は容易ではない．

② 抵抗性遺伝子の集積：複数の抵抗性遺伝子を一つの品種に集積すれば，菌の病原性遺伝子の突然変異が複数起こらないと，この品種を侵す菌は増殖できない．したがって，このような品種を犯すような菌型は容易には出現しないと考えられる．しかし，これまでに数個の抵抗性遺伝子をもつ品種でも，抵抗性の崩壊はみられている．この場合，罹病化した抵抗性品種に替えて，従来の品種を栽培すると，菌型も従来のものに復帰する．このことは，「寄主抵抗性遺伝子を働かせるエリシター」を出さないように変異した菌は何らかの生理的制約をうけており，対象の寄主抵抗性がなくなればとうたされること，すなわち安定化選抜（stabilizing selection）[20-8]の証拠といえる．

③ 圃場抵抗性と真性抵抗性の結合：真性抵抗性と高度の圃場抵抗性をひとつの品種に導入しておけば，真性抵抗性が崩壊した場合にもある程度の抵抗性が発揮されるから，抵抗性崩壊そのものは防止できなくてもその被害を軽減できる（図20.1）．この場合，真性抵抗性の遺伝子をもつ品種の圃場抵抗性の検定は困難である．しかし，このような品種に真性抵抗性をもたない品種を交雑して，後代系統のなかで真性抵抗性をもたないものの圃場抵抗性の水準から，間接的に親の真性抵抗性をもつ品種の圃場抵抗性を推定できる[20-9]．

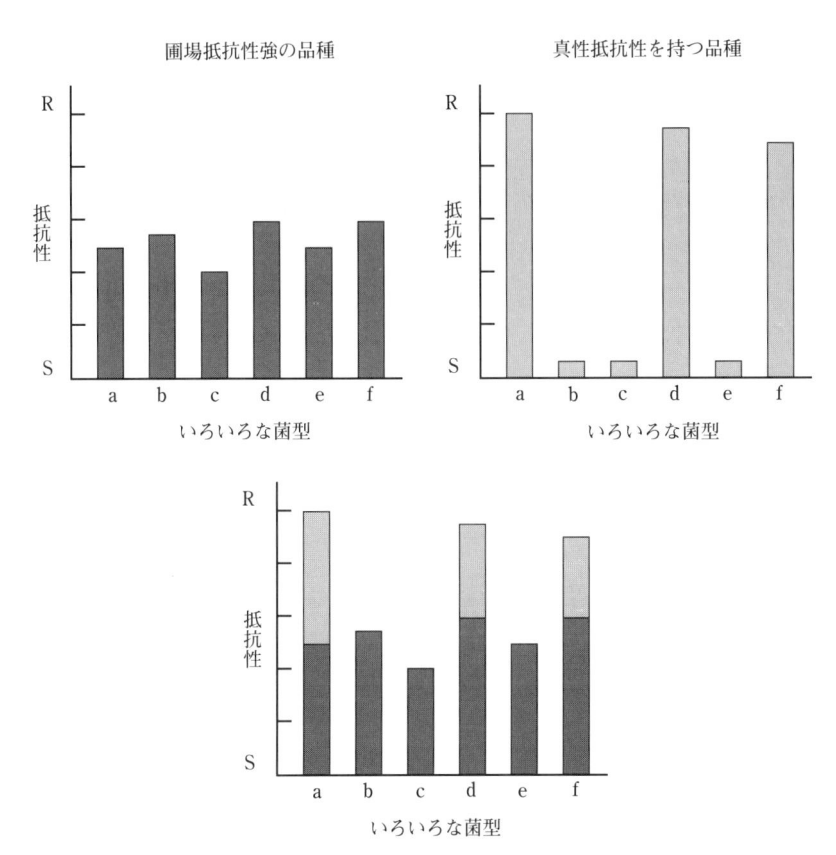

図20.1　圃場抵抗性と真性抵抗性の複合
数種の菌型に対し真性抵抗性をもつ品種と圃場抵抗性の水準の高い品種とを交雑して，両方の抵抗性をもつ品種を育成すれば，真性抵抗性が崩壊したときも被害は限定される．

④ 多系品種：単一の抵抗性遺伝子をもつ品種は，その品種に病原性を示す菌型が出現して急激に増殖すると，大被害を受ける．もし異なる抵抗性遺伝子をもつ系統をいくつか混合栽培すると，特定の病原性をもつ菌型が増殖することはないので，被害は軽減されよう．さらに抵抗性の系統は，罹病性の系統への障壁となって，侵害力のある菌の伝染を抑制することが実験的に確かめられている[20-10]．

実際に，6~7回程度の戻し交雑によって，ササニシキやコシヒカリなどにいくつかの真性抵抗性遺伝子を単独に取り入れた「耐病性同質遺伝子系統群」が育成され，1995年から，これらの混合栽培による品種が普及することになった．なお，飼料作物のように品種特性の均一性が強く要求されない場合には，多系統混合は容易である．

20.2 虫害抵抗性

自然の植生では，植物（寄主）とそれに寄生する動物およびその天敵の間にはある程度の平衡関係が保たれている．しかし，ある一つの栽培植物が大規模に栽培されると，これを食草とする動物が大発生して，その栽培植物が被害を受ける．また，ある種の昆虫はウイルス病の媒介により間接的な害を与える．このような加害動物に対して，寄主に抵抗性が存在する場合がある．作物の抵抗性を利用した防除は，農薬散布による経費や環境汚染を考慮するときわめて重要である．

20.2.1 虫害抵抗性の機構と遺伝

虫害抵抗性にはいくつかの類型がある．抗生性（antibiosis）は，寄主が寄生する昆虫や線虫の生長発育を妨げる物質を保有している場合に示される抵抗性である．この場合，寄主に強制的に昆虫を寄生させても昆虫が死ぬ．バレイショのシスト線虫抵抗性，イネのトビイロウンカ耐虫性およびクリのクリタマバチに対する抵抗性などがこれに属する．これに対し，昆虫が寄生しても，寄主が何らかの機構で被害を軽減する性質をもつ場合，寄主がこれに対して耐性（tolerance）をもつという．一般にメイチュウ類は，多種類の植物に侵入加害するので，多食性（polyphagus）の害虫と呼ばれる．これに対し寄主の遺伝的な耐虫性は明瞭でない場合が多い．しかし茎が細く，その数の多い品種は，ある茎が加害されても，補償作用によって他の茎が発達するので，被害は軽減される．また茎が細いとメイチュウは，それを食い尽くして他の茎に移動するときに天敵に攻撃される可能性が高まる．

一方，多くの品種を同時に供試する場合に，害虫による選好により，被害

に差が生ずる．これは選好性と呼ばれ，抗生性と関連するとみられている．

　耐虫性因子として注目されるものは，昆虫の消化酵素に対する阻害物質を植物が保有する場合である．ササゲのトリプシン・インヒビターやジャガイモのプロテアーゼ・インヒビターが知られている．また，インゲンの種子中にアズキゾウムシの幼虫の生育を阻害する糖タンパク質が α-アミラーゼ・インヒビター活性をもつことが認められた[20-11,12]．こうした消化酵素阻害タンパク質の DNA 配列は，次第に明らかにされており，それらを寄主植物に導入して耐虫性の効果をみる実験が進められている．

20.2.2　虫害抵抗性の遺伝子の同定と育種

　抵抗性の現れ方によって研究の進度が著しく異なっている．従来の考え方では育種的対策がない場面もある．

a．抵抗性の品種間差が明らかな場合

　この場合には抵抗性遺伝子の分析が進められ，育種の成果もあがっている．トビイロウンカに対する抵抗性品種の探索では，当初数千に及ぶ在来品種から数十の抵抗性品種が選抜された．これらの抵抗性は，対立性の検定（allelism test）により一遺伝子座の優性と劣性の抵抗性遺伝子，$Bph-1$ と $bph-2$ によることが明らかにされた．1974 年頃から，$Bph-1$ をもつ品種，「IR 26」の普及により，トビイロウンカの害は克服されたかにみられた．ところが，1976 年の終わり頃から，抵抗性の崩壊がみられた．これは，トビイロウンカの新しい系統（Biotype-2）の出現により，$Bph-1$ の抵抗性遺伝子が無効となったためであった．その後さらにことなる抵抗性遺伝子が同定され，抵抗性の系統が育成された．ただし，IR 36 など $bph-2$ による抵抗性の品種は健在である．

　セジロウンカやイネノシントメタマバエについても，品種の抵抗性は明瞭であり，抵抗性の遺伝子の同定が進められている．わが国でも，トビイロウンカ抵抗性遺伝子が導入され，またツマグロヨコバイ抵抗性中間母本や抵抗性品種が育成されている．

　クリタマバチに対する抵抗性は，優性遺伝子に支配され，抵抗性品種の枝

条中では孵化した幼虫が死ぬことが知られている．1950年頃「銀寄」は高度の抵抗性を示した．1950年代に抵抗性品種が育成・普及されたが，1960年代になると抵抗性品種にも被害が発生した．これはクリタマバチの集団に遺伝的変異が生じたことによると考えられている．現在でも強い抵抗性をもつ品種が認められている．

サツマイモネコブセンチュウ（*Meloidogyne incognita*）に対しては抵抗性の品種間差があり，抵抗性品種の栽培により線虫密度が低下する．近縁野生種，*Ipomea trifida* や *I. littoralis* が抵抗性の遺伝資源として利用されている．

ジャガイモのシストセンチュウとして，シストセンチュウ（*Globodera rostochiensis*）とシロシストセンチュウ（*G. pallida*）が知られている．ジャガイモの栽培種には抵抗性源はないが，近縁種から優性抵抗性遺伝子 H_1 および H_2 などが導入された．一方これらの抵抗性を侵害する線虫の寄生型に分化が認められ，寄生型と抵抗性遺伝子の対応関係が明らかになっている．現在わが国でも H_1 をもつ抵抗性品種が育成されている．

b．量的抵抗性の場合

この場合には重要害虫に対して，育種的対策は成果を挙げていない．わが国では，イネの害虫として二化メイチュウやイネカラバエに対する抵抗性が注目され，長年の間にはある程度の抵抗性の集積効果があったものと認められる．しかしメイガ類（borer）に対しては，高度の抵抗性は見出されていない．比較的強い耐性を示す品種が知られているので，耐性の遺伝子の集積が考慮されている．なお，BTトキシンの利用は第18章で述べた．

以上の他，重要な害虫であるが，抵抗性品種が明らかでない場合もある．たとえば，イネにおいては，カメムシ類，トウヨウイネクキミバエ（whorl maggot），コブノメイガ（leaf roller）など多数の重要害虫について抵抗性品種が知られてない．

第21章 新品種の増殖と登録・普及

育成された新系統を新品種として有効に利用するには、それぞれの繁殖様式に従って、特性を維持しながら増殖し、種子あるいは種苗を供給しなければならない。他方、新品種として認められるには、どのような要件を満たすべきかは、重要な問題である。また、栽培者に良質な種子を供給するとともに、育成者には相応の権利を認める仕組みが必要であろう。

21.1 品種の特性の維持

21.1.1 品種特性の安定性

a. 採種条件の効果

特定の採種地で生産された種子が優れているかどうかの問題は、いわゆる種場(たねば)問題として古くから議論されてきた。すなわち本場産の種子とそうでないものに違いがあるか否かという問題である。

イネでは、高冷地で採種された種子が、平場産種子より出穂が早くなることが確認されている[21-1]。また陸羽132号を用いて種子島産種子と秋田県産種子の発芽の違いを調べた実験もよく引用された[21-2]。今日ではこれらの採種条件の効果は、イネ種子の登熟中の温度が休眠形成に影響することから説明可能である[21-3]。すなわち冷涼地では休眠が形成されず、春の発芽が早くなる。野菜種子についても、本場産とそうでないものの生育の違いが、種子の登熟中の春化処理の効果によって、説明できるようになった[6-6]。

種子の充実の良否は栽培上にも影響を及ぼすことがある。特に栽培期間の短い作物では種子の影響は大きいと考えられる。冷害年に生産されたイネ種子が不良であることは古くから認められている。陸稲の種子でも水田産の種子が良好である。ダイズでは、種子の大小が初期生育に影響するので、種子の充実のよい条件で採種された種子が、生育によい影響を及ぼすことは実証されている[21-4]。

b. 自殖性の作物品種の安定性

自殖性の作物品種は遺伝学的にホモ接合体であるから，種子繁殖の過程で安定して特性が保たれる．しかし，特性の安定性を乱すいろいろな要因がある．すなわち，突然変異，自然交雑および異品種の混入などである．自然突然変異の発生率については第7章で述べた．

長期にわたり全国的に普及した，コムギの「埼玉27号」およびオオムギの「細柄2号」などを一カ所に集めて，比較観察したところ，各地方で採種されてきた品種の間に，特性のわずかな差異が認められた[21-5]．こうした特性の「分化」はおそらく効果の小さい突然変異と突然変異個体の適応度の差異あるいは遺伝的分離によってもたらされたものと考えられる．

自殖性品種であるイネの自然交雑率は，1％内外である[21-6]．コムギでも1％を越えることは稀で，0.2～0.5％に留まる[21-7]．しかし，自然交雑による特性の乱れは採種上無視できないものである．モチ品種の採種では，自然交雑の影響を回避するため，周辺に同じ熟期のウルチ品種がないこと，特に風上から異品種の花粉が混入しないよう配慮している．

特性の撹乱の最も大きな原因は，異品種の混入である．収穫・乾燥などの作業を通じて，あるいは種子袋などの清掃不完全のために，異品種種子の混入は根絶しがたいものである．前作の品種の種子が土壌中に混入して発芽し，採種圃に混入することは，熱帯・亜熱帯の稲作では不可避で，採種上のもっとも大きな問題である．特に種子の休眠が強い場合にそうである．このため，田植の前に，1-2回潅水して前作種子を発芽させ，これを乾燥させて枯死させることが行われる．

c. 他殖性の作物品種の安定性

他殖性の作物は，品種内部に遺伝的多型性を保有するため，異なる遺伝子型の間に選抜が働くと，品種特性は急速に変化する．他殖性の飼料作物の多くは，外国から導入され，導入後各地に定着して世代を重ねる内に，それぞれの地域的条件に適応した生態型を分化した事が知られている．

他殖性の集団では，採種において集団の大きさが縮小すると，遺伝的浮動により，対立遺伝子が失われる．集団採種されてきた他殖性の在来野菜品種

において，アイソザイム遺伝子の対立遺伝子を調査した結果によると，対立遺伝子の一つが失われている集団がしばしば見出される（表10.3）．

蔬菜や飼料作物などで栄養体を利用する作物では，採種量の多い個体群の選抜を重ねると，目的とする栄養体部分の貧弱な集団を得ることになる．特に時無し大根や時無し人参は，低温の影響で春化して花のつき易い個体の採種は容易となる．しかし軽度の低温春化で開花し易い個体を選抜すれば，目的とする根の生長・肥大の劣るものが選抜される[6-6]．この現象は「逆淘汰」と呼ばれる．

他殖性品種の維持においては隔離栽培が必要である．大規模な隔離には，離島を利用する場合があるが，試験用としては網室を利用する．

d. 栄養系の特性の安定性

栄養繁殖作物においては，枝条突然変異が起こらないかぎり，特性は保存される．その突然変異率はきわめて低いものと予想されるが，培養による大量増殖の場合には，1％以上にも及ぶ高率の変異体発生が問題となっている．さらに目立つ特性の変化は，ウイルスの感染によるものである．

21.1.2 採種および増殖

a. 自殖性作物の採種

前項で述べた種々の理由により，生産圃場で品種特性を維持するのは困難であるから，定期的に採種圃産の種子により更新する必要がある．これを種子更新という．このために，生産者に種子を供給するまでに，数段階にわたって，特性の維持を図りながら，種子を増殖する（図21.1）．

原原種 (breeder's seed)

ある系統が品種として登録された後も，育種家のもとではその系統の特性が変動しないように系統で維持される．これは品種の原原種と呼ばれ，普通10〜20の複数の系統として維持されている．育種家はこれらの系統を比較して，最も品種の特性をよく示し，均一なものを「本系統」とし，その中から個体選抜をして，次年の系統群とする．残りの個体から混合採種して「本系統採種」とし，ときには系統群内の残り系統からの「系統採種」をこれに

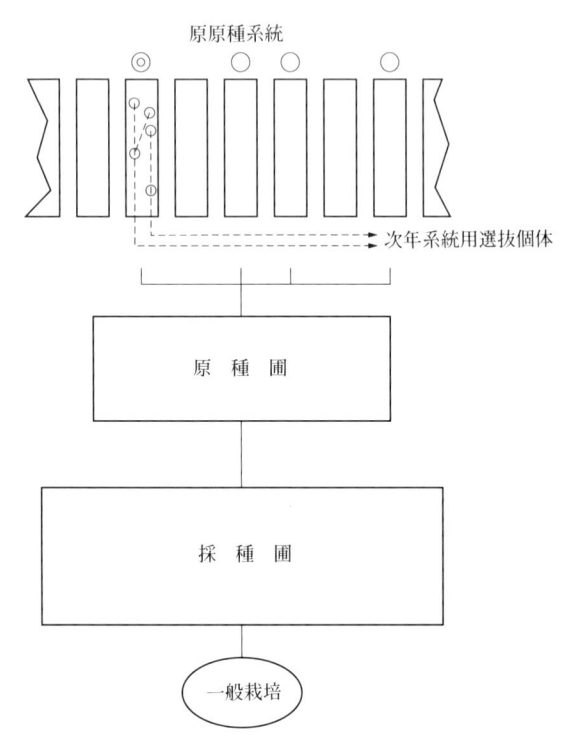

図 21.1 自殖性作物の採種体系
原原種系統　○印：次年度系統用選抜個体

混合して，原種圃での採種に供する．

わが国では各府県ごとに奨励品種を定めて，農家に種子を供給する制度があるので，府県で奨励品種を採用した場合には，育成地から，原原種系統の提供を受けて，農業試験場で原原種を維持している．その場合に低温種子庫があれば，毎年原原種の選抜をしなくてもよい．

原　種（foundation seed）

原原種圃で採種された種子を増殖する圃場を原種圃といい，普通は試験場にある．ここでは，個体別に移植（1本植）したり，出穂期から成熟期までに数回異品種抜きを行うなど特別の管理により，純粋種子を得ている．

採 種 圃（seed farm）

原種圃場では，農家の生産栽培に供する量の種子は生産されないから，さらに一度採種圃で増殖する．この場合にも異品種抜きなど原種圃場に準じた管理が行われる．しかしその栽培・管理は，採種組合などに委託される．出穂期から成熟期にかけて，専門家の審査を受ける．純正種子であることの証明を受けた種子を，保証種子（certified seed）と呼んでいる．

b. 他殖性作物の増殖体系

一般に農林水産省の育種機関と指定試験によって育成された品種については，育成地あるいは農林水産省種畜牧場で原原種および原種を生産し，採種団体を通じて採種した後，保証種子が種苗会社から販売されている．

合成品種の場合には，基本系統を集団で隔離採種し，これらを一定の割合で混合し，増殖・採種する．ハイブリッド種子生産では，自殖系を隔離交雑で維持し，別に採種圃場で交雑したものを採種する．ハイブリッド種子における自殖種子の混入率は，試験栽培やアイソザイム標識などによって検定される．生産者が他殖性の品種の種子を自家採種する余地はほとんどない．

c. 栄養繁殖性作物の増殖

バレイショは塊茎によって増殖されるため，世代当たりの増殖率が低く，ウイルスなどの病害に汚染され易い．また塊茎の種苗としての有効期間が限られ，短期間に休眠程度が変わる．したがって一般農家で自家採種は行われない．わが国では全国8ヵ所に種苗管理センター農場があって，原原種の生産を行っている．原種圃および採種圃は，それぞれ道府県および採種組合により経営されている．採種圃には，主要ウイルス病の媒介昆虫であるアブラムシ類の発生が少なく，また感染源となる普通栽培のバレイショから離れた冷涼地が選ばれる．なお，実験的にはバレイショでは茎頂培養によるウイルス除去が可能であり，小塊茎による増殖が検討されている．

21.2 新品種の登録と保護

種子を利用する生産者と品種の育成者を結ぶための仕組は，育種と密接に関連した領域である．

第21章 新品種の増殖と登録・普及

21.2.1 種苗検査と種苗法

種子の流通に関しては,大別して二つの問題がある.第一には,種子伝染性病害,水分含量,発芽率および品種純度などに関して,生産者が適正な種子の供給を受けることである.一般には公的な機関が種苗検査を行うことになっている(図21.2).多くの企業が参入している野菜種子などの分野では,企業間の競争により実質的に種子の性能が保証される仕組みになっている.

第二には,品種や種苗の育成者の権利の保護の問題がある.育成者が新品種の育成に要した費用を回収し,利益を挙げることが,植物育種をさらに進展させるという考え方がある.したがって新品種としての要件を定めて,これを満たすものについては,公的機関が認定し,登録後一定の期間,新品種の使用者が育成者に一定の許諾料を支払う仕組みが採られている.この仕組みは工業特許制度に似ている.しかし,工業特許では登録された一定の手順に従って同じ製品が製造されるのに対し,育種では同じ材料や手法を用いても,同じ品種がつくれるとは限らない.このため国際的に種苗登録は工業特許とは区別されている.

図21.2 種子検査室(農業植物研究所,ケンブリッジ,英国)

21.2.2 品種登録の要件

新品種として登録されるには，次の要件が満たされなければならない．

第一に，新しく登録しようとする品種は，既存の品種と区別される新奇性をもたねばならない．すなわち，識別性(distinguishability)が要求される．第二に，新品種はそれを構成する集団が均一性(uniformity)をもつことが要求される．第三に，新品種の特性は増殖の過程を通じて安定性(stability)をもたなければならない．以上の要件を略してDUSという．なお，品種登録されるべきものがすでに流通していると，新品種としての要件を満たさないので，第四に，未譲渡性が要求されている．この場合に試験研究のための配布は含まれない．

以上の要件をみたす新品種の育成者の権利は1961年に調印され，1968年より発効した植物の新品種の保護に関する国際条約(International Union for the Protection of New Varieties of Plants, 略称 UPOV)によって規定されており，加盟各国はこれに従って国内法を整備している．

一方主要な穀物品種などについては，以上の要件の他に，対照品種に比べて明らかに性能が優れているかどうかの検定を行っている場合がある．このため，2-3年の性能検査の後優秀性をもつものを国家ごとに登録(national list)する．あるいはさらに奨励品種とする．また野菜や花卉などの新品種の場合には業界団体が一定の規則により登録制度を運用している．

第22章　遺伝資源の保存と利用

在来品種と近縁野生種は，作物の遺伝的多様性の供給源であり，育種に不可欠である．遺伝的多様性の調査，その収集，保存および利用は育種の基礎的な場面である．特に育種が大きく産業に貢献するのは，これまでの品種になかった新しい有用形質を遠縁の材料から導入した場合である．

22.1　遺伝資源の意義

在来品種あるいはそれに近縁の原始的な栽培品種や野生種は，遺伝的にきわめて多様なものである．その遺伝的多様性によって，育種，さらには農耕，あるいは広く生物生産が支えられている．その意味から在来品種，その近縁種および野生種を含めて，遺伝資源（genetic resources）と呼んでいる．遺伝学・育種学の進歩によって，遺伝資源の利用の可能性が高まれば，遺伝資源の価値は増進する．

22.1.1　遺伝資源の消失

遺伝資源の多様性は伝統的な農業の中で保存されてきた．伝統的な農耕社会では，地域ごとに自給自足の経済が成立しており，食用，嗜好品，衣料，燃料，建築材料そのほかの目的で，多種多様の植物が栽培され，一種類の作物でも，多様な遺伝子型のものが混合栽培されている．

第2次世界大戦前の日本の農村では，各農家は20～30種以上の作物や果樹を栽培していた．今日でもインドネシアのジャワの農村では，屋敷畑の中に数十種の植物を栽植しているところがある[22-1]．ネパールの山村では，ダイズとアヅキが混合栽培されている．インド亜大陸のベンガル（Bengal）地方の浮稲地帯では，日長感応性のない早生種と日長感応性のある晩生種が混合播種されている[22-2]．それは，危険分散のためと考えられている．ジャワ島の稲栽培でも，「摘み穂収穫」で収穫期間の幅を広げるため，品種の混合が行われてきた[22-3]．

地域的な特徴と多様性を包含した在来品種は，商品的な生産の発展と地域間の品種の交流に伴って急速に失われてきた．さらに，科学的な方法による新品種の育成は，在来種の存続に決定的な打撃を与えた．わが国でも純系淘汰によるイネ品種ができたとき，農民はその揃いのよさに驚いたということである．そして少数の品種が，多様な在来品種に代わって栽培されるようになったのである．その最も顕著な例は，野菜の地方品種の消滅である．ハイブリッド品種の普及と画一的な市場の要求によって，極少数の品種が全国的に普及している．

遺伝的な画一化は，各作物品種の内部でも進んでいる．たとえば，ネギや漬菜などの他殖性の在来野菜品種の集団では，アイソザイム遺伝子座に数種類の複対立遺伝子があって，それらのホモ型とヘテロ型がみられるが，改良の進んだ集団では，対立遺伝子のいずれかが失われている場合がある．

森林破壊や砂漠化も，遺伝資源の消失の原因とされる．栽培植物の遺伝的多型性の供給源である近縁野生種の存続が，自然植生の破壊によって危機に直面していることは確かに指摘される．しかし，環境の荒廃によって自然植生が破壊されることと，栽培植物の遺伝資源の危機とは同じ次元の問題ではない．栽培植物の遺伝的多様性の減少の第一の原因は農業の進展の中にある．このことが問題を深刻にしているのである．

22.1.2 作物の遺伝的背景の画一化の危険

作物が遺伝的に多様な抵抗性遺伝子を保有していると，多様な病原菌の侵害に対して，異なる抵抗性の遺伝子が働き，大被害は免れる．しかし，抵抗性が少数の遺伝子によっていると，それを侵す菌のタイプが現れ，急激に増殖したとき，莫大な損失が起こる．このように遺伝的多様性が失われたために，ある作物の栽培上の安定性が失われた状態を遺伝的脆弱性（genetic vulnerability）という．1840年頃のアイルランドでバレイショ疫病が発生し，死者は100万人に及び，アメリカへの移住者も100万人に及んだ[11-6]．最近では1970年にアメリカでトウモロコシのゴマハガレ病の大発生があり，全米で15％減収し，その価格が高騰した．これは，雄性不稔系統に用い

られたT型細胞質の普及と,これを特異的に侵すTレースのゴマハガレ病菌の蔓延による(8.4).

熱帯の稲作国では,1967年からの「IR8」の普及以来,半矮性の品種によるいわゆる「緑の革命」と呼ばれる農業集約化が行われた.しかし,1970年代の初めには,タイワンツマグロヨコバイの媒介によるツングロウイルス病やトビイロウンカの吸汁害とそれに媒介されるグラッシイスタントウイルス病により,稲作が打撃を受けた.これに対し,1974年頃から,トビイロウンカに対する抵抗性遺伝子,*Bph-1*をもつ品種,「IR26」の普及により,トビイロウンカの害は克服されたかにみられた.ところが,1976年の終わり頃から,抵抗性の崩壊が始まり,これと平行してトビイロウンカに媒介されるウイルス病ラッギドスタントも蔓延した.抵抗性の崩壊は,トビイロウンカのバイオタイプ-2の出現により,*Bph-1*の抵抗性遺伝子が無効となったためであった.この教訓をもとに,その後,さらにことなる抵抗性遺伝子が探索・同定されている.

22.2 遺伝資源の収集・評価・利用

22.2.1 遺伝資源の収集

すでに第11章で述べたように,日本においては,地理的に他の先進国から孤立していた関係で,一般に作物育種で外来の遺伝資源の利用に消極的であったことは否定できない.野菜の育種においても,耐病性の素材の多くはアメリカで探索・同定され,導入されたものであった.

遺伝資源の収集には,栽培植物の起源地における多様性の保存という見地からの,周到な活動が必要である.その多様性を限られた収集活動に取り込むためには種々の配慮が必要である[22-4].栽培植物の変異は,原産地の生物学的あるいは気象学的条件に適応した結果,保存されていることは事実であろう.しかし一方で,有用変異の多くは栽培植物の適応的形質として保存されているものではない.イネしまはがれ病の抵抗性遺伝子はその発病がみられない熱帯地方のイネ品種に見出された.中米でイネに発生するオハブラ

ンカ・ウイルスに対する抵抗性は，そのウイルスの存在しない日本のイネに見出された．品質に関する特性の多くは，栽培植物の原産地での適応性あるいは利用価値とは無関係の中立変異とみることができる．たとえば，トウモロコシの糯性は，アメリカでは少しも評価されないにせよ，一定の率で突然変異として見出される．

22.2.2 遺伝資源の評価と利用

上に述べたように，有用な遺伝的変異の多くは，偶発的に起源して保存されてきた．したがってこのような遺伝子を探索するには大量の材料を扱う必要がある．すなわち大量検定（mass screening）によって発見できる．またこれまでにない有用な形質を見出すためには，新しい評価方法が必要となる．それには病理部門や機器分析部門など他分野の協力が大切である．新形質の探索では，成功の見込みは不確実であるにもかかわらず，多大の労力と経費を要する．したがって遺伝資源の有効利用は，育種の基礎が強大であるときに可能である．このようにして見出された有用形質は，産業的にきわめて有用である．当初の期待を越える成果が現れる．オオムギのシマイシュク病抵抗性の利用やダイズにおけるリポキシゲナーゼ欠失型の発見と利用（図19.6）はそのよい例である．

22.2.3 遺伝資源の保存法

遺伝資源の保存のための施設を遺伝子銀行（genebank）と呼んでいる．図22.1にはわが国の代表的なジーン・バンクを示した．そこでは，きわめて長期の保存を図るベース・コレクションと育種家への配布のためのアクテイブ・コレクションにわけて管理している．その他，整理途上にあるものや育種試験に供試されているものなどはワーキング・コレクションといって区別している．ベース・コレクションは，コレクションがなくなる場合等にのみ使用されるべきもので，遺伝子銀行間で相互に保存し合って予期しない危機に備えている．

国際的には1975年に創設された国際植物遺伝資源理事会（International

図 22.1　農林水産省遺伝資源保存施設の外観と
種子保存庫の内部（農業生物資源研究所）

Board of Plant Genetic Resources, IBPGR）が，遺伝資源の国際的共同収集事業とともに，遺伝子銀行の管理についても調査し，勧告・助成などを行っている（現在は International Plant Genetic Resources Institute）．

a. 種子保存

普通の種子は成熟後休眠状態に入る．休眠覚醒後の種子は，低温・乾燥条件では発芽力を維持したまま長期にわたり保存できる．長期貯蔵の場合には，水分含量を 7-8％にまで下げ，温度を，-10℃度以下に保って保存する．しかし乾燥および低温による貯蔵可能期間は作物によって異なる．イネなどでは数百年間発芽力が維持されると予想されるが（表 22.1），ネギ類種子の発芽力は，10 年程度しか保たれない．

保存された遺伝資源から種子を再生するとき，もとの遺伝的多様性を失わないようにするには，十分大きな集団の増殖が必要である[22-8]

熱帯・亜熱帯原産の有用植物種子の多くは成熟後休眠状態に入らず，低温あるいは乾燥状態で発芽力を失う．普通の種子（orthodox seed）に対比してこのような種子を難貯蔵性種子（recalcitrant seed）と呼んでいる．難貯蔵性

表22.1 作物種子の推定寿命（年数）

作物	貯蔵温度 (℃)	種子水分含量（%）			
		5	10	15	20
イネ	−10	5,336	856	137	22
	0	1,090	175	28	4
	10	222	36	6	
	20	45	7	1	
	30	9	1		
コムギ	−10	161	46	13	4
	0	51	15	4	1
	10	16	5	1	
	20	5	1		
	30	2			
オオムギ	−10	7,257	46	138	19
	0	1,290	15	25	3
	10	229	5	4	
	20	41	1		
	30	7			
ソラマメ	−10	602	122	25	5
	0	166	33	7	1
	10	46	9	2	
	20	13	3		
	30	3			
エンドウ	−10	2,724	442	72	12
	0	610	99	16	3
	10	137	22	4	
	20	31	5		
	30	7	1		

文献（22-5, 6, 7）による

種子の保存については確立した方法はなく，その胚を摘出して，液体窒素中に凍結保存する方法などが試みられている．

b. 栄養体保存

種子での保存に比べると栄養体の保存は，基本的には栽培の継続による他なく，多大の経費を要するものである．果樹などでは，保存すべき品種の穂

第22章 遺伝資源の保存と利用

木を矮性台木に接木して圃場面積を節減している．サツマイモやキャッサバなどでは，枝条を栄養を減らした培地に移し，低温で無菌的に保存する方法がとられている．この方法で遺伝資源を国際的に交換するとき，検疫の手数を省くことができる．

キャッサバやサツマイモでも茎頂培養によりウイルス・フリーとなった栄養体を試験管培養によって，1年以上保存することができる．ただし長期間の組織培養による遺伝的変異発現の可能性は注意すべき問題である．国際バレイショセンター（CIP）や国際熱帯農業研究センター（CIAT）では，栄養繁殖性の品種の保存には，試験管培養を用いている．

c. 現地保存(in situ conservation)

一定の区域を保護区域として，自然の植生を原生状態のまま保存することは重要である（図22.2）．しかし，栽培種の近縁野生種は，畑地の雑草あるいは半荒地の植生の構成種である場合が多く，自然植生の保存によって保護されるとは限らない．

d. 情報管理

種子や栄養体の保存と並んで遺伝資源の情報管理もきわめて重要である．遺伝資源の保存には，個々の遺伝資源の由来や再増殖などを示す「パスポート情報」と，それぞれの特性を記録した「特性情報」があり，カタログ発行や検索のためにコンピュータ処理が行われている．

図 22.2 林木遺伝資源保存林（現地保存の例　戸隠で）

補　注

補注1：最尤法による組換え価の計算（表3.1）

A-B および a-b の連鎖，すなわち相引の場合は，$1-r^2=P$ として，

A-B- : A-bb : aaB- : $aabb$ =
　　$((2+P)/4) : ((1-P)/4) : ((1-P)/4) : (P/4)$

A-B- : A-bb : aaB- : $aabb$ のそれぞれの観察頻度を i, j, k, l として，最尤法 (*maximum likelihood method*) を適用する．それは次の多項分布の確率を最大とする $P\,(=1-r^2)$ を求めることである．

$$\frac{N!}{i!j!k!l!}((2+P)/4)^i((1-P)/4)^j((1-P)/4)^k(P/4)^l$$

この多項式の値を最大にするには，

$S=((2+P)4)^i((1-P)/4)^j((1-P/4)^k(P/4)^l$ として，S を最小とする P を求めることである．

これは，$L=i\log(2+P)+j\log(1-P)+k\log(1-P)+l\log(P)$ を最小にすることである．したがって，次式を解いて P を求める．

$\Delta L/\Delta P=i/(2+P)-j/(1-P)-k/(1-P)+l/(P)=0$

補注2：正規分布における選抜率と選抜差の関係

図9.4と定義から，

$$P(x_p)=\frac{1}{\sqrt{2\pi}\,\sigma_p}\exp\left\{-\frac{1}{2}\frac{(x_p-\bar{x}_p)^2}{\sigma_p^2}\right\}$$

$$S=\int_C^\infty p(x_p)dx_p$$

$$x_p'=\frac{1}{S}\int_C^\infty x_p p(x_p)dx_p$$

$$I=x_p'-\bar{x}_p=\frac{1}{S}\left\{\int_C^\infty x_p p(x_p)dx_p-\bar{x}_p\int_C^\infty p(x_p)dx_p\right\}$$

$$= \frac{1}{S} \int_C^\infty (x_p - \bar{x}_p) p(x_p) dx_p$$

ここで，$x = (x_p - \bar{x}_p)/\sigma_p$，$c = (C - \bar{x}_p)/\sigma_p$ を考慮して，

$$I = \frac{\sigma_p}{\sqrt{2\pi} S} \int_c^\infty x e^{-x^2/2} dx = \frac{\sigma_p}{S} \cdot \frac{1}{\sqrt{2\pi}} e^{-c^2/2}$$

$\because \int y e^{-\frac{y^2}{2}} dy = -e^{-\frac{y^2}{2}}$ であるから，$\int_c^\infty x e^{-x^2/2} dx = \left[-e^{-x^2/2} \right]_c^\infty = e^{-\frac{c^2}{2}}$

$Z = p(c) = \frac{1}{\sqrt{2\pi}} e^{-\frac{c^2}{2}}$ であるから，

$$I = \frac{\sigma_p}{S} \cdot Z\ である．すなわち\ I/\sigma_p = Z/S$$

（標準尺度になおすと $i = I/\sigma_p = Z/S$）

結局正規分布の数値表から，選抜率 S に対応する c の値を求め，c に対応する Z を求める．Z/S から I を計算する．この選抜による遺伝的進歩 ΔG は，$\Delta G = h^2 I$ である．

補注3：直接選抜と間接選抜の比較

ここで目的形質 x の直接選抜による遺伝的進歩は，

$$\Delta G_x = i \cdot \sigma_{px} \cdot h_x^2$$
$$= i h_x \times \sigma_{gx} \qquad (h_x^2 = \sigma_{gx}^2 / \sigma_{px}^2\ を考慮した)$$

y の間接選抜による x の遺伝的進歩，$\Delta' G_x$ は，x の y に対する遺伝子型値の回帰係数と y の遺伝的進歩の積であるから，

$$\Delta' G_x = \text{COV}(x_g, y_g) / \sigma_{gy}^2 \cdot i \sigma_{py} \cdot h_y^2$$
$$= \text{COV}(x_g, y_g) / (\sigma_{gy} \cdot \sigma_{gx}) \cdot i \cdot \sigma_{gx} \cdot h_y$$
$$= i \cdot h_y \cdot r(x_g y_g) \cdot \sigma_{gx}$$

ただし $r(x_g y_g) = \text{COV}(x_g, y_g) / (\sigma_{gy} \cdot \sigma_{gx})$ は x と y の遺伝相関．

ここで　次のように間接選抜の効果が大きいという条件を求めると，

$\varDelta'Gx/\varDelta Gx=\{h_y\cdot r(x_g y_g)\}/h_x>1$ であるから,

$\{h_y\cdot r(x_g y_g)\}>h_x$

間接選抜形質の遺伝率が,標識遺伝子の場合のように高く,目的形質と強い遺伝相関をもつときは,間接選抜が有利となろう.

補注4：致死遺伝子の遺伝子座数と遺伝子頻度の計算

致死遺伝子の遺伝子座が,1, 2, …, n 個あり,それぞれの致死遺伝子の頻度が p_1, p_2, …, p_n であるとする.

配偶子当たりの致死の頻度は,

$p_1+p_2+\cdots+p_n=A$

任意交雑での接合体の致死の頻度は（致死遺伝子ホモの頻度の合計）,

$p_1^2+p_2^2+\cdots+p_n^2=B$

A（配偶子致死率）と B は実験的に推定できる.

ここで (1) 非常に低頻度の遺伝子座は無視する,(2) これらの遺伝子座の遺伝子頻度がすべて等しいとすると,

$np=A$, $np^2=B$ となり,

$p=B/A$ および $n=A^2/B$ となり,n と p が決まる.

補注5：連鎖の強度と固定の関係

表12.2から F_2 遺伝子型の確率を両座ホモの場合（R）,一座のみホモの場合（S）および両座ヘテロの場合（T）の三つの場合にまとめる.F_2 での確率を表すと,

R　　$\{r^2+(1-r)^2\}/2$

S　　$2(1-r)r$

T　　$\{r^2+(1-r)^2\}/2$

この R,S および T について $n-1$ の世代から n 世代へ移る場合に,その割合の変化は次のようになる.

補 注

	R_n	S_n	T_n
R_{n-1}	1	0	0
S_{n-1}	1/2	1/2	0
T_{n-1}	$\{r^2+(1-r)^2\}/2$	$2(1-r)r$	$\{r^2+(1-r)^2\}/2$

$\{r^2+(1-r)^2\}/2=a$ として，これを行列に書き直す．

	R_n	S_n	T_n
R_{n-1}	1	0	0
S_{n-1}	1/2	1/2	0
T_{n-1}	a	$1-2a$	a

R_n を求めるには，次の計算を行う．

$$\begin{vmatrix} 1 & 0 & 0 \\ 1/2 & 1/2 & 0 \\ a & 1-2a & a \end{vmatrix}^n = \begin{vmatrix} 1 & 0 & 0 \\ 1-(1/2)^n & (1/2)^n & 0 \\ 1-2(1/2)^n+a^n & 2-(1/2)^n-2a^n & a^n \end{vmatrix}$$

上の行列式の計算の結果に，$a=\{r^2+(1-r)^2\}/2$ を代入して，2 座ホモ個体の n 世代における割合は，

$$R_n = 1-2(1/2)^n + [\{r^2+(1-r)^2\}/2]^n$$

R_n の式を r の関数とみると，$0 < r < 0.5$ の範囲にのみを考慮すればよい．$r=0.5$ のとき R_n は最小で，

$$R_n = 1-(1/2)^{n-1}+(1/4)^n$$
$$= \{1-(1/2)^{n-1}\}^2$$

これは，独立の 2 座の場合の固定の進行の式と一致する．
$r=0$ のときは R_n は最大で，

$$R_n = 1-(1/2)^{n-1}+(1/2)^n$$
$$= 1-(1/2)(1/2)^{n-1} = 1-(1/2)^n$$

すなわち組換えがないとき固定の進行は早く，一座のときの 1 世代あとの値と同じである．この結果と表 12.1 を利用して R_n のグラフを書くことができる（酒井寛一，1952. 植物育種学. 朝倉書店. にはこのグラフがある）．

補注6：戻し交雑回数と平均の組換え確率（文献[12-8]による）

t 回の戻し交雑の間連鎖が続いていて，その次の戻し交雑の間に組換が起こる確率は，$(1-r)^t \cdot r$ である．組換が起こる平均戻し交雑数を t とすると，これは，ある戻し交雑回数とそのときに起きる組換の確率の積を合計したものであるから，

$t = 1$ 回×組換の確率＋2 回×組換の確率＋$\cdots$＋n 回×組換の確率
$+\cdots$
$= r + 2(1-r)r + 3(1-r)^2 r + 4(1-r)^3 r + \cdots$

ここで，$y = 1 - r$ として書き換えると，

$t = r(1 + 2y + 3y^2 + 4y^3 + \cdots)$

これに次の公式を適用する．

$(1 + y + y^2 + y^3 + \cdots) = 1/(1-y)$，両辺を微分し，
$(1 + 2y + 3y^2 + 4y^3 + \cdots) = d\{1/(1-y)\}/dy$

したがって，　　$t = r \cdot d\{1/(1-y)\}/dy$
$= r \cdot 1/(1-y)^2$
$= 1/r$

補注7：近交のある場合の劣性ホモ個体の増加

10.5.1 で，他殖性の集団で近交係数が F である場合に，劣性ホモ個体 aa の頻度は，$q^2 + pqF$ となることを述べた．一方近交のない場合 ($F=0$) に，aa の頻度は q^2 である．したがって，近交のある場合の aa の頻度と，近交のない場合の aa の頻度の比率は，次のようになる．

$(q^2 + pqF)/q^2 = (q + pF)/q$

もし，q の値が小さいと p は大きくなり，F が大きくなくても pF の値はかなり大きくなり，上の式の値も大きくなる．もし $q = 0.005$ で，F が $1/16$（いとこ同士の結婚の子）であると，上の比率は 13.4 となる．遺伝子座の数が多いと，近交により，劣性ホモの遺伝子座をもつ個体は急増する．

参考書および文献

ここに挙げた文献は執筆の参考にしたものである．全体の執筆上参考とした著書は，通し番号をつけて示した．特定の章の執筆において全体として参考にしたもの，および該当する章の参考書も示した．これらのうち若干は引用文献と重なる．

全体の参考書

1. Strickberger, M. 1976. Genetics 2nd ed. Macmillan Co., New York.
2. James F. Crow. 1991. Genetics notes 8th edt.（邦訳クロー遺伝学概説．木村資生・太田朋子訳）．培風館.
3. 松尾孝嶺 監修．植物遺伝資源集成. 1989. 全5巻．講談社サイエンチフィク.
4. 松尾孝嶺. 1987. 改訂増補 育種学 10版．養賢堂.
5. 村上寛一監修. 1983. 作物育種の理論と方法. 1983. 養賢堂.
6. 角田重三郎他 11 名著. 1991. 新編植物育種学．文永堂.
7. 藤巻 宏・鵜飼保雄・山元皓二・藤本文弘. 1992. 植物育種学，上 基礎編．下 応用編．培風館.

第1章　細胞分裂と生活環
館岡亜緒. 1983. 植物の種分化と分類．養賢堂，p189 －．
堀田康夫. 1988. 減数分裂と遺伝子組換え．東京大学出版会.
小野知夫. 1954. 植物の生殖．岩波全書 127.
Asker, S. E. and L. Jerling. 1992. Apomixis in plants. CRC Press, Inc.
第2章　ゲノムと染色体
山下孝介編集．細胞分裂と細胞遺伝. 1952. 植物遺伝学Ⅰ．裳華房
村松幹夫. 1987. 染色体と遺伝．植物遺伝学 第4章．朝倉書店.
第4章　アミノ酸とタンパク質
平野 久. 1993. タンパク質構造解析．東京化学同人.
堀 勝治. 1994. アイソザイムの分子生物学．共立出版.

H. Hart（秋葉欣也・奥あきら共訳）. 1986. 基礎有機化学 6版. 培風館.

第5章　核酸と遺伝子

石川　統. 1988. DNAから遺伝子へ. 東京化学同人.

Lewin, B（松原謙一・榊　佳之・向井常博訳）. 1990. 遺伝子上・下 第3版. 東京化学同人

サイエンス編集部. 1990. 遺伝子の発現と制御. 日経サイエンス社.（遺伝子の発現を調節する DNA のメチル化，その他）

第6章　遺伝子型の発現と環境

岩波講座 分子生物科学 5. 1990. 情報の伝達と物質の動き I.

岩淵雅樹・志村令郎 編. 1992：ラボマニュアル 植物遺伝子の機能解析. 丸善.

堀　勝治. 1994. アイソザイムの分子生物学. 共立出版.

第7章　突然変異

根井正利（五条堀 孝・斉藤成也訳）. 1990. 分子進化遺伝学. 培風館.

大坪久子. 1991. トランスポゾンによるゲノムの再編成. 細胞工学 Vol.10, suppl. 1. 551-571.

広近洋彦. 1992. 植物ゲノムのレトロポゾン. 細胞工学. Vol.11：662-670.

第8章　細胞質遺伝

Beale, G and J. Knowles（小池克郎訳）. 1978. Extranuclear Genetics（核外遺伝）. 講談社サイエンチフィク, 1979.

Kadowaki, K. 1993. Organization and post-transcriptional modification of mitochondorial genes in higher plants. J. Plant Res. **106**：89-99.

常脇恒一郎. 1951. 染色体・細胞質の遺伝的操作と育種 (新編植物育種学 VIII 章).

第9章　連続変異の分析法と選抜

Mather, K.（邦訳 木原　均他）. 1949. Biometrical Genetics. 統計遺伝学. 岩波書店.

Mather, K. and Jinks, J. L. 1971. Biometrical genetics. Cornell Univ. Press, USA.

第10章　集団の遺伝と選抜

Crow, J. F.（木村資生・太田朋子訳）. 1991. Genetics notes 8th edt.（邦訳クロー遺伝学概説）. 培風館.

木村資生. 1988. 生物進化を考える. 岩波新書.

参考書および文献

根井正利（五条堀 孝・斉藤成也訳）. 1990. 分子進化遺伝学. 培風館.

第11章 栽培植物の起源と育種

Baker, H. G.（邦訳 坂本寧男・福田一郎）. 1975. Plants and Civilization 植物と文明, 東京大学出版会.

中尾佐助. 1976. 栽培植物の世界. 中央公論社.

中尾佐助. 1976. 栽培植物と農耕の起源. 岩波新書.

田中正武・鳥山国士・芦沢正和. 1989. 植物遺伝資源入門. 技報堂出版.

Hawkes, J. C. 1983. The diversity of crop plants. Harvard Univ. Press., U.S.A.

J.R.ハーラン（熊田恭一・前田英三訳）. 1985. 作物の進化と農業・食糧. 学会出版センター.

第13章 他殖性植物の育種法

飯塚宗夫. 1976. 植物の性染色体. p.297-316, 植物遺伝学Ⅰ: 裳華房.

生井兵治. 1989. 遺伝資源の維持・増殖と開発利用. 松尾考嶺監修. 植物遺伝資源集成. 総論 9章. 講談社サイエンチフィク.

渡辺正夫・高崎剛志・磯貝 彰・日向康吉. 1992. 高等植物の自家不和合性. 生化学 **64** (11): 1317-1329.

Poehlman, J. M. 1987. Breeding Field Crops. 3rd ed. AVI Publishing Company Inc., Westport, Connecticut, U.S.A.

第16章 遠縁交雑と倍数性育種法

高柳謙治・菅野紹雄・成河智明・吉川宏昭・天野正之. 1986. 野菜・花卉の遺伝資源が育種に有効に利用された事例（1）（2）. 農業及び園芸 **61**(10): 1151-1156, **61**(11): 1257-1262.

生井兵治. 1983. 種・属間交雑による形質導入と新作物の作出（アブラナ科）. p.198-203. 作物育種の理論と方法. 養賢堂.

第17章 突然変異育種法

Kawai, T. and E. Amano. 1991. Mutation breeding in Japan. Pages 47-66. *In* Plant Mutation Breeding For Crop Improvement. IAEA, Vienna.

第18章 培養技術と DNA 組換え

大沢勝治・田村賢治. 1992. 実例 バイテク農業－花・野菜・果物. 家の光.

山田康之編. 1985. 植物培養細胞の変異と選抜. 講談社サイエンチフィク.
平井篤志・内宮博文・杉浦昌弘. 1986. 植物細胞育種入門. 学会出版センター.
大山勝夫. 1989. 作物育種・種苗生産分野におけるバイオテクノロジーの利用. 新しい品種を求めて—バイオテクノロジーによる新品種開発. 農林水産技術情報協会.
高浪　満・木村　光. 1990. 遺伝子操作. 蛋白質 核酸 酵素. 臨時増刊. 35. 14.

第19章　収量性，耐性および品質

西山岩男. 1985. イネの冷害生理学. 北海道大学図書刊行会.
池橋　宏. 1990. 稲学大成第3巻. II部, 第4章, 4節, 土壌ストレス耐性, 455-464頁. 農山漁村文化協会.
原田久也. 1993. 作物品質（成分）育種の新しい展望. 第14回基礎育種学シンポジウム報告. 1-10.

第20章　耐病性および耐虫性

清沢茂久. 1980. 抵抗性の分類 (p.175-186)，抵抗性の遺伝 (p.186-229). 山崎　義・高坂卓爾編著. イネのいもち病と抵抗性育種. 博友社.
Khush, G. S. 1984. Breeding rice for resistance to insects. Prot. Ecology **7**：147-165.
鳥山國士. 1985. 収集保存されている作物遺伝資源が育種に有効に利用されている例 (1-2). 農業及び園芸 **60** (11)：1333-1339, 農業及び園芸 **60** (12)：1459-1463.

第21章　新品種の増殖と登録・普及

安田貞雄. 1948. 種子生産学. 養賢堂.
山口彦之・高山真策・大野辰巳編集. 1989. 最新植物工学要覧. 第Ⅴ部 種子の特許と保護. p.599-665. R&Dプランニング, 東京.

第22章　遺伝資源の保存と利用

生井兵治. 1989. 遺伝資源の維持・増殖と開発利用. 松尾孝嶺監修. 植物遺伝資源集成. 総論9章. 講談社サイエンチフィク.
坂井健吉. 1968. 遺伝資源の保存と利用. 育種学最近の進歩. **10**：53.
田中正武. 1985. 21世紀に託する植物遺伝資源の探索と利用. 育種学最近の進歩 **26**.

引用文献

ここに挙げた文献は,特定の事項の執筆の参考としたもの.本文中には番号で引用した.なお,若干は参考書と重複している.

第1章 細胞分裂と生活環

1-1) H. Kato. 1978. Biological and genetic aspects in the perfect state of rice fungus, *Pyricularia oryzae* Cav. and its allies. Gamma field symp. No. **17** : 1-22.

1-2) Skinner, D. Z., A. D. Buddie, M. L. Farman, J. R. Smith, H. Leung and S. A. Leong. 1993. Genome organization of *Magnaporthe grisea* : Genetic map, electrophoretic karyotype, and occurence of repeated DNAs. Theor. Appl. Genet. **87** : 545-557.

1-3) 館岡亜緒:植物の種分化と分類. 1983. 養賢堂, p.189以下.

1-4) K. Nakajima. 1990. Apomixis and its application to plant breeding. Gamma field symposia No. **29** : 71-94.

第2章 ゲノムと染色体

2-1) Quiros, C. F. Jinguo Hu and T. Truco (1994) : DNA-based marker maps of Brassica. p.199-222. *In* R. L. Phillips & I. K. Vasil (eds.), DNA-based markers in plants. Khuwer Acad. Publishers. Netherlands.

2-2) Moore, G., M. D. Gale, N. Kurata and R. B. Flavell. 1993. Molecular analysis of small grain cereal genomes : Current status and prospects. Bio / Technology **11** : 584-589.

2-3) Stebbins, G. L. 1971. Chromosomal evolution in higher plants. Edward Arnold Ltd. London.

2-4) 木庭卓人・岩山一敏・青葉 高・池橋 宏. 1994. ヤグラネギ×タマネギの複二倍体'セイタカネギ'の細胞学的および生化学的特性. 育学雑 **44** 別冊1 : 181.

第4章 アミノ酸とタンパク質

4-1) Nozaki, T., M. Anji, T. Takahashi and H. Ikehashi.1995. Analysis of isozyme loci and their linkage in *Brassica campestris* L. Breed. Sci. **45** : 57-64.

4-2) 佐々英徳・西尾　剛・神山康夫・平野　久・木庭卓人. 1995. リンゴの自家不和合性に関連したリボヌクレアーゼ（S-RNase）の cDNA クローニング. 育種学雑誌 **45**. 別冊 1. 551.

4-3) 神山康夫・M. A. Anderson, E. Newbigin, and A. E. Clarke. 1993. 野生トマト（*Lycopersicon peruivianum*）における自家不和合性突然変異 遺伝子のクローニング. 育種学雑誌 **43**. 別冊 2.61.

4-4) Royo, J., C. Kunzs, Y. Kowyama, M. A. Anderson, A. E. Clarke, and E. Newbigin. 1994. Loss of a histidine residue at the active site of S-locus ribonuclease is associated with self-compatible in *Lycopersicon peruivianum*. Proc Natl Acad Sci USA **91**: 6511-6514.

4-5) T. R. Ioerge, J. R. Gohlke, B. Xu, and T.-H. Kao 1991: Primary structural feature of the self-incompatible protein in Solanaceae. Sexual Pl. Reprod. **4**: 81-87.

第5章　核酸と遺伝子

5-1) Yanagihara, S., S.R. McCouch, K. Ishikawa, Y. Ogi, K. Maruyama and H. Ikehashi. 1995. Molecular analysis of the inheritance of the S-5 locus, conferring wide compatibility in Indica/Japonica hybrids of rice (*Oryza sativa* L.). Theor. Appl. Genet. **90**: 182-188.

5-2) Arumuganathan, K. and E. D. Earle. 1991. Nuclear DNA contents of some important plant species. Plant Mol. Biol. Rep. **9**: 208-218.

第6章　遺伝子型の発現と環境

6-1) 大橋裕子. 1992. 感染特異的蛋白質遺伝子の発現制御. 蛋白質 酵素 核酸 **37**(7): 1229-1238.

6-2) 溝口　剛・林田信明・平山隆志・浦尾　剛・岩崎俊介・篠崎一雄. 1994. 植物のプロテインキナーゼの多様な機能. 蛋白質 核酸 酵素 **39**(12): 2131-2148.

6-3) Nasrallah, J. B. and M. E. Nasrallah. 1993. Pollen-stigma signaling in the sporophytic self-incompatibility response. The Plant Cell **5**: 1325-1335.

6-4) 堀　勝治. 1994. アイソザイムの分子生物学. 共立出版.

6-5) 荒木　均. 1988. イネの出穂性の遺伝様式の解明. 育学雑 **38**. 別冊 1: 276-277.

(258)　引用文献

6-6) 篠原捨喜. 1959. 十字花科作物を中心とした抽苔開花現象の種生態学的研究. 静岡県農業試験場特別報告 **6**：1-166.

第7章　突然変異

7-1) 榎本中衛. 1929. 水稲に於ける粳糯性の突然変異. 遺伝学雑誌 5.
（赤藤克己. 1950. 作物育種学汎論. p.137）.

7-2) 永井威三郎. イネの突然変異率（長尾正人. 1956. 育種学大要（第二次改著）p. 151. 養賢堂）.

7-3) Stadler, L. J.（1942）: Some observations on gene variability and spontaneous mutation. The Sprague Memorial Lecture on Plant Breeding, 3 Ser. Michigan State College. East Lansing. Mich.

7-4) Darmency, H. 1994. Genetics of herbicide resistance in weeds and crops. Chap. **10**：263-298. *In* herbicide resistance in plants: ed. by S. Powels and J. Holtum. CRC Press, Inc.

7-5) Kiyosawa, S. 1983. Genetics and epidemiological modeling of breakdown of plant disease resistance. Ann. Rev. Phytopathol. **20**：93-117.

7-6) 木村資生. 1988. 生物進化を考える. 岩波新書.

7-7) Coen, E., T. P. Robbins, J. Almeida, A. Hudson and R. Carpenter. 1989. Consequences and mechanisms of transpositon in *Antirrhium majus*. In Mobile DNA, eds. Berg and Howe, pp 413-436. Amer. Soc. for Microbiology.

7-8) 広近洋彦. 1992. 植物ゲノムのレトロポゾン. 細胞工学. Vol. **11**：662-670.

第8章　細胞質遺伝

8-1) 竹崎嘉徳（1924）：実験作物改良講義 第二版. p.89-90. 養賢堂.

8-2) G. Beale and J. Knowles. 1978. : Extranuclear Genetics（小池克郎訳 核外遺伝）. 講談社サイエンチフィク. 1979.

8-3) Inai, S., K. Ishikawa, O. Nunomura and H. Ikehashi. 1993. Genetic analysis of stunted growth by nuclear-cytoplasmic interaction in interspecific hybrids of *Capsicum* by using RAPD markers. Theor Appl Genet. **87**：416-422.

8-4) 常脇恒一郎. 1951. 染色体・細胞質の遺伝的操作と育種（新編植物育種学 8 章）.

8-5) Leaver, C. J. 1992. Cytoplasmic male sterility in higher plants. *In* Reproductive biology and plant breeding. ed. by Dattee, Dumas and Gallais. Springer-Verlag.

第9章 連続変異の分析法と選抜

9-1) 酒井寛一・高橋隆平・明峰英夫編. 1958. 植物の集団育種法研究. 養賢堂.

第10章 集団の遺伝と選抜

10-1) Haishima, M., J. Kato and H. Ikehahsi. 1993. Isozyme polymorphism in native varieties of Japanese bunching onion (*Allium fistulosum* L.). Japan. J. Breed. **43** : 537-547.

10-2) Ohnishi, O. 1988. Population genetics of cultivated commmon buckwheat, *Fagopyrom escultentum* Moench VI. The amount of detrimental mutant genes concealed in a population is the same in all local races in the world. Jpn. J. Genet. **63** : 67-73.

10-3) D. Misecic and D. E. Alexander. 1989. Twenty-four cycles of phenotypic recurrent selecton for percent oil in maize I. Crop Sci. **29** : 320-324.

10-4) 藤本文弘・鈴木 茂. 1975. イタリアンライグラスにおける変異と選抜に関する研究. 2. 育種学雑誌 **25** : 229-236. 同3. 育種学雑誌 **25** : 323-333.

10-5) Fujimoto, F., M. Kannbe, K. Mizuno and S. Higuchi. 1991. Ecotype populations of orchardgrass from Kanto region I. Bull. Natl. Grassl. Res. Inst. **44** : 1-14. 同Ⅱ Ibid. **48** : 13-25.

第11章 栽培植物の起源と育種

11-1) 田中正武. 1975. 栽培植物の起原. NHKブックス.

11-2) N. ヴァヴィロフ. 中村英司訳. 1980. 栽培植物発祥地の研究. 八坂書房.

11-3) Baker, H.G. (邦訳 坂本寧男・福田一郎). 1975. Plants and Civilization (植物と文明). 東京大学出版会.

11-4) 盛永俊太郎. 1957. 日本の稲. 養賢堂. 第1章.

11-5) 松尾孝嶺. 1948. 国立農事試験場における稲の品種改良50年史. 農林省農事試験場報告. No.63.

第12章 自殖性植物の育種法

12-1) Nelder, J. A. 1952. Some genotypic frequencies and variance components

引用文献

occurring in biometrical genetics. Heredity **6** : 387-394.

12-2) 矢野昌弘・清水博之. 1993. 制限酵素断片長多型（RFLP）を利用したイネ日印交雑後代系統の図式遺伝子型の推定. 北陸農試報 **35** : 63-71.

12-3) 赤藤克己. 1958. 改著作物育種学汎論. 養賢堂. 第7章 交雑母本選定.

12-4) 酒井寛一・高橋隆平・明峰英夫編. 1958. 植物の集団育種法研究. 養賢堂.

12-5) 香村敏郎. 1983. イネ「日本晴」-世代促進利用による集団育種. p.363-367. 作物育種の理論と方法. 養賢堂.

12-6) 盛永俊太郎. 1957. 日本の稲. 養賢堂 p.301-308.

12-7) 繁村 親. 1954. 戻し交雑による耐病性品種の育成. p.156-172. 浅見与七他編集 育種学各論. 養賢堂.

12-8) Crow, J. F. and M. Kimura. 1970. An intoroduction to population genetics theory. Harper & Row, Publisher. New York, Evanston and London. p.94-95.

12-9) Briggs, F.N. and P.F. Knowles. 1967. Introduction to plant breeding. p.157. Reinhold, New York.

12-10) Fujimaki, H. 1980. Recurrent population improvement breeding facilitated with male sterility. Gamma field symposia **19** : 91-100.

12-11) Singh, R. J. and H. Ikehashi. 1981. Monogenic male-sterility in rice : induction, identification and inheritance. Crop Sci. **21** : 286-289.

第13章 他殖性植物の育種法

13-1) Newbigin, E., M. A. Anderson and A. E. Clarke. 1993. Gametophytic self-incompatibility systems. The Plant Cell **5** : 1315-1324.

13-2) 生井兵治. 1989. 遺伝資源の維持・増殖と開発利用. 松尾孝嶺監修. 植物遺伝資源集成. 総論9章. 講談社サイエンチフィク.

13-3) J. MacKey. 1976. Genetic and evolutionary principles of heterosis. p.17-33. *In* Heterosis in plant breeding, Proc. seventh congress of EUCARPIA, ed. by A. Janossy and F.G.H. Lupton.

13-4) 根井正利（五条堀 孝・斉藤成也訳）. 1990. 分子進化遺伝学. 培風館. 8章 p.175-179.

13-5) 花岡 保. 1963. 北海道に適合する玉ねぎ品種ならびに一代雑種の利用に関す

る研究. 北海道農試報告 **60**: 1-71.

13-6) 蔬菜採種研究会編. 1978. 野菜の採種技術. 誠文堂新光社.

第14章 雑種第一代品種の育種法

14-1) 芦沢正和. 1990. 相性の良い相手を選ぶ. p.129-134. 鳥山国士編著, ♂♀の話. 植物. 技報堂出版.

14-2) Lu, X. G., Z. G. Zhang, K. Maruyama, and S. S. Virmani. 1994. Current status of two-line method of hybrid rice breeding. p.37-49. *In* Hybrid rice technology. ed. by S.S. Virmani. IRRI.

14-3) J. Leemans. 1992. Genetic engineering for fertility control. *In* Reproductive biology and plant breeding. ed. by Dattee, Dumas and Gallais. Springer-Verlag.

第15章 栄養繁殖植物の育種法

15-1) 神山康夫. 1990. サツマイモ野生種の自家不和合性遺伝子. 植物細胞工学 **2** (5): 609-620.

15-2) 坂井健吉. 1983. サツマイモ「コガネセンガン」-外国品種利用による交雑育種 p.415-419. 作物育種の理論と方法. 養賢堂.

15-3) 松田長生. 1992. 果樹のウイルス無毒化と大量増殖技術. 研究ジャーナル **15** (6): 6-10.

第16章 遠縁交雑と倍数性育種法

16-1) Sitch, L. A., J. W. Snape and S. J. Firman. 1985. Intrachromosomal mapping of crossability genes in wheat (*Triticum aestivum*). Theor. Appl. Genet. **70**: 309-314.

16-2) 浅野義人・明道 博. 1977. ユリの遠縁種間交雑に関する研究（第1報）. 花柱切断授粉法による交配. 園学雑 **46** (1): 59-65.

16-3) Fukuyama, T. 1987. Studies on chromosome elimination in the hybrid between *Hordeum bulbosom* and *H. vulgare*. Ber. Ohara Inst. landw. Biol., Okayama Univ. **19**: 101-129.

16-4) Hermsen, J. G., Th. & M. S. Ramanna. 1973. Selection from *Solanum tuberosum* group Phureja of genotypes combining high frequency haploid induction with homozygosity for embrypo-spot. Euphytica **22**: 255-259.

(262) 引用文献

16-5) Ikehashi, H. and H. Araki (1986) : Genetics of F1 sterility in remote crosses of rice. p.119-130. *In* Rice Genetics. IRRI. Philippines.

16-6) Endo, T. R. 1990. Gametocidal choromosomes and their induction of chromosome mutations in wheat. Jpn. J. Genetics **65** (3) : 135-151.

16-7) 佐藤洋一郎. 1992. 稲の来た道. 裳華房.

16-8) E. M. K. Koinange and P. Gepts. 1992. Hybrid weakness in wild *Phaseolus vugaris* L. J. Heredity **83** : 135-139.

16-9) 庄　東紅・北島　宣・石田雅士・傍島善次. 1990. 栽培カキの染色体数について. 園学雑 **59** (2) : 289-297.

16-10) 渡辺好郎・古賀義昭. 1975. 栽培イネとその野生近縁種の細胞遺伝学的研究. 第2報 栽培イネのトリソミック植物に関する遺伝学的並びに細胞遺伝学的研究. 農技研報 **D26** : 91-138.

16-11) Khush, G. S., R. J. Singh, S. C. Sur and V. L. Librojo. 1984. Primary trisomics of rice. Origin, morphology, cytology, and use in linkage mapping. Genetics **107** : 141-163.

16-12) Singh, R. J. 1993. Plant Cytogenetics. CRC. Press, Inc. p.248.

16-13) 神尾正義. 1983. 種・属間交雑による形質導入と新作物の作出（コムギ属）p.193-198. 作物育種の理論と方法. 養賢堂.

16-14) 山川邦夫・安井秀夫・望月龍也・飛騨健一・小餅昭二. 1987. *Lycopersicon peruvianum* L. から栽培トマトへの病害抵抗性の導入. 野菜・茶業試研究報告 **A1** : 1-37.

第17章　突然変異育種法

17-1) 岩政正男・山口清二・栗山隆明・中牟田拓史・江原忠彰・仁藤伸昌・片山幸良. 1984. 極早生温州の発生とその形質. 佐賀大学農学部彙報 **56** : 99-107.

17-2) Tanaka, T. 1925. Further data on bud-variation in Citrus. Japan J. Genet. **3** : 131-143.

17-3) Ukai, Y and A. Yamashita. 1979. Early mutants induced by radiations and chemicals in barley I. Japan J. Breed. **29** : 255-267.

17-4) 天野悦夫. 1993. 世界における突然変異育種-FAO/IAEAの活動と各国の動

引用文献　(263)

向-. 研究ジャーナル **16** (4)：29-34.

17-5）Kawai, T., H. Sato and I. Mashima. 1961. Short-culm mutations in rice induced by ^{32}P. *In* Effects of Ionizing Radiations on Seed. IAEA. p.565-579.

17-6）Kawai, T. and H. Sato. 1969. Studies on early heading mutations in rice. Bull. Nat. Inst. Agric. Sci. Ser. D. No.**20**：1-33.

17-7）Futuhara, H, K. Toriyama and K. Tsunoda. 1967. Breeding of a new rice variety "Reimei" by gamma ray irradiation. Japan. J. Breed. **17**：85-90.

17-8）Futuhara, H. 1981. Selection method of induced mutation. Gamma field symposia No. 20. 67-84.

17-9）Ukai, Y. 1990. Application of a new method for selection of mutants in a cross-fertilized species to recurrently mutagen-treated population of Italian ryegrass. Gamma field symposia. No. **29**：55-69.

17-10）Broertjes, C. and A. M. Van Harten. 1978. Application of mutation breeding methods in the improvement of vegetatively propagated crops, an interpretive literature review. Elsevier Scietntific. Publishing Company. Amsardam Oxford NewYork, Chap 1-3.

17-11）永富成紀. 1993. 放射線照射とバイオ技術の結合. 研究ジャーナル **16** (4)：13-18.

17-12）増田哲夫. 1993. ニホンナシの黒斑病耐病性突然変異体と画期的新品種の育成. 研究ジャーナル **16** (4)：24-28.

第18章　培養技術と DNA 組換え

18-1）G. B. Martin, S. H. Brommonschenkel, J. Chunwongse, A. Frary, Ma. W. Ganal, R. Spivey, Tiyun Wu, E. D. Earle, S. D. Tanksley. 1993. Map-based cloning of a protein kinase gene conferring disease resistance in tomato. Science 262:1432-1436.

18-2）Wen-Yuan Song, Guo-Liang Wang, Li-Li Chen, Han-Suk Kim, Li-Ya Pi, Tom Holsten, J. Gardner, Bei Wang, Wen-Xue Zhai, Li-Huang Zhu, Cluade Fauquet, Pamela Ronald. 1995. A receptor kinase-like protein encoded by the rice disease resistance gene, *Xa21*. Science **270**：1804-1806.

引用文献

18-3) 太田泰雄. 1994. 接木変異を考える. 遺伝 **48**（6）:48-52.

18-4) 柳下 登・遠藤 徹. 1977. 接木雑種, 植物遺伝学 IV-3 p.322-342.

18-5) Sassa, H., H. Hirano and H. Ikehashi. 1993. Identification and characterization of stylar glycoproteins associated with self-imcompatibility genes of Japanese pear, *Pyrus serotina* Rehd. Mol. Gen. Genet. **241**：17-25.

第19章 収量性, 耐性および品質

19-1) Finlay, K. W. and G. W. Wilkinson. 1963. The analysis of adaptation in a plant-breeding programme. Aust.J.Agri.Res. **14**：742-754.

19-2) J. Mackey 1980. Some aspects of cereal breeding for reliable and high yields. p.1-33. *In* Innovative approaches to rice breeding, IRRI. Philippines.

19-3) D. G. Dalrymple. 1986. Development and spread of high-yielding rice varieties in developing countries. Bureau Sci. Tech. USAID, Washington, D.C.

19-4) 菊池文雄・板倉 登・池橋 宏・横尾政雄・中根 晃・丸山清明. 1985. 短かん・多収水稲品種の半わい性に関する遺伝分析. 農技研報告 **D36**：125-145.

19-5) D. G. Dalrymple. 1986. Development and spread of high-yielding wheat varieties in developing countries. Bureau Sci. Techn. USAID, Washington, D.C.

19-6) Phan Van Chuong and T. Omura. 1982. Studies on the chlorosis expressed under low temperature condition in rice, *Oryza sativa* L. Bull. Inst. Tropical Agr., Kyushu University Vol 5. pp.58.

19-7) 佐々木武彦・松永和久. 1985. イネ穂ばらみ期耐冷性の遺伝と集積 1. ヨネシロ, トドロキワセおよびコシヒカリの耐冷性. 育学雑 **35**. 別冊 2：320-321.

19-8) 佐々木武彦・松永和久・佐々木武彦. 1986. 水稲「愛国」品種群の耐冷性育学雑 **36**. 別冊 2:220-221.

19-9) 喜多村啓介. 1984. 大豆の用途拡大のためのリポキシゲナーゼ低下大豆の育種. 日本食品工業学会誌 **31**（11）：67-74.

19-10) 喜多村啓介. 1984. リポキシゲナーゼ欠失及び高含硫アミノ酸含有ダイズに関する遺伝・育種学的研究. 育学雑 **44**. 別冊 1：2-3.

第20章 耐病性および耐虫性

20-1) Matta. 1982. Mechanism in non-host resistacne. p.119-141, *In* R.K.S.

Wood ed. Active defense mechanism in plants. Plenum Press, New York.
20-2) 小川紹文・八木忠之. 1990. 白葉枯病抵抗性育種. 農業技術 **45** : 472-477.
20-3) 岡田吉美. 1989. 植物ウイルスと分子生物学. 第2版 東京大学出版会.
20-4) Flor, H. H. 1956. The complementary genic systems in flax and flax rust. Adv. Genetics. **8** : 29-54.
20-5) 清沢茂久. 1980. 抵抗性の分類 (p.175-186), 抵抗性の遺伝 (p.186-229). 山崎義人・高坂卓爾編著 イネのいもち病と抵抗性育種. 博友社.
20-6) 東　正昭・斉藤　滋. 1985. 陸稲品種戦捷の葉いもち圃場抵抗性遺伝子の属する連鎖群の同定. 育学雑 **35** : 438-448.
20-7) 丸山清明・菊池文雄・横尾政男. 1983. 陸稲農林モチ4号の葉いもち圃場抵抗性の遺伝分析ならびに育種的利用. 農業技術研究所報告. **D35** : 1-31.
20-8) Day, Peter, R. 1974. Genetics of host-parasite interaction. W.H. Freeman & Company, SanFrancisco. p.181. Chap. 7.
20-9) 浅賀宏一. 1981. イネ品種のいもち病に対する圃場抵抗性の検定方法に関する研究. 農事試研究報告 35:51-138.
20-10) 進藤敬助・堀野　修. 1989. 多系品種の利用によるいもち病の発病抑制. 東北農試研報. **79** : 1-13.
20-11) 喜多村啓介・石本政男. 1988. マメのアズキゾウムシ・ホソヘリカメムシの生育阻害因子. 植物防疫. **42** (2) : 76-79.
20-12) Ishimoto, M and K. Kitmura. 1993. Specific inhibitory activity of an α-amylase inhibitor in a wild common bean accession resistant to the Mexican Bean Weevil. Japan J. Breed. **43** : 69-73.

第21章 新品種の増殖と登録・普及

21-1) 由井重文. 1958. 水稲の種場に関する研究. 農業技術 **13** (9) : 397-401.
21-2) 神田巳季男・岡田正憲・堀　親郎. 1951. 水稲陸羽132号の生態変異に関する研究. 育学雑 **1** (3) : 161-166.
21-3) 池橋　宏. 1973. 稲の発芽諸特性の品種間差および環境変動に関する研究. 農事試研報告 **19** : 1-60
21-4) 農林省研究部. 1955. 大豆の採種に関する研究. 農業改良資料 65.

21-5) Gotoh, K. 1955-57. Genetic analysis of varietal differentiation in cereals. I-VI. Japan J. Genetics **30**（4）: 95-105, **30**（4）: 197-205, **31**（1）: 1-8, **31**（6）: 172-172, **32**（1）: 1-7, **32**（3）: 75-82.

21-6) 明峰正夫・中村誠助. 1924. 稲における自然交雑の程度およびその原因. 札幌農林学会報 16.

21-7) 池田利良. 1937. 小麦に於ける自然交雑の頻度. 農業及び園芸 **12**.

第22章 遺伝資源の保存と利用

22-1) Hawkes, J. C. 1983. The diversity of crop plants. Harvard Univ. Press.

22-2) 安藤和雄. 1984. バングラデッシュのアウス稲・アマン稲の混播栽培. 農耕の技術 **7**: 84-98.

22-3) 五十嵐忠孝. 1984. 西ジャワ・プリアガン高地における水稲耕作. 農耕の技術 **7**: 27-60.

22-4) Yonezawa, K. and H. Ichihashi. 1989. Sample size for collecting germplasm from natural plant populations in view of the genotypic mutiplicity of seed embryo borne on a single plants. Euphytica **41**: 91-97.

22-5) Roberts, E. H. 1960. The viability of cereal seed in relation to temperature and moisture. Ann. Bot. **24**: 12-31.

22-6) Roberts, E.H.,1961. The viability of rice seed in relation to temperature, moisture, and gaseous environment. Ann. Bot., **25**, 381-390.

22-7) 佐藤 賢. 1989. 種子の長期貯蔵. p. 82-85. 松尾孝嶺監修. 植物遺伝資源集成. 総論Ⅲ章. 講談社サイエンチフィク.

22-8) Yonezawa, K., T. Ishii, T. Nomura and H. Morishima. 1996. Effectiveness of some management procedures for seed regeneration of plant genetic resources accessions. Genetic Resources and Crop Evolution. **5**: 1-8.

索　引

あ

アイソザイム … 43, 44, 97, 112, 120
アカパンカビ … 6, 33
アガロース … 62
秋播（性）… 71, 116, 216
アクテイブ・コレクション … 243
アグロバクテリウム（Agrobacterium）
　　　　　　　　　　… 207〜209
亜種 … 115
アデニン（adenine）… 50
アニーリング … 62, 64
アポミキシス … 9, 10, 165
アミノ酸（残基）配列 … 39, 40, 42, 44,
　　　　　　　　　　68, 80, 202
アミラーゼ … 45, 231
アミロース … 221, 222
アミロペクチン … 221
RNAウイルス … 53, 210
RNA分解酵素（RNase）… 42, 47, 79,
　　　　　　　　　150, 166, 206
RNAポリメラーゼ … 55, 56, 57, 69
RFLP … 36, 62
アルキル化剤 … 187
RD_{50} … 189
α-らせん（Felix）… 40, 68
アロザイム→アイソザイム
アンチコドン … 58
アンチセンスRNA … 211
安定化選抜 … 228
安定性 … 233, 234, 239

い

EMS … 187
EI … 187
育種目標 … 133, 171
育成者の権利 … 239
異形花不和合性 … 148
維持系統（B系統）… 165
異質倍数体 … 15, 119, 182
異質四倍体→複二倍体
異種染色体 … 18, 183
異数性 … 16, 17
異数体 … 11, 17, 36, 181
1遺伝子・1酵素説 … 71
一回親 … 140, 142〜143
一価染色体 … 13, 183
一染色体植物（monosomics）… 16, 181
一次構造 … 40
一般組合せ能力 … 153
一穂一列法 … 156
一本植え … 131, 236
一重（本）鎖DNA … 64, 203
遺伝子型 … 21, 29, 35, 69, 71, 97, 134
遺伝子型値（価）… 90, 91〜94
遺伝子記号 … 31, 69
遺伝子銀行 … 243, 244
遺伝資源 … 123, 218, 240, 242〜244
遺伝子対遺伝子説 … 226
遺伝子突然変異 … 77
遺伝子発現 … 66
遺伝子頻度 … 99
遺伝的荷重 … 102, 152

索　引

遺伝的進歩 ······················ 94, 216
遺伝的脆弱性 ························ 241
遺伝的多様性112, 114, 118〜120, 241
遺伝的背景 ····················· 145, 202
遺伝的浮動 ··············· 98, 111, 234
遺伝的変異 ············ 72, 87, 90, 94
遺伝標識 (genetic marker) · 12, 59, 62
遺伝率 ··············· 91, 94, 137, 216
異品種 ····························· 234, 236
いもち病 ····························· 7, 227

う

ウイルス　10, 49, 153, 174, 210, 225, 235, 237
ウイルス・フリー ················ 197
ウエスタン・ブロット ············· 65
ウラシル (uracile) ················· 50
うるち (粳米) ················· 73, 234
運搬 RNA (tRNA) ············ 53, 58

え

栄養核 ····························· 8
栄養系　160, 168〜170, 172〜174, 177
栄養系選抜 ···················· 170, 172
栄養繁殖 ············ 9, 167, 168, 193
栄養系分離 ························ 170
エキソヌクレアーゼ ················ 77
エクソン (exon) ···················· 57
SDS ···························· 43, 57
枝変わり ························ 73, 186
X線 ····························· 76, 186
X染色体→性染色体
N末端 ······················· 39, 44
エピスタシス ························ 28
F_2 ····················· 24, 136, 172

F_1 ········· 21, 136, 168, 171, 181
M_1 ···························· 187, 189
M_2 ···························· 191〜193
ELISA ···························· 198
LD_{50} ······························· 189
エレクトロ・ポレーション ······· 209
塩害 ······························· 219
塩基 ··················· 48, 50, 51, 77
塩基対 (bp) ········· 59, 60, 77, 205
塩基配列 ············ 56, 60, 78〜80
エンドヌクレアーゼ ················ 77

お

ORF ························ 54, 79
オーキシン ···················· 179, 196
オパイン ···························· 208
親品種 ······························· 83
オルガネラ ········ 83→細胞内小器官
温湯除雄 ···························· 134

か

開花調節 ···························· 133
回帰係数 ························ 91, 214
回帰直線 ························ 90, 91
介在配列 (intron) ············ 57, 59
開始コドン ························ 38, 54
カイ自乗 (χ^2) 検定 ················ 30
外皮タンパク質 ················ 49, 210
回復系統 ···························· 165
回文配列 ···························· 60
開葯 ······························· 134
化学変異原 ···················· 187, 189
核外遺伝子 ······························· 83
核型 ···································· 1
核酸 ······························· 40, 49

索　引

核相交代 ······················ 5	基本ゲノム ·········· 12→基本数（x）
核置換 ················ 144, 165	キメラ ············ 189, 194, 209
核板 ······················· 1	逆位 ···················· 18, 19
隔離栽培 ················ 150, 235	逆転写酵素 ····· 37, 53, 57, 61, 210
確率変数 ············ 89, 90, 92	逆淘汰 ······················ 235
加工適性 ···················· 137	キャップ構造 ··················· 55
GUS 遺伝子 ·················· 207	休眠 ············ 7, 233, 234, 244
花柱 ·················· 149, 176	共分散 ······················· 90
活性染色 ····················· 44	共分離 ·············· 36, 64, 68
活性部位 ····················· 44	共優性 ············ 23, 26, 44, 149
過敏感反応 ··················· 225	供与品種 ···················· 140
花粉 ····· 8, 149, 176, 181, 218, 234	極核 ························ 8
花粉親 ············ 132, 133, 157	QTL ························· 96
花粉管 ······················· 8	切戻し ······················ 194
花粉四分子 ················· 4, 8	均一性 ················ 165, 239
花粉培養 ··············· 163, 200	近縁野生種 ·· 84, 116, 140, 163, 232,
花粉母細胞 ···················· 3	240, 241
カルス ················ 179, 201	菌型 ············ 76, 227, 228, 229
環境変動（変異） ····· 72, 87, 90, 172	近交 ······················· 108
環境変異 ····················· 72	近交係数 ········ 108～110, 193
感光性 ··················· 69, 70	近交弱勢→自殖弱勢 ········· 102, 153
間接選抜 ····················· 95	銀染色 ······················· 44
干渉（組換えの） ··············· 36	
環状染色体 ··············· 19, 74	く
完全兄妹系統 ················· 157	グアニン（guanine） ··············· 50
ガンマ（γ）線 ············ 76, 186	区分キメラ ··················· 189
ガンマフィールド ·········· 187, 194	組合せ能力 ··············· 153, 163
	組換え ·· 32, 33, 108, 129, 138, 142,
き	173, 206
キアズマ ··················· 3, 33	組換え価 · 34, 35, 59, 103, 127, 142,
偽遺伝子 ····················· 80	203
基質 ··················· 28, 44	組換型 ··············· 33, 139, 143
寄主 ········· 53, 67, 224, 226, 230	グラフ遺伝子型 ··············· 130
期待値 ··················· 30, 35	クローニング ··············· 61, 206
基本種 ········ 12, 13, 15, 117, 119	クローン ···················· 168

け

形質転換 ············ 48, 206, 210
形質転換体（植物）·········· 209, 210
形質発現 ····················· 84
茎頂培養 ···················· 196
系統 ··············· 139, 136, 139, 156
系統育種法 ··················· 134
系統群 ······················ 136
系統選抜 ···················· 139
傾母遺伝 ····················· 82
兄妹系統 ············ 101, 109, 157
欠失 ························· 18
ゲノム ···· 11, 13, 16, 177, 180, 182
ゲノム式 ····················· 15
ゲノム DNA (gDNA) ····· 57, 61, 64
ゲノム分析 ···················· 13
ゲル電気泳動 ·············· 43, 45
検疫 ······················· 246
原核生物 ············ 1, 53, 54, 83
原原種 ··················· 235, 237
原原種圃 ·················· 131, 237
原種 ······················· 236
原種圃 ················ 137, 236, 237
減数分裂 3, 13, 23, 24, 74, 168, 181, 189
現地試験 ···················· 137
現地保存 ···················· 246
検定交雑 ··············· 29, 159

こ

後期世代 ···················· 137
交雑 ············ 21, 82, 92, 97, 132
交雑育種 ··· 124, 132, 168, 169, 171
交雑能力 ···················· 176
交雑不和合群（性）····· 169, 170, 176
抗生性 ····················· 230
合成品種 ················ 160, 237
抗生物質 ···················· 207
酵素 ···················· 28, 44
酵母人工染色体（YAC）·········· 205
誤差 ······················· 212
個体選抜 ················ 136, 139
5'末端 ······················ 57
固定 ············ 126, 136, 137, 180
固定種（品種）········· 130, 161, 162
コドン ···················· 39, 54
コルヒチン ················ 14, 179
コロニー・ハイブリダイゼーション 202

さ

座位（遺伝子座）············· 26, 32
採種 ······················· 235
採種圃 ················ 137, 155, 237
栽培植物 ··· 115, 119, 121, 241, 242
細胞内小器官（organelle）····· 52, 83
細胞質 ················ 82, 84, 178
細胞質遺伝（cybrid）············ 201
細胞質雄性不稔（cms）·· 85, 144, 159, 163〜165
細胞周期 ····················· 4
細胞選抜 ···················· 201
細胞分裂 ····················· 1
細胞壁 ····················· 200
細胞膜 ······················ 68
細胞融合 ············ 82, 182, 200
再分化 ················ 200, 201
在来（品）種 120, 121, 130, 240, 241
サザン法 ··················· 62, 63

挿木	167
雑種強勢	102, 161, 169, 173
雑種弱勢	178
雑種集団	132, 140
雑種第一代	21, 23, 126, 161
雑種不稔	144, 178
三基六倍体	16
三次構造	41
三染色体植物 (trisomics)	17, 36, 181
三倍体	14, 180

し

紫外線	76, 186
自家受精	9, 126, 153
自家不和合性	26, 47, 148, 150, 169, 171, 206
色素体 (plastid)	53, 83
シグナル伝達	67, 68, 71
始原細胞	189〜191, 193
自殖	108, 126, 154, 157, 168
自殖系 (統)	150, 154, 157, 159, 160, 163, 193
自殖 (自家) 弱勢	102, 153
自殖性	120, 126, 188
シス (cis) 要素	56, 67, 78
ジスフィルド結合	41
雌蕊先熟	147
雌性配偶子	7, 8, 181
自然交雑	74, 234
自然突然変異	73, 74, 75, 186
実現 (された) 遺伝率	95
シトシン (cytosine)	50
子嚢 (のう)	6
四分子	4
Sib 交雑	101, 109, 193

脂肪酸	222
C 末端	39
弱毒ウイルス	197
種 (species)	115, 176
雌雄異花	147, 163
雌雄異熟	147
雌雄異株	7, 147
周辺 (縁) キメラ	181, 194
周辺効果	212
終止コドン	39, 54, 79
集団育種法	137〜139
集団遺伝学	97
集団改良	153
集団選抜	155
重複	18
修復	77
重複受精	9
収量	212, 215
種間交雑	177, 184
種子 (種苗) 検査	238
種子更新	160, 235
種子保存	244
珠心 (nucellus)	9
珠心胚	9
珠心実生	171
受精	5, 7
主動遺伝子	89, 143, 145, 194, 222, 227
種苗登録	238
受粉	9
授粉	177
受容体	66, 67, 68
順化	196
春化	235
循環選抜	159

索　引

純系 ················· 87
純系説 ················ 130
純系選抜 ············ 122, 130
上位性 ················ 28
障害型冷害 ············· 218
娘細胞 ··············· 1, 3
小胞子 ················ 8
上流（upstream）······ 54, 56, 67, 79
奨励品種 ············ 236, 239
初期世代 ·············· 139
植物の導入 ············· 119
助細胞 ················ 8
除雄 ·············· 134, 163
人為突然変異 ············ 76
人工種子 ·············· 198
真核生物 ··········· 1, 52～54, 57
真性抵抗性 ·········· 224, 228
シンテニー（synteny）········ 13

す

水素結合 ············ 40, 52

せ

生活環 ················ 5
正規分布 ·············· 89
正逆交雑 ········ 82, 153, 165, 178
成群集団選抜 ············ 155
制限酵素 ·········· 57, 59, 60, 203
制限酵素断片長多型 ········ 62, 203
制限酵素地図 ············ 60
生産力検定 ·········· 137, 212
静止核 ················ 1
生殖核 ················ 8
性染色体 ············ 7, 147
生態型 ··········· 112, 120, 234

世代交代 ··············· 6
世代促進 ············· 139
接合糸期 ··············· 3
接合体 ············ 98, 127
接合体頻度 ············ 127
染色糸 ··············· 1, 3
染色体 ············ 1, 11, 177
染色体の異常 ·········· 18, 187
染色体歩行（ウオーキング）······ 203
染色体対合 ············ 3, 177
染色体地図 ············ 12, 35
染色分体 ·············· 3, 33
全能性 ················ 9
セントラル・ドグマ ······· 37, 75
選抜効果 ············· 216
選抜差 ············· 95, 247
選抜率 ············ 136, 248
センチモルガン（cM）···· 36, 59, 206
線量 ·············· 77, 189

そ

総当たり交雑 ············ 153
相引 ············ 34, 35, 127
相加効果 ·············· 28
相関 ················ 95
相関係数 ·············· 91
相互作用 ············ 26, 214
相互転座 ·········· 19, 36, 74
相同染色体 1, 20, 22, 31, 33, 128, 180
相反交雑 ········ 34, 35→正逆交雑
相反循環選抜 ············ 159
相補 DNA（cDNA）57, 61, 64, 202, 205
属（genus）············· 115
属間の交雑 ············· 176
組織培養 ·········· 188, 198

ソマクローン変異 ·················· 81

た

ダイアレル表 ·················· 153
第一分裂 ························ 3
耐塩性 ····················201, 218
体細胞 ················ 4, 179, 182
体細胞雑種 ···················· 200
体細胞分裂 ················· 1, 168
耐性 ·················201, 217, 219
ダイソミック植物 ··············· 16
耐虫性 ··············140, 144, 230
第二分裂 ························ 3
耐病性 ··············140, 144, 228
大胞子 ·························· 8
対立遺伝子 ··· 23, 24, 26, 44, 45, 88,
  97, 103, 105, 109, 112,
  150, 192, 202
対立形質 ·············· 21, 24, 202
対立性検定 ················ 29, 231
大量検定 ····················· 243
耐冷性 ···················· 217, 218
他家受精 ··················· 9, 147
多系交雑 ················· 133, 147
多型性 ······ 44, 112, 120, 150, 152
多系品種 ······················ 229
多項分布 ······················ 247
多食性 ························ 230
他殖 ······················· 9, 147
他殖性 ·99, 120, 124, 147, 192, 220,
  234
多性雑種 ······················· 31
TATA ボックス ··········· 55, 56
種場 ·························· 223
多面発現 ······················· 95

多様性の中心 ·················· 116
多量体 ························· 45
ダルトン（Da）················· 59
単為生殖 ························ 9
短花柱花 ····················· 148
短稈（種）················ 192, 217
単交雑 ························ 132
単相 ························· 6, 7
短日処理 ····················· 133
単独系統 ····················· 136
タンパク質 ···26, 37, 40, 44, 54, 56,
  67, 152, 202, 221
短腕 ······················ 1, 183
単量体 ························· 44

ち

遅延型冷害 ··················· 217
致死遺伝子 ··················· 151
地図単位→センチモルガン（cM）
チミン（thymine）·············· 50
チミンダイマー ················· 77
虫害抵抗性 ··················· 230
中間母本 ················ 144, 231
中心核 ·························· 8
中性子 ······················· 188
抽苔 ·························· 71
柱頭 ························· 149
中立的変異 ·············· 218, 243
中立的遺伝子 ················· 105
長花柱花 ····················· 148
頂芽優性 ····················· 197
長期貯蔵 ····················· 244
超優性説 ··············· 151, 152
長腕 ··························· 1
貯蔵タンパク ·················· 45

つ

対合 ················ 3, 13, 20, 168
接木 ···················· 167, 209
つぼみ授粉 ············· 150, 164

て

Ti プラスミド ········ 53, 205, 208
DNA 結合タンパク質 ······· 56, 67
DNA 合成 ···················· 54
DNA ポリメラーゼ ········ 62, 77
T 型細胞質 ············· 86, 242
抵抗性遺伝子 · 29, 66, 183, 226, 227, 231, 242
抵抗性品種 ········· 29, 228, 231
抵抗性の崩壊 ······ 227, 231, 242
停止コドン→終止コドン
T-DNA ················ 207, 209
適応 ················ 15, 75, 201
適応度 ·················· 99, 102
電気泳動 ············ 43, 62, 64
転座 ······················ 18, 183
転写 ······················ 37, 55
電離放射線 ········· 76, 186, 187
伝令 RNA (mRNA) ··· 53, 55, 57, 61, 67, 202, 206, 207, 210, 211

と

同位酵素 ········ 44→アイソザイム
同義遺伝子 ················ 28, 89
同質遺伝子系統 ········· 145, 202
同質倍数体 ·········· 14〜15, 31
同祖染色体 ············ 12, 17, 18
同型接合 ··········· 126→ホモ接合
淘汰 ············· 98, 100〜102, 112

同調培養 ·················· 199

透徹率 (penetrance) ·········· 72
等電点 ······················ 43
等電点電気泳動 (IEF) ·········· 44
導入 ················ 115, 119, 122
倒伏 ······················ 215
遠縁交雑 ········ 20, 176〜178, 180
遠縁雑種 ················ 20, 178
特性検定 ·············· 132, 136
特定組合せ能力 ············· 153
独立遺伝 ··················· 24, 32
独立性検定 ··················· 35
度数分布→頻度分布
突然変異 47, 73, 101, 116, 186, 206, 227
突然変異育種 ············ 124, 186
突然変異説 ··················· 74
突然変異体 ······· 73, 79, 98, 192
突然変異率 ···· 75, 80, 101, 188, 192
ドメイン ··················· 41
トランスファー RNA (tRNA) ··· 53, 58
トランスポゾン ······ 53, 80, 81, 206
トランス (trans) 要素 (因子) 56, 67, 78
トリソミック植物 ······· 17, 36, 181

な

ナリソミックス ················ 17
難貯蔵性種子 ··············· 214

に

$2n$ 世代 ······················ 6
二価染色体 ············ 3, 13, 183
二項分布 ··················· 111
二次元電気泳動 ·········· 44, 202
二次構造 ··················· 40

二重ヘテロ ・・・・・・・・・・・・・・・ 103, 129
二重らせん ・・・・・・・・・・・・・・・・・・・ 51
日長感応性 ・・・・・・・・・・・ 240→感光性
二倍性（体）化 ・・・・・・・・・・・・・・・・・ 15
二倍体 ・・・・・・・・・・・・・・・・・・・ 14, 171
二分染色体（dyad）・・・・・・・・・・・・・・ 3
二面交雑（分析）法 ・・・・・・・・・ 96, 153

ぬ

ヌクレオソーム ・・・・・・・・・・・・・・・・ 52
ヌクレオチド ・・・・・・・・・・・・・・・ 37, 39

ね

稔性回復遺伝子 ・・・・・ 85, 86, 159, 165
稔性回復系統（C）・・・・・・・・・・・・・・ 165

の

ノーザンブロット ・・・・・・・・・・・・・・ 65
ノン・パラメトリック検定 ・・・・・・・ 214

は

バイオテクノロジー ・・・・・・・・ 196, 197
倍加 ・・・・・・・・・・・・・・・・ 20, 179, 182
媒介昆虫 ・・・・・・・・・・・・・・・・・・・・ 225
配偶子（体）・・・・ 6, 7, 24, 31, 98, 103, 189
配偶子致死 ・・・・・・・・・・・・・・・・・・ 178
配偶体不和合性 ・・・・・・・・・・・・・・・ 149
倍数化 ・・・・・・・・・・・・・・ 181 →倍加
倍数性 ・・・・・・・・・・・ 12, 168, 171, 180
倍数体 ・・・・・・・・・・・・・・・・ 14, 177, 179
培地 ・・・・・・・・・・・・・・・・・・・・・ 75, 201
胚乳 ・・・・・・・・・・・・・・・・・・・・・・・・・ 9
胚嚢（のう）・・・・・・・・・・・・・・・・・・ 8, 9
胚のう母細胞 ・・・・・・・・・・・・・・・・ 3, 8

索　引　(275)

胚培養 ・・・・・・・・・・・・・・・・・・ 177, 199
ハイブリッド→雑種
ハイブリッド品種 ・・・・・・・・・・ 161, 241
培養細胞 ・・・・・・・・・・・・・・ 76, 81, 186
培養変異 ・・・・・・・・・・・・・・・・・・・・・ 80
胚様体 ・・・・・・・・・・・・・・・・・・ 198, 200
バクテリオファージ ・・・・・・・・・・・・ 49
バクテリア人工染色体（BAC）・・・・・ 205
派生系統 ・・・・・・・・・・・・・・・・・・・・ 136
パーテイクル・ガン ・・・・・・・・・・・・ 209
ハーディ・ワインバーグの法則 97, 113
春播性 ・・・・・・・・・・・・・・・・・・ 116, 216
半兄妹系統 ・・・・・・・・・・・・・・・ 156, 157
繁殖方法 ・・・・・・・・・・・・・・・・・・ 9, 124
半数体 ・ 14, 177, 179, 188, 199, 200
半数体育種 ・・・・・・・・・・・・・・・・・・ 179
半数体倍加系統→複半数体
反足細胞 ・・・・・・・・・・・・・・・・・・・・・ 8
半致死（性）・・・・・・・・・・・・・・ 101, 153
反復親 ・・・・・・・・・・・・・ 140～143, 145
半保存的複製 ・・・・・・・・・・・・・・・・・ 52
半矮性 ・・・・・・ 21, 123, 216, 217, 242

ひ

比較品種 ・・・・・・・・・・・・・・・・・・・・ 213
PCR ・・・・・・・・・・・・・・・・ 62, 205, 206
PEG ・・・・・・・・・・・・・・・・・・・・・・・ 200
被子植物 ・・・・・・・・・・・・・・・・・・・・・ 9
ヒストン ・・・・・・・・・・・・・・・・・・・・・ 52
B染色体 ・・・・・・・・・・・・・・・・・・・・・ 12
非対称融合 ・・・・・・・・・・・・・・・・・・ 201
非病原性 ・・・・・・・・・・・・・・・・・・・・ 226
病害抵抗性 ・・・・・・・・・・・・・・・・・・ 224
表現型の値 ・・・・・・・・・・・・・・・・ 91, 95
表現型分散 ・・・・・・・・・・・・・・・・・・・ 92

(276) 索　引

病原菌 ・・・・・・・・・・・・・・・・・・・・・ 67, 224
苗条原基 ・・・・・・・・・・・・・・・・・・・・・・・ 198
標識遺伝子 ・・・96, 105, 108, 207, 227
標準偏差 ・・・・・・・・・・・・・・・・・・・・・・・ 111
標本抽出誤差 ・・・・・・・・・・・・・・・・・・・ 30
ピリミジン塩基 ・・・・・・・・・・・・・・・・・ 50
品質 ・・・・・・・・・・・・・・・・・・・・・・・・・・・ 220
品種 ・・・・・・ 115, 121, 123, 124, 238
品種名 ・・・・・・・・・・・・・・・・・・・・・・・・・ 116
品種改良 ・・・・・・・・・・・・・・・・・・・・・・・ 122
品種登録 ・・・・・・・・・・・・・・・・・・・・・・・ 239
頻度分布 ・・・・・・・・・・・・・・・・・・・・・・・・ 89

ふ

ファイトアレキシン ・・・・・・・・・・・・・・ 67
ファージ ・・・・・・・・・・・・・・・・・・・・・・・・ 49
フィトクローム ・・・・・・・・・・・・・・・・・・ 66
斑入り ・・・・・・・・・・・・・・・・・・・・・・・・・・ 82
不完全優性 ・・・・・・・・・・・・・・・・・・・・・・ 23
複交雑（配）・・・・・・・・・・・132, 162, 165
複糸期 ・・・・・・・・・・・・・・・・・・・・・・・・・・・ 3
複製 ・・・・・・・・・・・・・・・・・・・・・・・・・ 4, 54
複相 ・・・・・・・・・・・・・・・・・・・・・・・・・・ 7, 9
複相世代 ・・・・・・・・・・・・・・・・・・・・・・・・・ 7
複対立遺伝子　23, 26, 27, 31, 99, 241
複二倍体 ・・・・・・ 11〜14, 20, 178, 182
複半数体 ・・・・・・・・・・・・・・・ 163, 177, 180
秤先色 ・・・・・・・・・・・・・・・・・・・・・・・ 26, 70
物理的地図 ・・・・・・・・・・・・・・・・・・・・・・ 59
不定胚 ・・・・・・・・・・・・・・・・・・9, 199（図）
不稔細胞質 ・・・・・・・・・・・・・・・ 143, 165
不稔性 ・・・・・・・・・・・・・・・・・・・・ 20, 180
部分抵抗性 ・・・・・・・・・・・・・・・・・・・・・ 225
プライマー ・・・・・・・・・・・・ 54, 62, 207
プラスミド ・・・・・・・ 53, 60, 207, 208

プリン塩基 ・・・・・・・・・・・・・・・・・・ 50, 52
フレームシフト ・・・・・・・・・・・・・・・・・ 79
プロテインキナーゼ ・・・・・・・・・ 68, 206
プロトプラスト ・・・・・・・・・・・・・・・・ 200
プローブ ・・・・・・・・・・・・・・・・・・・ 62, 202
プロモーター ・・・・・・ 55, 56, 166, 207
不和合性 ・・・・・・・・・・・・・・・・・・ 168, 176
分散 ・・・・・・・・・・・・・・・・・・・・・・・・ 89, 90
分離育種 ・・・・・・・・・・・・・・・・・・・・・・・ 130
分離の法則 ・・・・・・・・・・・・・・・・・・・・・・ 24

へ

平均 ・・・・・・・・・・・・・・・・・・・・ 89, 90, 99
平衡 ・・・・・・・・・・・・・・・・・・・・・・・・・・・・ 98
併発（組換えの）・・・・・・・・・・・・・・・・・・ 36
ベース・コレクション ・・・・・・・・・・ 243
βーグルクロニダーゼ（GUS）・・・・・ 207
ヘテロ接合 ・・45, 100, 111, 151, 168, 174
ヘテロ接合体 ・23, 100, 112, 165, 173
ヘテロシス ・・・・・・・・・・ 151→雑種強勢
ペプチド結合 ・・・・・・・・・・・・・・・・・・・・ 39
変異 ・・・・・・・・・・・・・・・・・・・・・・・・・・・・ 87
変異体 ・73, 166, 174, 186, 191, 194, 197
偏差 ・・・・・・・・・・・・・・・・・・・・・・・ 30, 92
変種 ・・・・・・・・・・・・・・・・・・・・・・・・・・・ 115
変性 ・・・・・・・・・・・・・・・・・・・・・・・・ 42, 62

ほ

胞子 ・・・・・・・・・・・・・・・・・・・・・・・・・・ 6, 7
胞子体 ・・・・・・・・・・・・・・・・・・・・・・ 6, 7, 9
胞子体不和合性 ・・・・・・・・・・・・・・・・・ 149
放射線 ・・・・・・・・・・・・・・・・・ 76, 187, 189
紡錘糸 ・・・・・・・・・・・・・・・・・・・・・・・・・・・ 1

母系選抜 ·············156, 157, 171
圃場試験 ·····················212
保障種子 ·····················237
圃場抵抗性 ······224, 225, 227, 228
母性遺伝→傾母遺伝
補足遺伝子 ··········26, 70, 71, 178
穂別系統 ·················191, 193
母本 ························133
ホモ接合 ·················44, 126
ホモ接合体 ·········23, 103, 234
ポリアクリルアミド ··············43
ポリA配列 ····················57
ポリジーン ····················89
ポリペプチド ·············58, 210
翻訳 ·························68

み

実生繁殖 ·····················168
実生選抜 ·····················171
ミトコンドリア ·······52, 83, 84, 86

む

無作為な交雑 ··············97, 98
無性世代 ······················5

め

メチル化 ··············50, 57, 81
メッセンジャー（mRNA）→伝令 RNA
メリクロン ···················197
メンデルの法則 ···········21, 209

も

戻し交雑 ···········139, 165, 185
戻し交雑育種法 ···············139
もち（性）············73, 222, 234

モルガン単位 ················32, 36
モノソミックス植物 ······16, 17, 181

や

葯 ···················8, 166, 199
葯培養 ····················180, 199
野生型 ·····················31, 116
野生種 ···············120, 185, 240

ゆ

有害遺伝子 ············99, 100, 101
融合遺伝 ·······················21
雄蕊先熟 ······················147
優性 ···········21, 31, 73, 140, 149
優性遺伝子 ·····23, 34, 89, 100, 151
優性遺伝子連鎖説 ··········151, 152
有性世代 ·······················5
雄性不稔 ········145, 164〜166, 188
雄性不稔系統 ·················165

よ

葉緑体の DNA ·················84
抑制遺伝子 ····················27
読み取り枠（ORF）··········54, 79
四量体 ·····················42, 79

ら

ライブラリー ·········59, 202, 205
RAPD ························64
卵細胞 ·················8, 82, 83

り

リガーゼ ······················60
罹病化 ····················228, 229
リボ核酸 ····················49, 53

索　引

リポキシゲナーゼ ············ 45, 222
リボソーム ····················· 58
リボソーム RNA (rRNA) ·········· 53
両性花 ···················· 147, 163
量的遺伝 ······················ 95
量的形質 ··················· 89, 95

る

累代処理 ····················· 192

れ

冷害 ······················ 212, 217
劣性 ··········· 21, 29, 101, 138, 140
劣性遺伝子 · 23, 31, 34, 89, 151, 171
劣性形質 ·················· 134, 171
レトロウイルス ················· 53

連鎖　32, 64, 95, 103, 127, 128, 142,
　　　　　　　　　　　　　151, 203
連鎖群 ···················· 35, 181
連鎖地図 ·········· 12, 36, 62, 203
連鎖平衡 ····················· 105
連続変異 ······················ 87
連続形質 ··················· 89, 216

ろ

老化授粉 ····················· 150

わ

矮性 ···················· 21, 188, 216
Y染色体→性染色体
早生 ······················ 188, 218

| JCLS | 〈㈱日本著作出版権管理システム委託出版物〉 |

2005	1996年 6月20日　第 1 版発行
植物の遺伝と育種	2000年11月10日　訂正追補第2版
	2005年 4月20日　訂正第 4 版

著者との申
し合せによ
り検印省略

著作者　池橋　宏 (いけはし　ひろし)

Ⓒ著作権所有

発行者　株式会社　養賢堂
　　　　代表者　及川　清

定価 3990 円
（本体 3800 円）
（　税　5 ％　）

印刷者　株式会社　真興社
　　　　責任者　福田真太郎

発行所　〒113-0033 東京都文京区本郷 5 丁目30番15号
株式会社 養賢堂
TEL 東京(03)3814-0911 [振替00120]
FAX 東京(03)3812-2615 [7-25700]
URL http://www.yokendo.com/

ISBN4-8425-9613-9 C3061

PRINTED IN JAPAN　　　製本所　株式会社三水舎

本書の無断複写は、著作権法上での例外を除き、禁じられています。本書は、㈱日本著作出版権管理システム（JCLS）への委託出版物です。本書を複写される場合は、そのつど㈱日本著作出版権管理システム（電話03-3817-5670、FAX03-3815-8199）の許諾を得てください。